长江荆江段崩岸机理
及其数值模拟

夏军强　宗全利　著

科学出版社

北京

内 容 简 介

　　本书以荆江河段为研究对象,采用实测资料分析、力学理论分析与概化模型试验相结合的方法,对荆江段二元结构河岸的崩退机理及其数值模拟方法进行了研究。全书主要内容包括:研究背景及意义、近期荆江河段崩岸过程及其对河床形态调整的影响、荆江段二元结构河岸土体的物理力学特性、二元结构河岸崩退过程的概化水槽试验、荆江段河岸稳定性计算及影响因素分析、二元结构河岸崩退过程的概化数值模拟、具有二元结构河岸的弯道演变二维模型及其在荆江河段的应用。

　　本书可供从事河流泥沙运动力学、河床演变与河道整治等专业科技人员及高等院校相关专业师生阅读和参考。

图书在版编目(CIP)数据

长江荆江段崩岸机理及其数值模拟/夏军强,宗全利著. —北京:科学出版社,2015

　　ISBN 978-7-03-044434-9

　　Ⅰ.①长…　Ⅱ.①夏… 　②宗… 　Ⅲ.①长江-中游-塌岸-理论研究 　②长江-中游-塌岸-数值模拟 　Ⅳ.①TV882.2 　②P642.21

中国版本图书馆 CIP 数据核字(2015)第 114177 号

责任编辑:范运年 / 责任校对:郭瑞芝
责任印制:徐晓晨 / 封面设计:耕者设计工作室

科 学 出 版 社 出版
北京东黄城根北街 16 号
邮政编码:100717
http://www.sciencep.com

北京教图印刷有限公司 印刷
科学出版社发行　　各地新华书店经销
*

2015 年 9 月第 一 版　　开本:720×1000 1/16
2015 年 9 月第一次印刷　　印张:13 1/2
字数:265 000
定价:88.00 元
(如有印装质量问题,我社负责调换)

序

  河道崩岸是威胁大江大河堤防安全的重要因素,在我国长江中下游等河段,普遍存在崩岸现象,尤其以近期荆江河段崩岸过程较为突出。三峡水库自 2003 年蓄水运用后,因为入库沙量减少及水库的拦沙作用,进入荆江河道的沙量急剧减少,整个荆江河段表现为持续冲刷,局部河段河床的持续冲深,导致河岸高度增加,岸坡变陡,极易引起崩岸发生。荆江段河岸为上部黏性土和下部非黏性土组成的二元结构,崩岸过程及机理十分复杂。因此,开展荆江河段崩岸机理的定量研究,用数值方法预测崩岸发生的时间及过程,不仅对实际河道整治工程具有指导意义,而且对丰富和促进河床演变学的发展具有重大意义。

  该书立足于本学科研究前沿,针对荆江段不同土体组成河岸的崩塌特点,汇集了作者近年来在国家自然科学基金等项目资助下完成的有关二元结构河岸崩退机理及数值模拟的研究成果,在系统总结国内外崩岸类型、机理、影响因素与模拟方法研究进展的基础上,吸收了河流动力学及土力学等不同学科的内容。在结合近期长江荆江段河床演变及崩岸过程分析后,发现了该河段的崩岸特点及平滩河槽形态的调整规律,定量揭示了荆江二元结构河岸土体的物理力学特性,提出不同类型河岸稳定性的力学计算方法,并开展典型断面及河段崩岸过程的数值模拟。

  该书内容翔实,观点新颖,具有创新性、实用性及针对性强等特点。相信该书的出版对当前荆江河道治理、崩岸监测及防洪减灾等方面研究具有重要的推动作用。

2015 年 4 月

前　言

　　河岸崩退是冲积河流河床演变过程的重要组成部分,在我国的黄河下游游荡段和长江中下游等河段普遍存在崩岸现象。三峡水库运用后,进入荆江段的沙量急剧减小,整个荆江段河床表现为持续冲刷;近岸河床冲深可使河岸高度增加、坡度变陡,容易引发崩岸险情。据实测资料统计,近期荆江段年均崩岸长度及强度均有所增大,因此崩岸是荆江段河床演变的一个重要方面。严重的崩岸过程不仅会影响局部河段的河势控制及现有护岸工程的安全,而且对于河道两侧岸线的开发利用也会产生不利影响。故开展长江荆江段崩岸机理及其数值模拟的研究,不仅有助于全面掌握荆江段河床的演变规律,而且能为荆江河道治理、崩岸监测及防洪减灾等提供科学依据。因此该项研究具有重要的学术价值和实践意义。

　　为此在国家自然科学基金等项目的资助下,我们多次到荆江段崩岸现场进行实地勘察和崩岸土体取样,并开展了系统的土工试验和概化水槽试验,结合基于力学过程的崩岸理论分析,对荆江段二元结构河岸的崩退机理及其数值模拟方法进行了研究。本书为研究成果的总结,包括以下四部分内容。

　　一是发现了近期荆江段典型断面的崩岸特点及河段平滩河槽形态的调整规律,具体包括:建立了典型断面河岸累计崩退宽度与水流冲刷强度之间的幂函数关系;提出基于河段尺度的平滩河槽形态参数的计算方法,在此基础上建立了荆江段平滩特征参数与汛期水流冲刷强度之间的函数关系;还原了无三峡工程运用时荆江段典型断面及河段平滩河槽形态的调整过程。这些计算结果表明:个别区域崩岸对局部河段的河宽调整影响比较大,但由于大规模护岸工程修建的影响,局部河段的崩岸过程对整个荆江段的平滩河槽形态调整的影响并不大。

　　二是定量揭示了荆江段二元结构河岸土体的物理特性与抗剪、抗冲及抗拉强度三大力学特性。以现场查勘、室内土工试验及概化水槽试验等结果为基础,分析了荆江段河岸土体的垂向组成特点;揭示了不同河岸土体的起动、冲刷特点及其影响因素;提出了不同土体起动流速(切应力)及冲刷系数与相关影响因素之间的定量关系;阐明了黏性河岸土体抗剪强度(凝聚力和内摩擦角)及抗拉强度随含水率的变化规律。这些系统的河岸土体特性资料为荆江段崩岸机理研究提供了基础条件。

　　三是建立了上、下荆江二元结构河岸稳定性的计算方法。结合荆江崩岸过程的概化水槽试验结果,考虑不同水位下河岸土体特性的变化特点,改进了上荆江二元结构河岸发生平面滑动时稳定性的计算方法,提出了下荆江二元结构河岸发生绕轴崩塌时上部黏性土层稳定性的计算方法,并计算了上、下荆江典型断面在一个水文年内不同时期的河岸稳定性。基于力学过程的计算方法为荆江段崩岸过程的精确模拟提供了理论基础和计算模式。

四是开展了荆江段典型断面及弯道段崩岸过程的数值模拟。综合考虑坡脚冲刷、地下水位变化及崩塌后土体堆积形式等因素,采用改进后的崩岸概化模型计算了荆江段典型断面二元结构河岸的崩退过程,计算结果表明洪水期与退水期河岸稳定性较低,属崩岸强烈阶段。此外还建立了具有二元结构河岸的弯曲河道演变二维模型,模拟了上荆江沙市微弯河段及下荆江石首急弯河段的床面冲淤及滩岸崩退过程。

本书的研究,得到了国家自然科学基金委员会面上项目"具有二元结构河岸的弯道崩岸机理与数值模拟研究"(51079103)及重点项目"三峡水库下游河床冲刷与再造过程研究"(51339001)等资助,在此一并表示感谢。参加本项研究的主要人员有武汉大学夏军强、宗全利、邓珊珊、张翼、邓春艳,另外长江水利委员会水文局的彭玉明、许全喜也参与了本项研究。

由于作者水平有限,不足之处在所难免,敬请读者批评指正。

作　者

2015 年 4 月于武汉大学

目　　录

序

前言

第1章　绪论 ……………………………………………………………… 1

　1.1　研究背景及意义 …………………………………………………… 1

　　1.1.1　研究背景 ……………………………………………………… 1

　　1.1.2　研究意义 ……………………………………………………… 2

　1.2　研究现状及存在问题 ……………………………………………… 3

　　1.2.1　崩岸类型及机理 ……………………………………………… 3

　　1.2.2　崩岸影响因素 ………………………………………………… 6

　　1.2.3　崩岸模拟方法 ………………………………………………… 8

　　1.2.4　存在问题 ……………………………………………………… 9

　1.3　选题意义及研究内容 ……………………………………………… 9

　　1.3.1　选题意义 ……………………………………………………… 9

　　1.3.2　研究内容 ……………………………………………………… 10

第2章　近期荆江河段崩岸过程及其对河床形态调整的影响 ………… 12

　2.1　近期荆江段水沙条件及河床冲淤过程 …………………………… 12

　　2.1.1　荆江河段概况 ………………………………………………… 12

　　2.1.2　荆江段水沙条件 ……………………………………………… 13

　　2.1.3　荆江段河床冲淤过程 ………………………………………… 16

　2.2　近期荆江段崩岸过程及特点 ……………………………………… 18

　　2.2.1　上荆江崩岸过程及特点 ……………………………………… 18

　　2.2.2　下荆江崩岸过程及特点 ……………………………………… 20

　2.3　荆江段典型断面崩岸过程的经验公式计算 ……………………… 22

　　2.3.1　影响崩岸过程的主要因素 …………………………………… 22

　　2.3.2　典型断面崩岸过程的经验计算方法及结果分析 …………… 25

　2.4　崩岸对近期荆江段河床形态调整的影响 ………………………… 28

　　2.4.1　河段尺度的平滩河槽形态计算方法及结果 ………………… 29

　　2.4.2　崩岸对荆江段平滩河槽形态调整的影响 …………………… 32

　2.5　三峡工程运用对荆江段崩岸及河床调整过程的影响 …………… 37

　　2.5.1　工程运用对宜昌站水沙过程的影响 ………………………… 38

　　　2.5.2　工程运用对荆江段典型断面崩岸过程的影响 ················· 41

　　　2.5.3　工程运用对荆江段平滩河槽形态调整过程的影响 ········· 44

　2.6　本章小结 ·· 47

第3章　荆江段二元结构河岸土体的物理力学特性 ················· 49

　3.1　荆江段二元结构河岸土体组成特点分析 ······················· 49

　　　3.1.1　崩岸土体现场取样 ···································· 49

　　　3.1.2　河岸土体的垂向组成特点 ······························ 53

　　　3.1.3　河岸土体的主要物理性质及变化特点 ···················· 57

　3.2　不同河岸土体的起动及冲刷特点 ···························· 58

　　　3.2.1　土体抗冲特性试验概况 ································ 59

　　　3.2.2　不同河岸土体的起动特点及其影响因素 ··················· 63

　　　3.2.3　不同河岸土体的冲刷特点及其影响因素 ··················· 72

　3.3　黏性河岸土体的抗剪强度及变化特点 ························ 79

　　　3.3.1　黏性土体凝聚力与含水率关系 ························· 80

　　　3.3.2　黏性土体内摩擦角与含水率关系 ······················ 81

　3.4　黏性河岸土体的抗拉强度及变化特点 ························ 82

　　　3.4.1　现场测试方法与过程 ································ 82

　　　3.4.2　黏性土体抗拉强度的计算方法及结果 ···················· 85

　　　3.4.3　含水率和干密度对土体抗拉强度的影响 ··················· 87

　3.5　本章小结 ·· 89

第4章　二元结构河岸崩退过程的概化水槽试验 ················· 90

　4.1　崩岸过程概化水槽试验 ·································· 90

　　　4.1.1　概化水槽模型介绍 ·································· 90

　　　4.1.2　试验方案及内容 ···································· 91

　4.2　二元结构河岸土体组成对崩岸过程的影响 ······················ 94

　　　4.2.1　不同土体组成河岸的崩退过程及特点 ···················· 94

　　　4.2.2　不同土体组成河岸的崩塌类型分析 ····················· 99

　4.3　近岸流速对崩岸过程的影响 ······························ 103

　　　4.3.1　近岸流速分布特点 ·································· 103

　　　4.3.2　流速对崩岸过程的影响 ······························ 105

　4.4　崩塌土体的堆积、分解及输移特点 ························ 106

　　　4.4.1　崩塌土体的堆积形式 ································ 106

　　　4.4.2　崩塌土体的分解及输移特点 ·························· 109

　4.5　本章小结 ·· 110

第5章　荆江段河岸稳定性计算及影响因素分析 ················· 112

5.1　荆江段二元结构河岸崩塌机理 ·· 112
　　5.1.1　上荆江河岸崩塌机理 ·· 113
　　5.1.2　下荆江河岸崩塌机理 ·· 113
5.2　上荆江河岸稳定性计算方法及其应用 ·· 116
　　5.2.1　上荆江河岸稳定性计算方法 ·· 116
　　5.2.2　上荆江典型断面河岸稳定性的计算结果及分析 ······················ 120
5.3　下荆江河岸稳定性计算方法及其应用 ·· 125
　　5.3.1　下荆江河岸稳定性计算方法 ·· 125
　　5.3.2　下荆江典型断面河岸稳定性的计算结果及分析 ······················ 126
5.4　河道内水位变化对上荆江河岸稳定性影响的定量分析 ···················· 131
　　5.4.1　考虑潜水位变化的河岸稳定性计算模型 ································ 132
　　5.4.2　河道及地下水位共同作用时上荆江河岸稳定性变化 ················ 135
　　5.4.3　不同河道内水位升降速率对上荆江河岸稳定性的影响 ·············· 140
　　5.4.4　三峡水库运用后上荆江河岸稳定性变化特点 ························· 141
5.5　本章小结 ·· 141
第6章　二元结构河岸崩退过程的概化数值模拟 ································ 143
6.1　崩岸过程的概化数学模型 ·· 143
　　6.1.1　河岸稳定性计算模块 ·· 143
　　6.1.2　坡脚冲刷计算模块 ··· 145
　　6.1.3　模型运行步骤 ·· 145
6.2　上荆江典型断面河岸崩退过程的概化模拟 ·································· 146
　　6.2.1　上荆江崩岸计算条件 ·· 147
　　6.2.2　上荆江河岸崩退过程中的稳定性分析 ···································· 150
　　6.2.3　河岸崩退过程的主要影响因素分析 ······································ 152
　　6.2.4　上荆江典型断面岸坡形态变化过程 ······································ 155
6.3　下荆江典型断面河岸崩退过程的概化模拟 ·································· 157
　　6.3.1　下荆江崩岸计算条件 ·· 157
　　6.3.2　下荆江河岸崩退过程中的稳定性分析 ···································· 159
　　6.3.3　下荆江典型断面岸坡形态变化过程 ······································ 162
　　6.3.4　二次流及岸顶植被对下荆江河岸稳定性的影响 ······················ 163
6.4　本章小结 ·· 167
第7章　具有二元结构河岸的弯道演变二维模型及其应用 ····················· 168
7.1　弯道演变模型的研究现状 ·· 168
　　7.1.1　弯道演变模拟的经验法与解析法 ··· 169
　　7.1.2　弯道演变的数值模拟方法 ··· 170

7.2 具有二元结构河岸的弯道演变二维模型的建立 ·············· 173

    7.2.1 平面二维水沙数学模型 ···························· 174

    7.2.2 上、下荆江河岸崩退过程的力学模型 ················ 176

7.3 上荆江沙市微弯河段崩岸过程数值模拟 ···················· 180

    7.3.1 沙市微弯河段概况 ······························ 181

    7.3.2 沙市河段计算条件及参数率定 ···················· 182

    7.3.3 沙市段 2004 年汛期水沙输移及河床变形计算结果 ···· 186

7.4 下荆江石首急弯河段崩岸过程数值模拟 ···················· 188

    7.4.1 石首急弯河段概况 ······························ 188

    7.4.2 石首河段计算条件及参数率定 ···················· 189

    7.4.3 石首段 2006 年汛期水沙输移及河床变形计算结果 ···· 193

7.5 本章小结 ·· 195

参考文献 ·· 197

第1章　绪　　论

1.1　研究背景及意义

1.1.1　研究背景

崩岸是冲积河流河床演变过程中的重要组成部分,崩岸发生不仅与近岸水动力条件和床面冲淤状态有关,还与河岸土体组成及其力学特性密切相关。严重的崩岸过程不仅会影响局部河段的河势控制及现有护岸工程的安全,而且对于河道两侧岸线的开发利用也会带来不利影响(钱宁等,1987;余文畴和卢金友,2008;卢金友等,2012)。在我国黄河下游游荡段和长江中下游等河段普遍存在崩岸现象,其中尤其以近期长江中游荆江河段崩岸较为突出。

三峡水库自2003年蓄水运用后,因入库沙量减少及水库的拦沙作用,进入荆江河道的沙量急剧减小,年均沙量仅为建库前的1/6(枝城站),整个荆江河段表现为持续冲刷;尽管局部河段的崩岸过程较为显著,但近期河床调整主要以床面冲刷下切为主。荆江河段2002～2013年的累计河床冲刷量达7.0亿m³,年均冲刷量为0.634亿m³,远大于三峡水库蓄水前(1975～2002年)的年均冲刷量0.137亿m³;从冲刷沿程分布来看,枝江、沙市、公安、石首及监利河段冲刷量分别占整个荆江段冲刷量的21%、19%、15%、25%及19%(长江水利委员会水文局,2014);上、下荆江平滩河槽平均冲深分别为1.6m和1.0m,其中公安段的文村夹、石首段的向家洲及监利段的新沙洲等局部河段的河床冲刷深度达5m以上。这些局部河段的河床持续冲深,导致河岸高度增加,岸坡变陡,极易引起崩岸的发生。

由于近期荆江段河床冲刷主要集中在枯水河槽,所以冲刷导致滩槽高差加大,容易引发崩岸险情。特别是1998年和1999年大水后,重点河湾演变剧烈,崩岸时有发生。荆江河岸土体组成多为二元结构,上部为黏性土,下部为沙土或卵石(中国科学院地理研究所,1985;谢鉴衡等,1989;杨怀仁和唐日长,1999)。其中上荆江上部黏土层较厚,下部沙土层较薄,故土体抗冲能力相对较强;下荆江上部黏土层较薄,下部沙土层较厚,且在大部分河岸均超过黏土层厚度,故土体抗冲能力较差。据统计,崩岸长度下荆江多于上荆江,且左岸多于右岸。下荆江崩岸长度在1956年达136.4km,为上荆江的3.2倍;下荆江裁弯后的1980年,崩岸长度减少到76.3km,为上荆江的2.9倍(杨怀仁和唐日长,1999;余文畴和卢金友,2008)。虽然经过了较长时间的护岸工程建设,荆江河段大范围的崩岸过程已被控制。但由于近期河床的持续冲刷,局部未守护河段的岸线仍有明显崩退现象。实测资料统计表明,三峡工程运用后,荆江河段年均崩岸长度及强度均有所增大,因此崩岸是荆江河段河床演变的一个重要方面。例如,水库蓄水前的 2001 年和 2002 年,荆江干流河道年均发生崩岸 19 处,年均崩岸长度 10.0km;蓄水后的 2003～2008 年,年均发生崩岸险情 28 处,年均崩岸长度 24.8km(荆江水文水资源勘测局,2008)。

1.1.2　研究意义

河岸崩退过程不仅会影响局部河段的河势控制和现有护岸工程的稳定,威胁岸边建筑物的安全,而且对于河道两侧岸线的开发利用也会产生不利影响。因此开展崩岸机理及其数值模拟方法的研究,可以预测崩岸发生的时间及过程,具有非常重要的工程实践意义。同时为了解除崩岸险情,国家和沿岸省市对众多河流进行了崩岸治理,花费了大量的财力、人力及物力。所以对崩岸机理及其相关问题进行研究,有助于确定有效的崩岸防护和控制措施,节约崩岸治理的成本,具有重要的社会及经济意义。

尽管近年来人们在解释崩岸机理及过程方面,已取得了一定的进展,但直到 20 世纪 70 年代中期以前,崩岸问题仍然是一个研究相对较少的领域,仍有很多问题还需要深入研究(Thorne et al.,1997;Simon et al.,2000;夏军强等,2005;Xia et al.,2008)。崩岸的发生不仅与近岸水动力作用有关,还与河岸土体的组成及力学特性等密切相关。所以崩岸既属于河床演变学中的河岸变形问题,又属于土力学中边坡失稳问题,为典型的学科交叉内容。崩岸机理十分复杂,且不同土体特性组成的河岸,其崩岸机理及影响因素也不同。这就需要深入研究不同河岸土体物理力学特性的变化规律,作为开展二元结构河岸崩退机理及其影响因素定量研究的基础。

作者采用现场查勘、实测资料分析、概化模型试验及力学理论分析相结合的方法,开展长江荆江段崩岸机理及其数值模拟的研究。以近期荆江段河床演变过程分析为基础,定量研究典型断面河岸的崩退过程及平滩河槽形态的调整规律;结合崩岸土体的室内土工试验及概化水槽试验结果,系统地揭示二元结构河岸土体的物理力学特性;建立不同二元结构河岸稳定性的计算方法,并计算上、下荆江典型断面在不同水位下河岸稳定性的变化特点;采用改进后的崩岸概化模型,开展上、下荆江典型断面河岸崩退过程的概化模拟;此外还构建具有二元结构河岸的弯道演变二维模型,用于模拟荆江典型弯曲段的床面冲淤及崩岸过程。研究成果在理论上定量揭示了荆江段二元结构河岸的崩退机理,在模拟方法上建立了基于力学过程的崩岸数学模型,这不仅有助于全面掌握荆江段河床的演变规律,而且能为荆江河道治理、崩岸监测及防洪减灾等提供科学依据,因此该项研究具有重要的学术价值和实践意义。

1.2 研究现状及存在问题

鉴于影响崩岸的因素比较复杂,涉及专业比较多,国内外学者采用多种途径及方法对崩岸问题进行了研究,但对崩岸成因所持的观点和理论也不尽相同。下面主要从崩岸类型及机理、影响因素和模拟方法等方面对前人研究成果进行总结。

1.2.1 崩岸类型及机理

1. 崩岸类型

崩岸是指在近岸水沙运动与河床边界条件的相互作用下,河岸土体受到各种因素影响而发生的部分或整体的崩塌变形。引起崩岸的主要原因通常是近岸水流直接冲刷河岸表面土体使岸坡变陡,或者近岸床面冲深使河岸高度增加,或者河岸土体长时间水中浸泡后强度减小,最终结果使岸坡的稳定性降低。当稳定性降低到一定程度后,河岸上部的一部分土块会在重力作用下发生滑动、崩塌,造成岸顶向后退却(夏军强等, 2005)。

按照崩岸的平面形态特征可分为五种类型:窝崩、条崩、"口袋型"崩窝、由滑坡形成的崩窝及洗崩(余文畴和卢金友, 2008)。张幸农等(2008)根据长江中下游的崩岸形态和特征,从不同角度对崩岸进行了分类。按崩岸形态及特征分为洗崩、条崩和窝崩三种类型,按崩塌模式分为浅层崩塌、平面崩塌、圆弧崩塌及复合式崩塌四种类型,按崩岸成因分为侵蚀型、坍塌型、滑移型及迁移(流滑)型四种类型等。ASCE Task Committee(1998a)对圆弧滑动、平面滑动以及坍落等各种崩岸类型和机理进行了总结,认为坡度较缓的河岸一般会发生圆弧滑动破坏,较陡河岸会发生平面滑动破坏,二元结构河岸上部黏土形成悬空层后会发生坍落崩塌等。按崩塌机理及模式不同,荆江河道二元结构河岸的崩塌类型主要包括圆弧滑动、平面滑动和坍落三种(钱宁等, 1987;余文畴和卢金友, 2008)。

1) 圆弧滑动

一般发生在下部沙土层较低、上部黏性土覆盖层较厚的河段(图 1.1(a))。当坡脚受水流淘刷,上部土体失去支撑而发生崩塌。首先在滩岸发生弧形裂隙,然后整块土体分层呈弧形下滑,层数多者可达十余层。从平面和剖面上看,崩滑面呈圆弧形,平面上挫崩直径为几十米至百余米不等,大多出现在弯曲河段凹岸一侧(钱宁等, 1987)。

2) 平面滑动

一般发生在上部黏性土层较厚、岸坡较陡的河岸(图 1.1(b))。由于上部黏性土层的厚度较大,表面裂隙深度一般小于黏性土层厚度。当河岸坡脚受到水流冲刷,或者下部沙土层被水流淘刷时,河岸会发生平面滑动的崩塌类型。上荆江局部河段的河岸由于上部黏土层很厚、岸坡较陡,也经常发生平面滑动的崩塌类型。

3) 坍落

多发生在下部沙土层较高、上部黏性土层较薄且较松散的二元结构河岸(图1.1(c))。其崩塌过程是当水流将下部沙层淘空后,上部黏土层失去支撑,一边下挫一边绕某一支点倒入江中,又称倒崩(悬臂破坏);或沿裂缝面切开坠落江中,又称剪崩(剪切破坏);或上部黏性土体在拉应力作用下沿着水平方向发生破坏,又称拉伸崩塌(拉伸破坏)。崩后的岸壁陡峻,外形多呈条形,下荆江河岸崩塌主要以条崩为主(钱宁等,1987)。

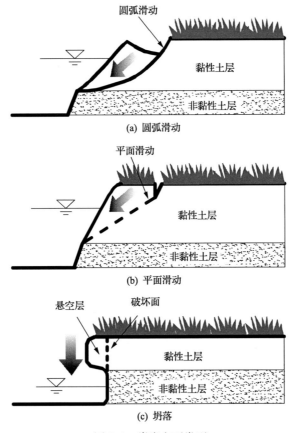

图 1.1 崩岸主要类型

2. 崩岸机理

崩岸机理研究主要包括不同含水率下河岸土体特性的变化特点、近岸水动力作用下河岸坡脚的抗冲特点以及不同崩塌类型下河岸稳定性计算方法等内容。目前多采用理论分析和水槽试验相结合的方法开展崩岸机理研究,且多针对均质河岸。例如,张幸农等(2009a)对长江中下游河岸崩塌机理进行了概化水槽试验,分析了渗流作用、水流冲刷和岸坡坡度对河岸稳定性的影响。假冬冬等(2011)建立了流滑型崩岸的计算模式,并结合模型试验与土工试验结果,得到了河岸侧蚀系数。余明辉等(2013)研究了非黏性河岸崩塌与河床冲淤的交互作用,结果表明河岸崩退是水流淘刷坡脚、河岸崩塌及崩塌体在坡脚暂时堆积的过程。Osman 和Thorne(1988)采用室内概化模型试验,提出了均质黏性河岸土体侧向冲刷速率的计算公式,并给出了相应的河岸稳定性分析方法。Hanson 和 Cook(2004)介绍了一种现场测试河岸土体冲刷特性的装置,从河岸土体冲刷角度对崩岸机理进行了研究。Larsen 等(2006)在加利福尼亚州 Sacramento 河的 13 个测点,分析了河岸崩退的航空摄影和实际观测两类数据,用线性回归方法建立了累积水流功率与河岸崩退速率之间的定量关系,为崩岸机理研究提供一种新的途径。Nardi 等(2012)在玻璃水箱中对砾石和沙组成的河岸进行了概化试验,研究了影响河岸稳定性的主要因素,认为粗颗粒土组成的河岸崩塌机理与细颗粒河岸明显不同,前者崩塌主要是由土体内颗粒之间相互作用力的缺失引起的。

针对二元结构河岸的崩塌机理,现有研究成果相对较少。Thorne 和 Tovey(1981)从理论上较为全面地分析了二元结构河岸的崩塌机理,并提出可能发生的剪切、绕轴和拉伸三种崩塌方式。Fukuoka(1994)采用现场挖沟方法,对自然分层滩岸的崩退过程进行了试验研究,提出了二元结构河岸崩退过程的三个阶段,并根据试验结果提出了上部粉质黏土层崩塌后被水流分解的估算方法。Dapporto 等(2003)通过对意大利 Arno 河岸崩退的原型调查得出悬臂破坏在二元结构河岸中发生频率较高。王延贵(2003)采用概化模型试验,对典型二元结构河岸的崩退过程和机理进行了研究,试验结果表明:当二元结构河岸中的上部黏性土层较薄时,崩塌方式以条崩为主,且岸坡几乎为垂直状态。Lindow 等(2009)采用三种坡度组成的二元结构河岸,通过室内试验研究了渗流、孔隙水压力及岸坡形状对河岸稳定性的影响。Imanshoar 等(2012)对上部黏性土下部粗沙组成的二元结构河岸的冲刷速率进行了试验,结果表明:20%的中值粒径 1.4mm 细颗粒替代中值粒径3.5mm 粗颗粒,可以使冲刷速率减小 1/3。Harsanto(2012)对黏性河岸、非黏性河岸和二元结构河岸的崩塌特点进行了试验研究,结果表明:二元结构河岸主要以绕轴崩塌和滑动破坏为主。Samadi 等(2011,2013)对两种土体类型和三种不同容重土体组成的二元结构河岸进行了试验,结果表明:悬臂或剪切破坏是二元结构河岸最可能发生的崩塌形式。岳红艳等(2014)对复合塑料沙组成的二元结构河岸的崩退过程进行了概化试验,并根据试验结果将河岸崩退过程分为五个阶段。

荆江河岸多为典型的二元结构河岸,无论上荆江还是下荆江崩岸,现有研究表明:近岸水流对二元结构河岸坡脚的冲刷,是河岸发生崩退的基础条件(余文畴,

2008)。坡脚冲刷后,二元结构河岸上部黏性土层将会发生滑动或坍落崩塌,崩塌后土体将在坡脚处的河床上形成局部堆积,掩护覆盖的近岸河床;同时这种局部的覆盖体又会产生局部水流结构,加剧了覆盖物与周围河床的冲刷。近岸水流一方面使覆盖体中松散的沙性土粒受冲刷并带向下游;另一方面也使黏性土块发生分解和不断冲刷,其中粉质壤土较易冲刷,而黏土不易冲刷,在一定时段内仍覆盖在床面上。在荆江河段的二元结构河岸中,上层黏性土大多数情况属于粉质壤土或粉质黏土,含水率高、质地松散,在水流冲刷下容易分解(余文畴和卢金友,2008;夏军强等,2013)。因此二元结构河岸上部的黏性土层可以影响崩岸速度,但不能制止崩岸的发生。

以上研究表明,现有成果对二元结构河岸崩退机理的定量研究相对较少,且多为宏观上的定性描述与分析,缺少用数学公式定量地描述崩岸发生的动力学过程。为此需要以荆江二元结构河岸土体的物理力学特性研究为基础,结合崩岸过程的概化水槽试验结果,定量地揭示荆江二元结构河岸崩退机理及其影响因素,并提出相应的数值模拟方法。

1.2.2 崩岸影响因素

总体来说,崩岸的影响因素主要包括两方面:一是水流的冲积作用;二是河岸边界条件(如河岸土体组成及特性等)(夏军强等,2005;余文畴和卢金友,2008)。

1. 水流冲积作用

国内外许多研究者认为,水流冲刷是造成崩岸的主要因素,其他因素是通过对水流与河床边界的改变来影响崩岸的强度(岳红艳和余文畴,2002;余文畴和卢金友,2008)。例如,余文畴(2008)系统地总结了影响长江中下游河道崩岸的两大类主要因素:一类是水流泥沙运动条件,包括水流动力作用、近岸水力条件、泥沙运动条件以及次生流影响等;另一类是河床边界条件,包括河湾曲率、河床及河岸组成、滩槽高差及河岸地下水活动等。金腊华等(1998)根据现场查勘资料,从河流动力学角度探讨了堤岸天然形态、水文条件及局部河势对长江彭泽马湖崩岸的影响。徐永年等(2001)从机理上对长江九江段崩岸进行了分析,认为江心洲洲头左缘等处受水流顶冲后发生岸线崩退。高志斌和段光磊(2006)分析了荆江河段的边界条件,研究了边界条件对荆江河段河床演变的影响。Xia 等(2008)对黄河下游滩岸土体组成及力学特性进行了分析,定量地揭示了近期下游滩岸崩退严重的两个原因。张幸农等(2008,2009b)分析了江河崩岸的影响因素,认为岸坡土体物质组成及分布、岸坡局部地形是崩岸发生的主要内在因素,水流冲刷与地下水渗流是主要外部动力因素,各因素对崩岸的作用主要表现为冲刷破坏、渗流破坏、重力破坏及突加荷载或边界条件破坏等。

国外如 Thorne 和 Tovey（1981）较早研究认为水流动力作用和河床边界条件是影响河岸崩退的主要因素。Grissinger（1982）研究结果表明：黏性土组成的河岸，其崩塌主要受水动力条件和土体自身容重等因素影响。Hemphill 和 Bramley（1989）分析了水流切应力与河床冲刷之间的关系，得到河岸最大剪应力与河床最大切应力比值为 0.8 左右。Youdeowo（1997）对尼日利亚尼日尔三角洲地区河口崩岸进行了研究，结果表明，崩岸主要发生在洪水期，河床冲刷是主要原因。Simon 等（1996，2001）研究了水流冲刷作用对河岸崩塌的影响，指出土体内孔隙水压力和基质吸力等是影响河岸抵抗水流冲刷的主要因素，并给出了相应的研究结果。Julian 和 Torres（2006）对黏性土河岸的水力冲刷进行了研究，并通过分析得到了黏性土起动切应力与黏粒及粉沙含量之间的定量关系。

2. 河岸土体组成及特性

不同力学特性土体组成的河岸，其失稳破坏的类型和机理也不同。例如，上、下荆江由于河岸土体组成不同导致了河岸崩塌类型和机理有所差异，上荆江河岸崩塌主要发生平面或圆弧滑动破坏，而下荆江主要以绕轴崩塌为主（钱宁等，1987；夏军强等，2013；宗全利等，2014a）。

国内如杨怀仁和唐日长（1999）研究了河床边界条件与上荆江河型形成及荆江变迁的关系，指出随着河岸上部黏性土层的不断淤厚，河岸抗冲性增强，使得上荆江河段能长期保持微弯形态。刘东风（2001）考虑河岸坡度、岸坡高差、河道水位变化以及外加荷载情况等因素，采用瑞典圆弧滑动条分法，分析了河岸稳定安全系数。王延贵等（2003，2007）分析了折线型河岸发生初次崩塌和二次崩塌的稳定性，得到河岸崩塌高度的计算公式，结果表明：河岸崩塌高度主要取决于河岸边界、水流因子、渗流强度、河道冲淤和岸坡土质等方面的因素。唐金武等（2012）用稳定岸坡作为崩岸判别指标，分析了长江中下游不同河型及地质条件下的河岸稳定坡比等。

国外 Hagerty 等（1986）研究得到二元结构河岸发生崩塌的模式主要有拉伸破坏、悬臂梁破坏和剪切破坏。Osman 和 Thorne（1988）等研究认为坡脚冲刷使岸坡变陡以及近岸床面下切使河岸高度增加是引起河岸崩塌的主要原因，并采用安全系数判别河岸稳定性。英国学者 Darby 和 Thorne（1996）在 Osman 和 Thorne（1988）模型基础上，考虑土体孔隙水压力作用，完善了河岸稳定性的计算方法；在后续研究中 Darby 等考虑影响河岸稳定性的更多因素，包括土体坡度、土体组成及其分层情况以及水流冲刷、渗流作用等（Darby et al.，1996，2002，2007）。Millar 和 Quick（1993）通过对沙砾石组成河岸的稳定性进行研究，认为泥沙中值粒径及休止角等河岸土体参数对其稳定性也有影响。

1.2.3　崩岸模拟方法

对于崩岸模拟方法,现有研究成果主要为黏性土及非黏性土组成的均质河岸的稳定性计算方法(夏军强等,2005)。对于黏性土组成的均质河岸,主要用 Osman 和 Thorne(1988)以岸坡稳定性理论为基础建立的平面滑动模型来计算河岸崩塌过程。例如,黄本胜等(2002)考虑了孔隙水压力及侧向水压力对岸坡稳定的影响,完善了均质黏性土岸稳定性的计算方法;夏军强等(2005)以黄河下游滩岸崩退机理研究为基础,建立了平面二维河床纵向与横向变形数学模型,用于模拟河床的纵向冲淤与滩岸的崩退过程。

对于均质非黏性土河岸崩塌过程的模拟方法,主要以 Ikeda 等(1988)及 Pizzuto(1990)提出的计算方法为代表,这些方法通过比较河岸坡度与泥沙水下休止角大小来判别河岸稳定性,当水下休止角小于或等于河岸坡度时,河岸会发生崩塌,否则河岸处于稳定状态。另外,Odgaard(1987)建立了弯道演变的概化数学模型,对 Nishnabotna 河和 Des Moines 河岸土体的崩塌过程进行了计算。Nagata 等(2000)考虑了水流对非黏性土河岸坡脚的冲刷以及水面以上河岸土体的崩塌过程,建立了一种非黏性土河岸的崩退模型,模拟了室内弯道的发展过程。Duan 等(2001)采用三维模型计算河道内的流场,结合非黏性土河岸的崩退模型,模拟了室内弯道中河岸的崩退与淤长、边滩的形成与发展过程。

目前针对二元结构河岸崩退过程的模拟方法很少,但与均质河岸崩退过程的模拟方法类似,也必须考虑近岸水流对坡脚的侧向冲刷以及上层土体的崩塌过程。Fukuoka (1994)给出了模拟二元结构河岸条崩过程的计算步骤:首先计算某一时段内二元结构河岸下部非黏性土层的冲刷距离,然后根据悬壁梁的力学平衡原理,得出黏性土层的临界悬空长度与其厚度、容重及抗拉强度关系,用于判断上部黏土层是否会发生绕轴崩塌。Rinaldi 等(2008)将地下水模型和河岸稳定性模型结合,考虑地下水位变化对河岸稳定性影响,对意大利中部 Cecina 河岸崩退过程进行了模拟。Karmaker 等(2010,2011,2013)考虑渗流对河岸稳定性的影响,模拟了印度 Brahmaputra 河二元结构河岸的崩退过程。

美国国家泥沙实验室建立的崩岸过程概化数学模型,简称 BSTEM(Bank Stability and Toe Erosion Model)(USDA, 2014),该模型在计算河岸稳定安全系数时,可以同时考虑坡脚冲刷及河岸土体不同组成等因素。Simon 和 Collison (2001,2002)对河岸土体的抗剪强度指标、基质吸力等参数的变化规律进行了详细分析,并采用 BSTEM 对孔隙水压力和植被影响下的河岸稳定性进行了计算。Pollen 等(2007)考虑了植被对岸坡稳定性的影响,对 BSTEM 进行了改进。Heinley(2010)采用 BSTEM 对美国 Osage 河岸的坡脚冲刷和稳定性进行了计算,并对计算结果进行了敏感性分析。Celebucki 等(2011)对美国 Lost Creek 河岸土体物理力学特性进行了现场测试,并采用 BSTEM 计算了该河岸的稳定性。Midgley 等(2012)应用 BSTEM 计算了二元结构河岸的崩退宽度,并评估了模型的计算精度,同时指出了模型存在的不足等。BSTEM 主要用来计算不同土体组成河岸的稳定性,但很少用于模拟河岸的崩退过程;同时 BSTEM 在计算坡脚冲刷时,假定所有崩塌土体被近岸水流立刻冲走而没有堆积在坡脚,这也与实际情况不符。实际河岸土体崩塌后会局部堆积在坡脚处,对覆盖的近岸河床起着一定的掩护作用,所以该模型在实际应用中需要进一步完善。

1.2.4 存在问题

以上研究结果表明:二元结构河岸上层黏性土体具有一定的承载能力,对稳定河岸有利,且能延缓河道崩岸的时间。但现有研究结果并没有说明上部黏性土层崩塌后在坡脚的堆积形态以及如何被水流分解和输移的,而这个过程是崩岸土体与近岸水流相互作用的关键所在。因此必须通过概化水槽试验,定量地确定黏性土层崩塌后在坡脚的堆积形式,以及崩塌后的土块在近岸水流冲刷下的分解与输移特点。此外,对二元结构河岸下部沙质土层的侧向冲刷速率也缺少相应研究,而这是引起河岸崩塌的基础条件。总体来说,目前对二元结构河岸崩退机理的研究,多以从宏观上给出定性描述与分析为主,缺少用数学公式定量地揭示河岸崩退的动力学过程。

目前对二元结构河岸崩塌过程的模拟,通常以土力学中岸坡稳定性理论为基础。但该方法计算过程相对复杂,难以与现有水沙数学模型相结合。因此荆江段二元结构河岸崩退过程的模拟,需要进一步简化岸坡稳定性的分析方法,同时还必须考虑如何计算下部沙质土层的侧向冲刷过程。对于下荆江河岸发生绕轴崩塌的计算,可以采用临界悬空宽度判断上部黏性土层的稳定性。因此,应该结合已有研究成果和概化模型试验资料,深入分析二元结构河岸的崩塌机理(包括崩塌类型、发生条件及影响因素等),建立计算方法相对简单同时又考虑力学过程的二元结构河岸崩退模型。

1.3 选题意义及研究内容

1.3.1 选题意义

(1) 开展荆江段二元结构河岸崩退过程的定量研究,首先要对荆江段河床演变及崩岸过程进行定量分析。这不仅需要宏观上的总体描述,更需要具体计算典型断面的崩岸过程。目前相关研究成果还不能对典型断面崩岸过程进行定量计算。因此,必须以荆江段河床演变过程分析为基础,定量研究典型断面的崩岸过程,分析崩岸对荆江段河床形态调整的具体影响。

（2）崩岸的发生不仅与近岸水流动力作用有关,还与河岸土体组成及其物理力学特性密切相关。上、下荆江由于河岸土体组成不同及物理力学特性的差异,具有明显不同的崩塌机理。由于目前缺少荆江段河岸土体特性的详细资料,所以有必要对荆江二元结构河岸土体组成以及土体抗冲、抗剪和抗拉等力学特性进行全面测试,并分析河岸土体特性在上、下荆江的差异。同时结合崩岸过程的概化水槽试验,分别对上、下荆江的崩岸机理进行定量分析。

（3）目前对于河岸稳定性计算方法研究,多针对均质河岸土体。二元结构河岸稳定性计算既要考虑水流对坡脚的侧向冲刷,又要结合上部黏土层的崩塌过程。在上荆江河岸稳定性分析中,必须考虑不同水位下土体特性随含水率的变化规律,下荆江河岸发生绕轴崩塌时的稳定性分析中需要准确计算上部黏土层的临界悬空宽度。因此需要结合荆江河道的实际崩岸特点,提出上、下荆江不同二元结构河岸稳定性的计算方法。

（4）现有的二元结构河岸崩退模型(如 BSTEM),一般不考虑黏性土层崩塌后在坡脚的堆积过程,也没有考虑岸坡形态修正后再进行下一时段的崩岸计算。由于二元结构河岸崩塌后一部分土体会堆积在坡脚处的河床上,对覆盖的近岸河床起着一定的掩护作用。为了更加精确地模拟二元结构河岸的崩退过程,需要考虑崩塌后土体在河岸坡脚处的堆积形式及范围,以及崩塌土块在近岸水流冲刷下的分解和输移特点等。

1.3.2 研究内容

本书以长江荆江段二元结构河岸为研究对象,采用实测资料分析与力学理论分析相结合,模型试验与数值模拟相结合的方法,定量揭示了荆江段二元结构河岸崩退机理,建立了典型断面崩岸过程的概化模型以及具有二元结构河岸的弯道演变二维模型,数值计算了荆江段典型断面及弯曲河段的崩岸过程。各章具体内容如下。

第1章 提出问题,给出研究背景及意义。分别从崩岸类型及机理、崩岸影响因素、崩岸模拟方法及崩岸防治技术等方面,全面总结现有崩岸研究的相关成果,重点介绍二元结构河岸崩退机理及模拟方法的研究现状以及存在的不足等。

第2章 结合现场查勘,在全面分析荆江段水沙过程及河床冲淤情况的基础上,定量分析近期荆江段典型断面的崩岸特点以及河段尺度的平滩河槽形态调整规律。

第3章 根据现场取样、室内土工试验及水槽试验等结果,全面分析二元结构河岸土体组成及物理力学特性。分别开展河岸土体起动和冲刷等抗冲特性、黏性河岸土体凝聚力和内摩擦角随含水率的变化等抗剪特性以及土体抗拉特性等相关试验,并结合试验结果分析上、下荆江河岸土体特性的差异。

第 4 章　开展上、下荆江不同土体组成二元结构河岸崩退过程的概化水槽试验,结合试验结果提出典型断面河岸崩塌特点、崩塌后土体的堆积形式、分解及输移特点等。

第 5 章　以荆江段河岸崩退机理研究为基础,建立二元结构河岸稳定性(包括平面滑动破坏与绕轴崩塌)的计算方法,分别计算上、下荆江典型断面在不同水位下的河岸稳定性。

第 6 章　以河岸土体特性试验结果为基础,采用改进后的河岸崩退概化模型,综合考虑坡脚冲刷、地下水位变化以及崩塌后土体的堆积形式与范围等因素,对荆江段典型二元结构河岸崩退过程进行概化模拟,并分析影响河岸崩退的主要因素。

第 7 章　建立具有二元结构河岸的弯曲河道演变二维模型,将该模型用于计算上、下荆江河段内典型弯道的水沙输移及河床演变变形过程,包括上荆江沙市微弯河段 2004 年汛期及下荆江石首急弯河段 2006 年汛期的演变过程。

第 2 章　近期荆江河段崩岸过程及其对河床形态调整的影响

　　三峡水库蓄水后,因入库沙量减少及水库的拦沙作用,进入荆江河段的下泄沙量急剧减小,导致该河段发生普遍冲刷,近 11 年来平滩水位下河槽的累计冲刷量已达 7 亿 m³;同时受大规模河道整治工程等影响,荆江河段的平滩河槽形态相应发生了调整。为更好地了解荆江段崩岸特点以及崩岸对该河段河床形态调整的影响,本章以近期荆江河段水沙过程及河床冲淤情况分析为基础,研究了典型断面的平滩河宽变化过程,并建立了河岸累计崩退宽度与水流冲刷强度之间的函数关系;然后提出了基于河段尺度的平滩河槽形态参数的计算方法,利用荆江河道实测固定断面地形,计算了上、下荆江河段平均的平滩特征参数,并建立了这些河段平滩特征参数(如平滩水深、河宽)与前期 5 年平均的汛期水流冲刷强度之间的函数关系。同时利用这些关系式预测了荆江段崩岸对平滩河槽形态调整的影响,计算结果表明:个别河段崩岸对局部河段的河宽调整影响较大,但由于大规模护岸工程修建的影响,局部河段崩岸过程对整个河段的平滩河槽形态调整的影响并不大。此外还根据三峡水库运用后的实测数据,建立了荆江段典型断面及河段尺度的平滩河槽形态参数与宜昌站 5 年平均的汛期水流冲刷强度之间的计算关系,并利用所建立的关系式与还原后的宜昌站水沙数据,计算了无三峡工程运用时荆江段河床形态的调整过程,定量分析了水库运用对该河段河床变形的具体影响。

2.1　近期荆江段水沙条件及河床冲淤过程

2.1.1　荆江河段概况

　　荆江河段位于长江中游,上起枝城,下迄洞庭湖出口——城陵矶,长约 347.2km,为冲积性河段,如图 2.1 所示。以藕池口为界分为上、下荆江,藕池口以上为上荆江(UJR),属弯曲型河段,长 171.7km,由江口、沙市、郝穴 3 个北向河湾和洋溪、涴市、公安 3 个南向河湾以及弯道间的顺直过渡段组成(长江水利委员会水文局,2012)。河湾处多有江心洲,河湾曲折率平均为 1.72,最小河湾半径为 3040m,最大为 10300m。河岸主要由沙和黏性土体组成,下部沙层顶板高程较低,一般在枯水位以下;上部黏性土层较厚,一般为 8～16m,以粉土或壤土为主。藕池口以下为下荆江(LJR),长 175.5km。自然条件下,河道蜿蜒曲折,易发生自然裁弯,河道摆动幅度大,属于典型的弯曲型河道,由石首、调关、监利等 10 个弯曲河段组成。20 世纪 60 年代末～70 年代初,下荆江经历了中洲子(1967 年)、上车湾(1969 年)两处人工裁弯以及沙滩子(1972 年)自然裁弯,使其河长缩短了约 78km。下荆江河床组成为中细沙,卵石层在床面以下埋藏较深。河段的右岸部分地段为丘陵阶地,抗冲能力较强;左岸为冲积平原,河岸由下部沙土层与上部黏性土层组成,抗冲能力较差(杨怀仁和唐日长,1999)。

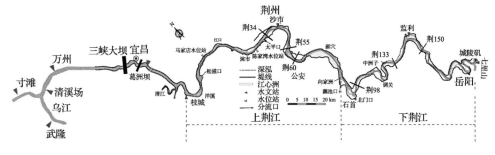

图 2.1　荆江河段平面示意图

2.1.2　荆江段水沙条件

荆江河段水沙主要来源于长江上游干流及各级入汇支流,河段上游有支流清江入汇,其多年平均径流量约为宜昌站水量的 3%,河段右岸有松滋口、太平口、藕池口分流入洞庭湖。荆江段来水量及来沙量主要集中在 5～10 月,最大及最小水量分别发生在 7 月和 2 月,最大含沙量通常发生在 7～8 月,而最小含沙量出现在 2～3 月。三口分流分沙呈减少趋势,尤其以藕池口衰减最为突出(余文畴和卢金友,2008;长江水利委员会水文局,2014)。

自 2003 年 6 月三峡工程运用后,受上游来沙减少及水库蓄水拦沙等影响,进入荆江河段的沙量大幅度减少,导致该河段发生沿程冲刷。图 2.2(a)为沙市站三峡水库蓄水前(1955～2002 年)与蓄水后(2003～2013 年)多年月平均流量之间的对比。受三峡水库调度方式的影响,荆江段汛期月均流量降低,多为 10300～21500m³/s,且由于水库的补偿调度,荆江段非汛期(1～4 月)流量略有增加。根据对日均流量数据的统计结果可知,三峡水库蓄水前荆江河段非汛期中水流量(15000～25000m³/s)历时 69 天,而蓄水后增加到 93 天。三峡水库蓄水调度方式通常为:汛期 5～10 月,当入库流量超过一定防洪标准时,水库蓄水以削减洪峰;为减轻长江中下游的防洪压力,水库的最大下泄流量不能超过 40000m³/s。因此,主汛期水库下游洪峰流量受到明显削减,月均流量相应降低。例如,沙市站 6 月的平均流量由蓄水前的 16200m³/s 减小到蓄水后的 14000m³/s,7 月的平均流量由 26000m³/s 减小到蓄水后的 21500m³/s。

由于荆江地理环境及水文特征的影响,其汛期持续时间通常较长,水量及沙量也主要集中于汛期下泄。沙市站7~9月水流含沙量较高,含沙量最大值出现在7月;2~3月含沙量低,最小值出现在2月。图2.2(b)给出了三峡水库蓄水前、后沙市站多年月平均输沙率的对比。从图中可以看出:受水库拦沙作用的影响,沙市站汛期月均输沙率蓄水后大幅度降低,如1955~2002年7月平均输沙率为47.2t/s,而蓄水后降低到7.6t/s。此外还可知:蓄水前沙市站汛期平均含沙量为1.34kg/m³,蓄水后减小到0.22kg/m³。

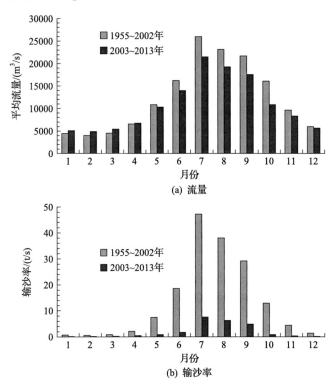

图2.2　荆江沙市站多年平均流量和输沙率

长江中游汛期通常从5月持续到10月,而荆江段的径流量又主要集中于主汛期下泄。如果忽略荆江三口分流的影响,则可用沙市水文站实测所得的水沙数据代表进入整个荆江河段的水沙条件。图2.3给出了沙市站径流量和输沙量的逐年变化过程。三峡水库运用前(1956~2002年),沙市站多年平均径流量为392.6×10⁹m³/a,多年平均输沙量为4.3×10⁸t/a;水库运用后(2003~2013年),受气候变化及人类活动的影响,多年平均径流量减小到373.8×10⁹m³/a,为水库运用前的95.2%左右。由于长江上游水土保持工程的实施及大型水利工程的修建,近期进入三峡库区的沙量也逐渐减少;加上水库的蓄水拦沙作用,绝大部分泥沙淤积在库区内。因此三峡水库蓄水后荆江段多年平均输沙量大幅度减少,由蓄水前的 4.3×10^8 t/a 减小到 0.67×10^8 t/a(沙市站),而该时段内水库累计淤积泥沙达 15.3×10^8 t (长江水利委员会水文局,2014)。沙市站多年平均汛期水量占多年平均径流量的 72.3%,而多年平均汛期沙量占多年平均输沙量的 92.9%。由此可知,荆江段泥沙输移的年内分布主要集中在汛期,尤其是受近期三峡工程运用的影响,汛期集中输沙的现象更加明显。

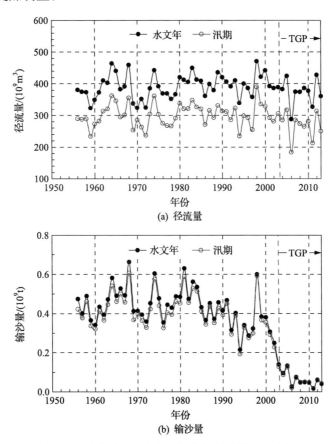

图 2.3　沙市站各水文年及汛期的径流量和输沙量

三峡工程运用后,根据枝城、沙市及监利水文站的观测结果,悬移质泥沙颗粒粒径大于 0.125mm 的粗颗粒泥沙含量沿程增大,中值粒径、平均粒径和最大粒径均明显变粗(长江水利委员会水文局,2014)。荆江沙卵石河段在三峡水库蓄水运用后,床沙粒径粗化,且卵石河床有所下延。其中,尤以 2004 年、2006 年杨家脑以上床沙变化最为明显。例如,荆 3 断面(枝城站)为沙卵石河床,三峡水库蓄水前最大粒径为 85mm,蓄水后达 160mm,2007 年汛后粒径略有变小;2009 年杨家脑以下河床取到卵石的断面明显增多,说明床面卵石增多,河床粗化较为明显。

2.1.3　荆江段河床冲淤过程

三峡水库蓄水前,荆江段河床经历了不同的冲淤过程。例如,1966～1981 年受下荆江裁弯的影响,河床持续发生冲刷,平滩河槽累计冲刷量为 $3.46\times10^8\text{m}^3$;葛洲坝水利枢纽修建后,河床仍继续冲刷,1980～1987 年累计冲刷量达 $1.29\times10^8\text{m}^3$;而在 1987～1998 年,河床由冲刷转为淤积,累计淤积量达 $0.83\times10^8\text{m}^3$;之后又发展为冲刷,1998～2002 年累计冲刷量达 $1.02\times10^8\text{m}^3$,其中 1998 年为特大洪水年,河床冲刷较为严重。

受三峡水库蓄水运用的影响,近期进入荆江段的沙量大幅度减少,河床发生持续冲刷,且以枯水河槽冲刷为主。以实测固定断面地形数据为基础,分别计算出上、下荆江 2002～2013 年的累计河床冲淤量,如图 2.4 所示。从图中可以看出:该时期荆江段平滩河槽累计冲刷量达 $7.0\times10^8\text{m}^3$,其中上荆江为 $3.9\times10^8\text{m}^3$,下荆江为 $3.1\times10^8\text{m}^3$;枯水河槽的多年平均的年冲刷量为 $0.557\times10^8\text{m}^3$,远大于水库运用前(1975～2002 年)的 $0.137\times10^8\text{m}^3$。此外,2011 年以前,下荆江的河床冲刷强度略大于上荆江。

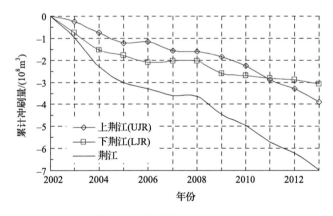

图 2.4　荆江河段的冲淤过程(2002～2013 年)

近期荆江段河床的持续冲刷,一方面导致该河段的平滩面积及流量相应增加。例如,上荆江沙市站的平滩面积由 2002 年的 24841m^2 增加到 2013 年的 28163m^2,相应的平滩流量由 $46110\text{m}^3/\text{s}$ 增加到 $51877\text{m}^3/\text{s}$(平滩高程 41.94m);下荆江监利站平滩面积由 2002 年的 16795m^2 增加到 2013 年的 18255m^2,相应的平滩流量由 $26616\text{m}^3/\text{s}$ 增加到 $36912\text{m}^3/\text{s}$(平滩高程为 34.00m)。另一方面河床持续冲刷导致局部河段产生了较大规模的河岸崩退过程。根据对荆江河段 2002～2013 年 171 个固定观测断面河岸崩退过程的调查可知,大约 16.5% 断面存在明显的河岸崩退现象,较为严重的崩岸发生在下荆江,其中最大年均崩退速率达 137m(2006

年荆 146 断面附近)。

　　虽然经过了较长时间的护岸工程建设,荆江河段大范围的崩岸过程已被控制。但由于近期河床的持续冲刷,局部未守护河段的岸线仍有明显崩退现象(余文畴和卢金友,2008;夏军强等,2015)。据不完全统计,上、下荆江 171 个固定观测断面中,河岸有明显崩退过程的年均断面数分别为 12、18,由此也可以看出,下荆江的崩岸强度大于上荆江。图 2.5(a)和图 2.5(b)分别给出了上荆江荆 53 和下荆江荆 97 断面形态的变化过程。荆 53 断面位于沙市水文站下游大约 15km 处,左岸完全被护岸工程所守护。从图 2.5(a)中可以看出,2002～2013 年尽管荆 53 断面近岸河床冲淤较为剧烈,但其左岸岸坡一直保持稳定;荆 97 断面位于监利水文站上游约 59km,右岸累计崩退距离达 158m,如图 2.5(b)所示。

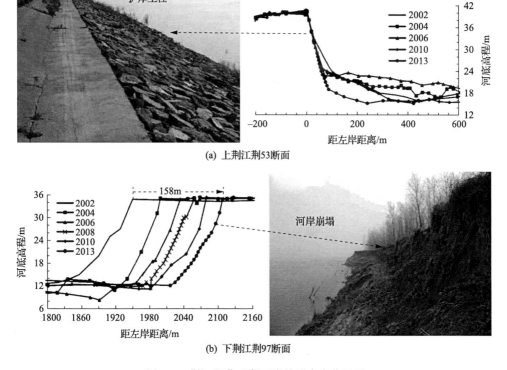

(a) 上荆江荆53断面

(b) 下荆江荆97断面

图 2.5　荆江段典型断面岸坡形态变化过程

　　综上所述,由于近期荆江段河床的冲刷下切,未实施护岸工程的局部河段,其河岸容易受水流冲刷,崩岸现象仍较为严重。具有良好护岸工程守护的河段,其河岸能保持稳定,近期河床演变主要以床面冲刷下切为主(夏军强等,2015)。

2.2　近期荆江段崩岸过程及特点

在荆江河段,影响崩岸强度的主要因素为水流强度、河湾形态和河岸土质条件。水流强度越大,河岸崩塌越严重。弯道横向环流对凹岸的冲刷作用也是极其明显的,如荆江来家铺河湾平均崩岸宽度随着水面横比降的增大而增大。崩岸强度还与河岸土质条件有关,河岸土体抗冲能力越强,崩岸速率就越小。在相同的河岸土质条件下,弯道段较直线段崩岸速率要大(钱宁等,1987)。

上荆江河岸土体基本是上部为粉土和黏土等组成的黏性土体,下部为细沙等非黏性土体组成的层状结构,河岸整体上可以看成上部黏性土和下部非黏性土组成的二元结构,且上部黏土层厚度较大,明显大于下部非黏性土层。上部黏性土主要由低液限黏土、粉土或壤土组成,下部非黏性土主要由均匀细沙组成,抗冲性较差。尽管河岸下部沙土层抗冲力很弱,但黏土层在大部分河岸超过其下部沙层厚度,其抗冲性远大于沙土层(宗全利等,2014a)。下荆江河岸土体垂向组成基本为上部黏性土和下部非黏性土组成的二元结构,且垂向分层结构明显。上部黏性土层厚度较薄,主要成分为粉质黏土或壤土;下部非黏性的沙土层较厚,在大部分河岸均超过上部黏性土层厚度,因此下荆江枯水位以上河岸有沙土层出露(夏军强等,2013)。

由于上、下荆江河岸土体组成不同,其崩岸过程及特点也存在较大差异。根据荆江段崩岸研究结果,平面滑动或圆弧滑动的崩退类型,多发生于具有较厚黏土层的上荆江,而下荆江河岸以发生绕轴崩塌类型为主。上荆江河岸崩塌主要受冲积作用的控制,首先近岸水流直接冲刷坡脚,导致岸坡变陡变深,继而在重力等作用下河岸土体失去稳定,向下滑入河槽;下荆江河岸崩塌主要是由于下部较厚非黏性土层受水流冲刷作用而被掏空的,从而使得上部黏性土层悬空失去支撑,绕某一中心轴产生向河槽方向的旋转运动,发生绕轴崩塌。

下面分别针对上、下荆江河岸,选取典型断面对其崩岸过程及特点进行详细分析。

2.2.1　上荆江崩岸过程及特点

上荆江河段河湾平顺且分汊特性明显,为典型微弯分汊河型。该河段平面变形不大,但分汊微弯段主流摆动频繁,局部河势不断调整。河岸崩退是上荆江河段河床演变的一个重要方面,特别是在三峡工程运用后(余文畴和卢金友,2008)。上荆江崩岸以沙市和公安河段最为剧烈,2005～2007年,沙市学堂洲、陈家湾、观音寺等段均发生了不同程度崩岸(荆江水文水资源勘测局,2009)。

根据2002～2013年对上荆江96个固定断面地形的实测结果可知,三峡工程

运用后上荆江河床变形主要以床面冲刷下切为主,平滩河槽冲刷深度的平均值为
1.6m。图 2.6(a)和图 2.6(b)分别给出了沙市河段荆 34 断面和公安河段荆 60 断
面的横断面形态变化过程。荆 34 断面位于沙市水文站上游 8km 处,其中太平口
江心洲的存在使得断面形态呈"W"形。该断面右岸黏性土层的厚度大约为 18m,
而下部非黏性土层的厚度仅为 3.2m;从图 2.6(a)中可以看出,2002~2012 年荆
34 断面右岸不断向后崩退,10 年内累计崩退宽度达 147m,年均崩退速率为
14.7m。荆 60 断面位于沙市水文站下游 28km 处,左岸累计崩退宽度达 96m,如
图 2.6(b)所示。此外,公安河段的文村夹、郝穴、新厂等主泓线在三峡水库蓄水后
较蓄水前均有不同程度向左岸逼进的趋势,1998 年 9 月~2000 年 4 月主泓摆幅最
大达 1100m。由于主泓线左移贴近荆江大堤文村夹河段,导致 2002 年 3 月、2005
年 1 月该河段发生显著的崩岸过程。

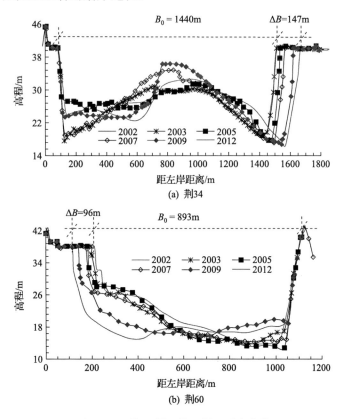

(a) 荆34

(b) 荆60

图 2.6　近期上荆江典型断面形态变化

　　荆江水文水资源勘测局 2013 年 5 月开展的河道查勘结果表明,上荆江河岸仍
有新增崩岸现象的发生。例如,董 3 断面右岸新增崩岸长度 20m,雷洲边滩段(荆
55 右岸)和茅林口段(荆 80 左岸)横向崩退有所加剧;窑头铺段(荆 61 左岸)和南

五洲四口窑段(荆 70 右岸)河岸纵、横向变形均有所加剧。图 2.7 给出了上荆江荆 34、荆 55、荆 60 和荆 80 断面崩岸现场照片。因此,上荆江在未实施护岸工程的局部河段,仍然存在较为严重的河岸崩退现象。

(a) 荆34(2011.11.21)　　　　　　　　　　　　(b) 荆55(2013.5.18)

(c) 荆60(2013.5.18)　　　　　　　　　　　　(d) 荆80(2013.5.18)

图 2.7　上荆江典型断面崩岸现场

2.2.2　下荆江崩岸过程及特点

下荆江河段作为典型的弯曲型河道,凹岸崩塌、凸岸淤长为其主要演变规律,故崩岸是天然状态下该河段河床演变的重要组成部分。2003 年三峡水库蓄水运用后,坝下游河段来沙量大幅度减少,下荆江河段河床普遍冲刷下切,局部河段崩岸险情发生十分频繁。例如,石首河段蓄水后年均崩岸长度增加到 2500m,崩岸位置增加到 5 处(荆江水文水资源勘测局,2008)。这些局部河段的崩岸过程不仅影响河道防洪安全,还会危及河势稳定及河道治理效果等。

三峡水库蓄水前,石首河段崩岸主要受到下荆江系统裁弯及向家洲切滩撇弯等因素的影响,岸线变化较大部位分布在北门口、北碾子湾等。三峡水库蓄水后,坝下游河床发生沿程冲刷,并逐步向下游发展,2002~2013 年下荆江河段河床累计冲刷量已达 3.1 亿 m^3(平滩河槽)。在河床纵向冲深的同时,局部河段的河势调整较为明显(许全喜，2012)。石首河段近期主流贴岸段及顶冲段，近岸河床普遍冲刷下切，造成多处岸坡发生崩岸险情。例如，北门口下段主泓线南移及北碾子湾主泓线北移，造成这两个河段的岸线不断崩退。北碾子湾段在 2006 年崩岸情况十分严重，最大崩岸宽度达 130m。

根据对下荆江 76 个固定断面的实测地形结果分析可知，2002～2013 年下荆江河段的平滩河槽冲刷深度平均为 1.0m，而石首河段 34 个断面的平滩河槽平均冲刷深度达 2.8m，其中向家洲附近河床冲刷最为严重，床面下切 13.6m。近期下荆江局部河段的河床不断冲刷下切，石首段受主流贴岸或直接顶冲河岸的影响，部分区域出现了较为严重的岸线崩退现象。图 2.8(a)和图 2.8(b)分别给出了石首河段荆 98 和荆 133 断面的横断面形态变化过程。荆 98 断面位于北门口河湾弯顶下游，自 2002 年以来，主流贴近右岸。三峡水库蓄水以后，右岸逐渐崩退，2002～2012 年累计崩退宽度达 292m，2007 年崩退宽度为 84m；荆 133 断面位于中洲子河湾处，由于河床冲刷下切，其左岸不断崩退，2002～2012 年累计崩退宽度达 160m。

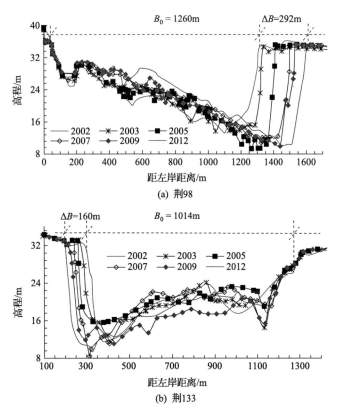

图 2.8　近期下荆江典型断面形态变化

　　根据荆江水文水资源勘测局 2013 年 5 月河道查勘结果,下荆江河段崩岸数量及强度明显大于上荆江。例如,天星洲(荆 84 右岸)、石首向家洲(荆 92 左岸)、北门口右岸以及集成垸(荆 150 左岸)等横向崩退均有所加剧。图 2.9 给出了下荆江荆 84、荆 92、荆 98 和荆 122 断面的河岸崩塌现场照片。所以下荆江河床演变不仅表现为床面的冲刷下切,而且局部河段的河岸崩退过程也较为明显。

(a) 荆84(2013.5.18)　　　　　　　　　　　　(b) 荆92(2013.5.18)

(c) 荆98(2013.5.16)　　　　　　　　　　　　(d) 荆122(2013.5.20)

图 2.9　下荆江典型断面崩岸现场

2.3　荆江段典型断面崩岸过程的经验公式计算

2.3.1　影响崩岸过程的主要因素

　　河岸崩退包括水流对河岸坡脚的直接冲刷与河岸土体在重力作用下的崩塌两个过程。第一个过程意味着水流对河岸土体单颗粒泥沙或团粒的剥蚀、输移及搬运等,而第二个过程意味着整个或局部河岸土块的失稳、坍塌。现有研究表明:水流的直接冲刷作用是荆江河段发生崩岸的主要影响因素,而其他影响因素在一定程度上也共同影响着河岸崩退的过程及速率,如河岸土体组成特性、河道内水位变化等(余文畴和卢金友,2008;钱宁等,1987)。下面主要利用沙市站的水文资料,以荆 34 断面的崩岸过程为例,分析影响崩岸的各类因素。

1. 来流水沙条件

来流水沙条件的冲积作用,可以用水流冲刷强度或来沙系数表示。受三峡水库蓄水运用的影响,进入荆江河段的泥沙主要集中于汛期输送,故本河段近期河槽调整主要发生于汛期,非汛期河床演变可以忽略不计,由此可以近似认为荆江河段的河岸崩退过程仅与汛期水沙条件有关(Xia et al. ,2014a)。

现有研究表明,平滩河槽形态(如平滩河宽及水深)是前期多年汛期水沙条件的函数,而水沙条件通常由前 n 年的汛期平均流量及来沙系数表示。来沙系数(ξ)被定义为汛期平均含沙量与平均流量的比值,通常用于表示多沙河流的水流冲刷强度(Wu et al. , 2008)。然而,对于含沙量较低的冲积性河流,如荆江河段,汛期平均的水流冲刷强度通常可由参数 $\bar{F}_f$ 所表示:

$$\bar{F}_f = \frac{1}{N_f} \sum_{j=1}^{N_f} (Q_j^2/S_j)/10^8 \tag{2.1}$$

式中, N_f 为汛期的总天数,d,荆江河段水文年中汛期一般指 5～10 月; Q_j 为汛期的日均流量,m³/s; S_j 为悬移质含沙量,kg/m³。

参数 $\bar{F}_f$ 包含了来流流量、含沙量及历时,可综合反映来水来沙条件对研究河段河床形态调整的影响。本研究中前期 n 年平均的汛期水流冲刷强度($\bar{F}_{nf}$)可以表示为 $\bar{F}_{nf} = \frac{1}{n} \sum_{i=1}^{n} \bar{F}_{fi}$,其中 n 为滑动平均的年数, $\bar{F}_{fi}$ 为第 i 年汛期平均的水流冲刷强度。下面分析表明,荆江段平滩河槽形态参数可表示为 $\bar{F}_{nf}$ 的经验函数,且相应的相关系数在 $n=5$ 时达到最大。如图 2.6(a)所示,2002～2012 年荆 34 左岸岸坡保持稳定,而右岸持续向后崩退。因此,本断面在 2002 年后某一特定年份的平滩河宽可以认为是 B_0 与 ΔB 之和,即 $B = B_0 + \Delta B$,其中 B_0 是 2002 年的平滩河槽宽度, ΔB 是荆 34 右岸自 2002 年起的累计河岸崩退宽度。可见 ΔB 的变化代表了该断面平滩河宽调整对三峡水库蓄水运用引起的水沙条件改变的响应。

图 2.10(a)给出了荆 34 断面平滩河宽与前 5 年平均的汛期水流冲刷强度之间的关系,可以用关系式 $B = 1397.9e^{0.0038\bar{F}_{5f}}$ 来表示,两者的相关系数高达 0.986,则表明该断面的平滩河宽能随水流冲刷强度的变化而做出迅速调整。若用前 5 年汛期平均的来沙系数的指数函数预测荆 34 断面的平滩河宽变化,则可得到其相关系数为 0.933,如图 2.10(b)所示。由于 $B = B_0 + \Delta B$,所以荆 34 断面累计河岸崩退宽度可以表达为 $\Delta B = 1397.9e^{0.0038\bar{F}_{5f}} - B_0$,其中 $B_0 = 1440$m。

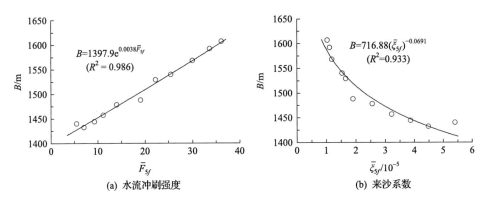

(a) 水流冲刷强度　　　　　　　　　　(b) 来沙系数

图 2.10　影响河岸崩退过程的水沙条件

　　荆江河段其余典型断面河岸的崩退过程,可用荆 34 断面类似的函数关系来表示,如上荆江荆 60 断面及下荆江的荆 98、荆 133 断面,值得注意的是,ΔB 的大小不仅与来流水沙条件有关,而且与所在河段的河床边界条件、断面宽深比等其他因素有关。如果直接建立 ΔB 与 $\overline{F}_{5f}$ 相关关系,对于每个研究断面,其相关关系都较弱。由此可知,B 与 $\overline{F}_{5f}$ 相关性较强,故可建立两者之间的相关关系,这样某一特定断面的河岸累计崩退宽度 ΔB 可以间接从相应 B 与 $\overline{F}_{5f}$ 的关系式中得到。

　　2. 其他影响因素

　　影响荆江河段崩岸的因素还包括河岸土体组成特性、河道内水位变化、河湾形态等方面。对于河湾形态的影响,钱宁等(1987)根据对荆江河段崩岸现象的调查,发现弯道段河岸的平均崩退速率大于顺直段。河岸土体组成中黏粒含量的多少直接决定了河岸土体的抗冲及抗剪强度,黏粒含量越高,河岸抵抗水流冲刷的能力越强。河道内水位的变化改变了河岸土体的物理力学特性,进而间接影响河岸的崩退过程。

　　为了研究河岸土体特性对荆江段河岸崩退速率的影响,收集了 2002~2012 年部分断面的平均崩岸速率资料及相应的二元结构河岸上部黏性土层的黏粒含量数据。图 2.11(a)给出了河岸平均崩退速率与黏粒含量之间的相关关系。尽管两者相关性较低,但总体而言,河岸崩退速率随黏粒含量的增大而减小。由此可知,上荆江河岸崩退的强度小于下荆江的原因部分在于前者河岸的上部黏性土层厚度大于后者。

　　荆江段洪峰期后的水位在 30~60 天内由最高值快速下降到最低值,其平均水位下降幅度大于 10m,如荆 34 断面 2002~2012 年的平均退水速率为 0.12~0.26m/d。根据对近期荆江段河岸土体组成特性的调查可知,荆 34 断面的上部黏土层的渗透系数很小,其值为 0.03～0.07m/d,比相应的平均退水速率低一个数量级。因此随着河道内水位的下降,作用于潜在河岸滑动土体上的侧向水压力迅速减小,而河岸黏土层内孔隙水不能及时排出,从而导致土体内孔隙水压力较大,河岸稳定性降低。

因此,河道内水位的升降会改变河岸土体的物理力学特性,进而影响河岸的崩退速率。图 2.11(b)给出了荆 34 断面河岸崩退速率与汛末退水速率之间的弱相关关系。图中的水位下降速率可从沙市水文站的水位变化过程计算中获取。二元结构河岸的崩塌多发生于上部黏性土层,且崩退宽度通常大于水流直接的横向冲刷宽度,因此河岸崩退宽度主要是由崩塌过程造成的。从图 2.11(b)中还可以看出,退水速率增加时,年均崩岸速率总体上呈增加的趋势,但两者相关性较弱。故河道内水位的变化并不是引起崩岸的主要影响因素,在长时间范围内,荆江河岸的崩退主要受水流的冲积作用控制(余文畴和卢金友,2008)。

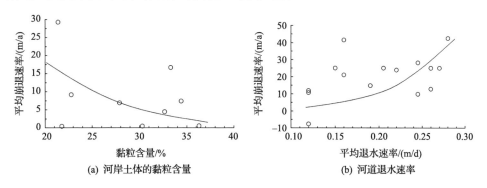

(a) 河岸土体的黏粒含量　　　　　　(b) 河道退水速率

图 2.11　河岸崩退过程的其他影响因素

2.3.2　典型断面崩岸过程的经验计算方法及结果分析

对影响崩岸各类因素的分析表明:其他影响因素,如河岸土体力学特性及河道内水位的退水速率等,不能完全决定河岸的崩退过程,荆江段崩岸过程主要受来流的冲积作用控制。为了建立典型断面的崩岸过程与水流冲刷强度之间的相关关系,选取沙市站水文资料代表上荆江的水沙条件,下荆江选取监利站水文资料。

根据前面的分析可知,荆江河段某一断面的平滩河宽可以表示为前 5 年汛期平均的水流冲刷强度 $\bar{F}_{5f}$ 的指数函数,而平滩河宽的大小等于 2002 年汛末平滩河宽 B_0 与相应断面左岸或右岸的累计崩退宽度 ΔB 之和。故 ΔB 可以写为 $\bar{F}_{5f}$ 的函数,即

$$\Delta B = \alpha e^{\beta \bar{F}_{5f}} - B_0 \qquad (2.2)$$

式中,参数 α 和 β 可以通过河岸崩退过程的实测资料及相应水沙数据进行率定。

为了研究上荆江荆 34 和荆 60 及下荆江荆 98 和荆 133 的河岸崩退过程,对相应断面的实测数据进行回归分析,得到了率定后的参数 α 和 β 值,如表 2.1 所示。从表中可以看出,4 个断面的 B 与 $\overline{F}_{5f}$ 之间的相关系数 (R^2) 都较高,最小值也达到了 0.949。由此可知,利用提出的经验关系式对荆江河段典型断面的河岸累计崩退过程进行模拟,能达到较高的计算精度。

表 2.1　式(2.2)中不同断面的参数值

河段	断面	式(2.2)			相关系数
		α	β	B_0	R^2
上荆江	荆 34	1397.9	0.0038	1140	0.986
	荆 60	881.8	0.0032	893	0.966
下荆江	荆 98	1139.6	0.0203	1260	0.979
	荆 133	985.2	0.0062	1014	0.949

注:R^2 为参数 B 和 $\overline{F}_{5f}$ 的相关系数;B 为特定断面的平滩河宽。

应当指出,式(2.2)中的参数 α 和 β 仅适用于特定的断面,而且类似的计算关系不适用于受人类活动影响严重的断面。例如,在某些局部河段,近期已经实施了大尺度护岸工程及河道整治工程,受这些工程的影响,这些局部河段不再会出现较大范围和较强烈的河岸崩退现象。例如,图 2.5(a)中荆 53 断面,尽管近岸河床冲淤剧烈,但其左岸岸坡一直保持稳定,主要原因就是护岸工程的影响。

图 2.12 给出了前面所述断面的河岸累计崩退宽度实测值与计算值的对比结果。从图中可以看出:①各个断面近 10 年河岸累计崩退宽度的实测值与计算值基本上能很好吻合,其中荆 98 断面的崩退宽度最大,如图 2.12(c)所示;②2012 年荆 98 断面的累计崩岸宽度的计算值为 314m,略大于实测值 292m。由此可知,本研究提出的经验关系能够较为准确地模拟出荆江段典型断面河岸的崩退过程。

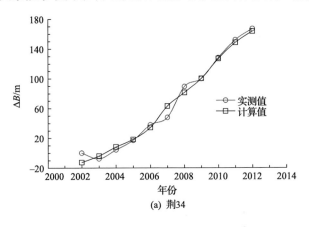

(a) 荆34

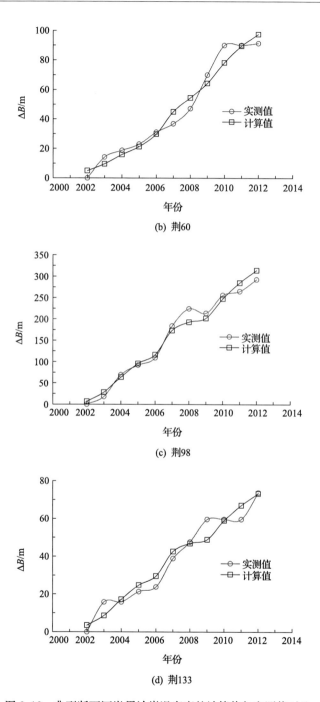

(b) 荆60

(c) 荆98

(d) 荆133

图 2.12　典型断面河岸累计崩退宽度的计算值与实测值对比

2.4　崩岸对近期荆江段河床形态调整的影响

冲积河流的河床形态调整,主要体现为平滩河槽形态的变化。平滩河槽形态一般指平滩水位下的河槽形态,其特征参数包括平滩河宽、水深及面积等,这些参数能广泛用于各类河道整治工程及防洪工程的设计中。因此非常有必要确定平滩河槽形态随来水来沙条件的变化规律。平滩河槽形态与均衡状态下冲积河流的水力几何形态密切相关,这个概念最早由 Leopold 和 Maddock(1953)提出,一般可表示为沿程及断面河相关系。对于处在平衡或准平衡状态下的冲积河流,其平滩河槽形态可表示为特征流量或流域面积的经验函数。例如,Leopold 和 Maddock(1953)提出了平滩河槽参数与年均流量的幂函数关系,其河宽与水深指数的平均值分别为 0.5 及 0.4。Park(1977)根据 72 条河流的实测河槽形态给出的沿程河相关系中,指数变化范围较大,总体上河宽指数为 0.4~0.5,水深指数为 0.3~0.4。He 和 Wilkerson(2011)对平滩河槽形态预测方法进行了改进,提出了用两年一遇流量替代通常所用的流域面积作为独立变量的方法。Lee 和 Julien(2006)通过对冲积河流沿程河相关系 1485 组数据的非线性回归分析,指出平滩河槽形态可以用三个参数表示,即造床流量、床沙中值粒径和河床纵比降。然而,此类水力几何形态关系仅适用于平衡或准平衡状态下的河流,对于受人类活动严重影响而正在经历显著河床变形过程的河流,现有适用的研究成果较少。

包括上游建坝在内的人类活动可显著改变冲积河流中的天然水沙过程,从而势必引起坝下游河段河床形态的调整。Wu 等(2008)建立了黄河下游基于滞后响应模型的平滩面积预测方法,该方法考虑了前期水沙条件对河槽调整的累积影响。Shin 和 Julien(2010)基于河宽变化与现有河宽和平衡河宽差值成正比的假定,提出用指数函数来描述韩国 Hwang 河实际河宽的变化过程。另外,河道整治工程也可影响冲积河流平滩河槽形态的调整,如 Pinter 和 Heine(2005)通过固定流量法研究了 Missouri 河下游对河流工程的水动力及地貌动力响应。值得注意的是,此类预测方法通常只适用于处在非平衡状态河流的某一特定断面,而平滩河槽形态沿程变化剧烈时,此类方法得到的结果不能代表整个河段。

因此采用河段尺度的概念来描述河流平滩河槽形态是必要的,河段平均的变量可更好地反映河槽形态及其沿程变化规律。Harman 等(2008)采用基于对数转换的几何平均法计算河段尺度的平滩河槽形态,该方法得到的河段平均参数可保证水流条件的连续性。Xia 等(2014b)对该方法进行了改进,提出了基于对数转换的几何平均结合断面间距加权平均的方法,采用该方法计算了黄河下游近期平滩河槽形态参数。河段平滩河槽形态的研究需要大量实测断面的地形数据,并且需要人工逐个确定河段内各断面的平滩河槽形态。

　　根据荆江河段崩岸过程及特点分析,上荆江在未实施护岸工程的局部河段仍然存在较为严重的河岸崩退现象,而近期下荆江河床演变不只是体现在河床的冲刷下切方面,其河岸崩退过程也较为显著。由于三峡工程运用及沿程各类河道整治工程的影响,荆江河段的河床调整过程较为复杂。为了更好地了解该河段的河床演变过程,对近期平滩河槽形态的变化特点进行分析,确定崩岸过程对平滩河槽形态调整的影响是十分必要的。本节主要研究内容包括:计算上、下荆江河段尺度的平滩河槽形态参数;分析由上游建坝及大规模河道整治工程引起的平滩河槽形态调整特点;建立河段平滩河槽形态参数与相应来水来沙条件之间的经验关系。

2.4.1　河段尺度的平滩河槽形态计算方法及结果

　　荆江段实测断面形态结果表明,不同断面的平滩河槽形态之间存在显著差异,特定断面的河槽形态难以代表研究河段的平滩河槽几何特征。因此需要采用河段平均的方法来计算平滩河槽形态的变化规律。

　　1. 计算步骤

　　首先应确定研究河段内各个断面的平滩水位及主槽区域,并计算平滩河槽尺寸。实测断面形态统计表明:上荆江河段由于江心洲的存在,断面通常呈非对称"W"形,下荆江断面形态通常呈"V"形。2012 年荆 58 断面的平滩水位为 38.52m,两汊平滩宽度之和与平滩面积之和分别为 1504m、21838m²,如图 2.13(a)所示。2012 年荆 134 断面在 32.56m 平滩水位下的过水面积为 13052m²,如图 2.13(b)所示。因此很容易确定荆江河段各个固定观测断面的平滩水位及主槽区域,并进一步计算得到相应的平滩河宽、水深及面积。

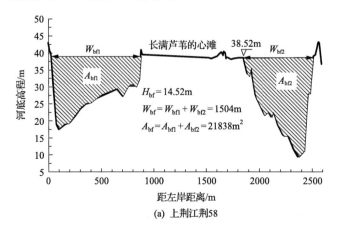

(a) 上荆江荆58

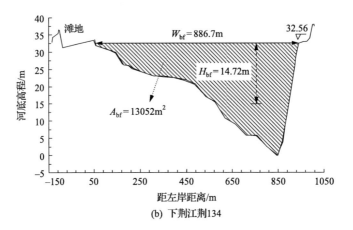

图 2.13　典型断面的平滩河槽形态参数计算

　　然后采用 Xia 等(2014b)提出的基于对数转换的几何平均与断面间距加权平均结合的方法,计算河段尺度的平滩河槽形态参数。假定计算河段长度为 L,内设若干实测固定断面,第 i 个固定断面的平滩河槽几何参数包括平滩宽度(W_{bf}^i)、平滩水深(H_{bf}^i)及平滩面积(A_{bf}^i),可在第一步中得到,则相应河段平滩河槽形态参数($\bar{W}_{bf}$、$\bar{H}_{bf}$ 及 $\bar{A}_{bf}$)可表示为:

$$\bar{W}_{bf} = \exp\Big(\frac{1}{2L}\sum_{i=1}^{N-1}(\ln W_{bf}^{i+1} + \ln W_{bf}^i) \times (x_{i+1} - x_i)\Big) \qquad (2.3)$$

$$\bar{H}_{bf} = \exp\Big(\frac{1}{2L}\sum_{i=1}^{N-1}(\ln H_{bf}^{i+1} + \ln H_{bf}^i) \times (x_{i+1} - x_i)\Big) \qquad (2.4)$$

$$\bar{A}_{bf} = \exp\Big(\frac{1}{2L}\sum_{i=1}^{N-1}(\ln A_{bf}^{i+1} + \ln A_{bf}^i) \times (x_{i+1} - x_i)\Big) \qquad (2.5)$$

式中,x_i 表示第 i 个断面距大坝的距离;N 为计算河段所包括的固定断面数量。上述三式计算所得的河段平滩河槽形态可保证河槽尺寸的连续性,即 $\bar{A}_{bf} = \bar{W}_{bf} \times \bar{H}_{bf}$ 在该方法中恒成立。另外,该方法也可反映断面间距不同对河段平滩河槽形态参数计算结果的影响。

　　2. 河段平滩河槽形态的计算结果

　　利用上述方法,首先根据 2002~2013 年荆江段 171 个固定断面的汛后地形,计算河段内断面尺度的平滩河槽形态参数。由于上、下荆江段河型略有不同,所以采用式(2.3)~式(2.5)分别计算这两个河段的平滩河槽形态参数($\bar{W}_{bf}$、$\bar{H}_{bf}$ 及 $\bar{A}_{bf}$),各河段的计算断面数量分别为 96 个和 75 个。表 2.2 分别给出了 2002~2013 年上荆江沙市站和下荆江监利站汛期的平均流量、含沙量、汛期水流冲刷强度和河段平滩面积,从表中可以看出:由于近期河床冲刷下切,上、下荆江河段平滩面积逐渐增加,并且上荆江平滩面积要大于下荆江。

表 2.2　上、下荆江平滩面积以及汛期平均流量、含沙量及水流冲刷强度

年份	上荆江				下荆江			
	Q_{UJR} /(m³/s)	S_{UJR} /(kg/m³)	F_{UJR}	$\overline{A}_{bf}$ /m²	Q_{LJR} /(m³/s)	S_{LJR} /(kg/m³)	F_{LJR}	$\overline{A}_{bf}$ /m²
2002	17657	0.81	5.16	19656	16190	0.71	4.52	17378
2003	19185	0.42	12.34	19822	17619	0.42	9.91	17786
2004	17944	0.30	15.81	20100	17148	0.33	11.91	18196
2005	19919	0.40	16.53	20375	18951	0.43	11.99	18308
2006	11568	0.11	18.29	20296	11236	0.18	8.9	18514
2007	17940	0.25	25.75	20789	17298	0.31	12.71	18483
2008	17201	0.17	31.22	20802	16526	0.24	13.85	18405
2009	16660	0.18	32.91	20826	16293	0.24	15.2	18649
2010	17690	0.16	37.8	21073	16786	0.20	20.19	18756
2011	13371	0.07	38.16	21367	13101	0.15	12.68	18913
2012	19705	0.19	44.19	21612	18632	0.23	20.55	18938
2013	15738	0.15	45.88	21934	15235	0.21	17.86	18839

注:Q_{UJR}、S_{UJR}＝沙市站汛期(5~10 月)平均流量和含沙量;Q_{LJR}、S_{LJR}＝监利站汛期(5~10 月)平均流量和含沙量;F_{UJR}、F_{LJR}＝沙市和监利站汛期平均的水流冲刷强度;$\overline{A}_{bf}$＝由式(2.5)计算的河段平滩面积。

　　图 2.14 分别给出了上、下荆江 2002 年汛后各断面平滩河槽形态参数的沿程变化。从图中可以看出:平滩河宽沿程变化较为剧烈,上荆江最小值不到 800m,而最大值超过 3600m;在下荆江,各断面平滩河宽在 790~2900m 变化;上、下荆江河

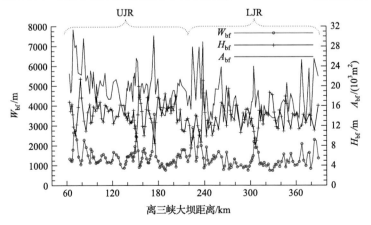

图 2.14　上、下荆江 2002 年汛后各断面平滩河槽形态参数的计算结果

段内各断面的平滩水深沿程变化同样显著,其值在 8~21m。由于平滩宽度及水深沿程变幅较大,所以相应平滩面积沿程变化同样较大。单个断面的平滩河槽形态变化难以代表整个河段的河床形态调整情况。

　　由于近期河床持续冲刷,2002~2013 年荆江段河段平滩河槽形态相应调整。图 2.15(a)为上荆江河段尺度及位于该河段内荆 30、沙 06 两断面的平滩面积随时间的变化过程。荆 30 断面位于沙市上游 14.4km 处,该断面平滩面积从 19548m² 增加到 23324m²,增加了 19.3%;沙 06 断面位于沙市下游 1.4km 处,其断面平滩面积在 11 年间增加了 3.4%;上荆江河段尺度的平滩面积增加了 11.6%。因此上述两断面的平滩面积的变化范围均大于上荆江河段平滩面积。

　　下荆江河段尺度及位于该河段内荆 108、荆 122 两断面的平滩面积随时间的变化过程,如图 2.15(b)所示。荆 108、荆 122 分别位于监利上游 47.1km、29.9km处。荆 108 断面的平滩面积平均值大于荆 122 断面,这两个断面平滩面积在 11 年间的最大变化幅度分别为 12.2% 和 22.0%,而下荆江河段平滩面积变化幅度为 9.0%,所以这两断面的平滩面积变化范围也都大于下荆江河段平均值。

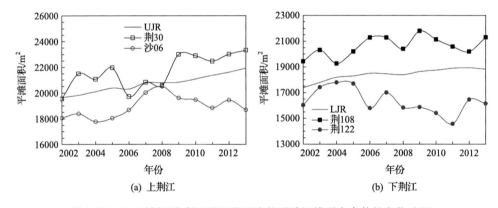

图 2.15　上、下荆江段断面及河段尺度的平滩河槽形态参数的变化过程

2.4.2　崩岸对荆江段平滩河槽形态调整的影响

　　如上所述,三峡工程运用后,进入荆江河段的泥沙主要在汛期集中输送,因此认为荆江段河床变形主要发生在汛期,非汛期的河床冲淤强度与汛期相比,在研究中可以忽略。

　　最近 Wu 等(2008)与 Xia 等(2014b)的研究成果表明,冲积河流断面及河段尺度的平滩河槽形态调整与前期多年平均的汛期水沙条件密切相关,在含沙量较大的黄河上水沙条件通常采用多年平均的汛期流量及来沙系数表示。但是在低含沙量河流上,如荆江河段,一般用水流冲刷强度参数来表示水沙条件(Xia et al.,2014a;夏军强等,2015)。因此,可建立上、下荆江河段平滩河槽形态参数与前期多年平均的水流冲刷强度之间的函数关系。采用 2002～2012 年实测数据率定关系式中相关参数,而用 2013 年实测结果对关系式进行验证。

1. 河段平滩河槽形态调整对水沙条件变化的响应

上游建坝对荆江河段的影响主要体现在进入该河段水沙条件的变化方面,以及由此引起的平滩河槽形态发生相应调整。此外河段内大规模护岸工程的修建也会对河道边界条件产生影响,如增强局部岸坡的稳定度等。但该影响需要进一步研究,在本次分析中不能直接作为影响因素考虑在内,而仅考虑汛期平均的水流冲刷强度,其定义见式(2.1)。

由于上荆江与下荆江水沙条件不同,上荆江 $\bar{F}_{5f}$ 值采用沙市站水文资料计算,而下荆江采用监利站水文资料计算。图 2.16 给出了上、下荆江河段平滩河槽形态参数($\bar{W}_{bf}$、$\bar{H}_{bf}$ 及 $\bar{A}_{bf}$)与 5 年平均的汛期水流冲刷强度($\bar{F}_{5f}$)之间的关系曲线。从图 2.16(a)可以看出:①对于不同的 $\bar{F}_{5f}$ 值,上荆江 $\bar{W}_{bf}$ 值几乎不改变,但在下荆江河段,平滩宽度随 $\bar{F}_{5f}$ 增加而略微增大;②由于大规模河道治理工程(如各类护岸及航道整治工程)的影响,两河段的 $\bar{W}_{bf}$ 和 $\bar{F}_{5f}$ 的相关关系较弱。

同时从图 2.16(a)可以看出:下荆江河段平滩宽度与水流冲刷强度之间的相关关系相对较高,即在没有局部护岸工程守护的下荆江河段,平滩河宽调整程度略高于上荆江河段。然而,这两个河段的平滩水深和平滩面积与水流冲刷强度之间的相关程度都很高,如图 2.16(b)和图 2.16(c)所示,即河段平滩水深和平滩面积可较好地对由于三峡工程运用引起的水沙条件改变做出快速响应。作为平滩河槽形态的综合代表参数,上、下荆江的河段平滩面积与 $\bar{F}_{5f}$ 密切相关。从图 2.16 中可知,由于荆江河段的平滩宽度调整在很大程度上被现有河道整治工程所限制,所以该河段平滩水深的变化可以代表近期平滩河槽形态调整的主要方面。

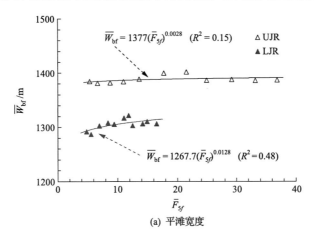

(a) 平滩宽度

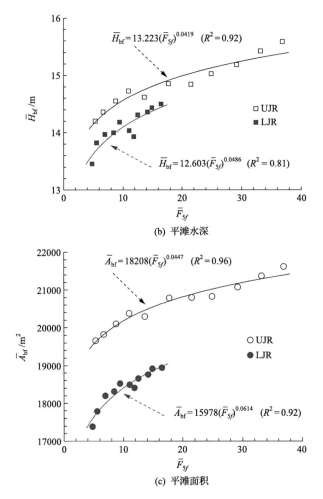

图 2.16　河段平滩河槽形态参数与 5 年平均的汛期水流冲刷强度之间的关系

2. 河段平滩河槽形态参数的计算公式

上述分析表明,荆江河段平滩河槽形态(如 $\bar{H}_{bf}$ 和 $\bar{A}_{bf}$)可较好地对上游来水来沙条件的改变做出响应。在河流动力学中可用水流冲刷强度这一参数来代表水沙条件。进一步分析表明荆江河段尺度的平滩河槽形态参数与前期 5 年汛期滑动平均的水流冲刷强度 $\bar{F}_{5f}$ 之间密切相关。因此,上、下荆江的河段尺度平滩河槽形态计算公式,可写成以下形式:

$$\bar{G}_{bf} = \alpha\,(\bar{F}_{5f})^{\beta} \tag{2.6}$$

式中, $\bar{G}_{bf}$ 为河段平滩河槽形态参数,如 $\bar{W}_{bf}$、$\bar{H}_{bf}$ 及 $\bar{A}_{bf}$; α 为系数; β 为指数。采用

2002~2012 年的实测水文及断面地形数据,通过对数转换与线性回归的方法对式(2.6)中的参数进行率定,结果见表 2.3。从表中可以看出:①由于各类河道整治工程的影响,上、下荆江河段 $\overline{W}_{bf}$ 与 $\overline{F}_{5f}$ 相关程度较弱;②各河段 $\overline{G}_{bf}$ ($\overline{H}_{bf}$ 或 $\overline{A}_{bf}$)与 $\overline{F}_{5f}$ 相关程度较高,相关系数从 0.81 到 0.96 不等;③由于上、下荆江两河段的河床演变过程不完全相同,式(2.6)中率定所得的参数略有差别。

表 2.3　式(2.6)中参数率定(上、下荆江)

河段	平滩河槽形态	参数		相关系数(R^2)	断面数
		α	β		
上荆江	$\overline{W}_{bf}$	1377.0	0.0028	0.15	96
	$\overline{H}_{bf}$	13.223	0.0419	0.92	
	$\overline{A}_{bf}$	18208	0.0447	0.96	
下荆江	$\overline{W}_{bf}$	1267.7	0.0128	0.48	75
	$\overline{H}_{bf}$	12.603	0.0486	0.81	
	$\overline{A}_{bf}$	15978	0.0614	0.92	

通过分析表 2.3 中指数 β 的变化可知,对于平滩面积 $\overline{A}_{bf}$ 及水深 $\overline{H}_{bf}$,β 的取值范围在 0.0419~0.0614。一般平原河流的河相关系中,含沙量项的指数(对应于本研究中的 $-\beta$)约为 -0.22,故式(2.6)中 β 的取值相对一般平原河流较小。分析其原因,可能在于:①本研究采用的平滩河槽形态参数为处于持续冲刷过程中的河段平均值,而不是以往河床处于准平衡时河相关系式的参数;②由于荆江河段受各类护岸及其他河道整治工程的影响,平滩河槽形态的调整受到一定的限制。采用荆江河段实测资料率定式(2.6)中的参数 α 及 β,则体现为指数 β 率定值较小。对于平滩河宽 $\overline{W}_{bf}$,因其变化受目前河道整治工程的影响较大,故其与 $\overline{F}_{5f}$ 相关程度弱。因此式(2.6)率定所得河宽指数 β 不能反映实际的水沙条件对平滩河宽调整的影响。

3. 崩岸过程对河段平滩河槽形态调整影响

由式(2.1)可知,流量和含沙量都会对河床形态调整有一定影响。但三峡工程运用后,流量变化幅度不大,含沙量却大幅度减小,所以对于荆江段河床形态调整的影响,含沙量变化是最主要的。根据式(2.1)和式(2.6)可知,含沙量减小会引起河床冲刷强度增大,导致下游河段发生显著冲刷,从而使平滩河槽形态发生相应调整。

图 2.17 给出了荆江段平滩宽度、水深和面积的计算值与实测值比较。由图 2.17(a)可知,在 2002~2012 年,上、下荆江河段平滩宽度略有变化,利用式(2.3)计算得其平均值分别为 1388m 和 1305m。这主要由于各类河道整治工程的影响,这两个河段平滩宽度的调整在一定程度上被限制,所以实际平滩宽度增加幅度不

大,建立的关系式中也不能反映河道整治对河宽调整的影响程度。

随着2003年三峡工程投入运行,进入下游的沙量大幅减小,导致该河段发生了显著的河床冲刷。由于该河段对平滩宽度调整的有效控制,近期河床冲刷主要表现为平滩水深的显著增加方面。式(2.4)计算的两个河段平滩水深的变化情况,如图2.17(b)所示。上荆江河段平滩水深从2002年的14.2m逐步增加到2012年的15.6m,与此同时,下荆江的平滩水深由13.5m缓慢增加到14.5m。从图2.17(b)还可通过对比看出,这两个河段采用上述经验公式计算的平滩水深值与式(2.6)计算值符合良好。由图2.17(c)可知,上荆江河段平滩面积通常大于下荆江,这两个河段的平均值分别为20611m²和18393m²。

采用上、下荆江两河段2013年的汛后平滩河槽形态及相应沙市、监利两水文站的实测资料,对式(2.6)的预测精度进行验证。从图2.17(b)和图2.17(c)可知,采用式(2.3)~式(2.5)计算的2013年平滩河槽形态参数与采用式(2.6)的预测值十分接近,特别是在下荆江河段。因此采用沙市及监利的水沙条件,本研究中建立的河段平滩河槽形态的经验公式可用于预测荆江河段平滩水深及面积的变化趋势。

根据以上分析:上、下荆江各断面平滩宽度、平滩水深及平滩面积沿程变化较大,个别河段崩岸对河宽调整影响较大;但特定断面的平滩河槽形态变化难以代表整个河段的河床形态调整情况,尤其是由于近期实施的大规模护岸和河道整治工程等人类活动的影响,不再会出现较大范围和较强烈的河岸崩退现象。荆江河段大范围的崩岸过程已被控制,所以局部河段的崩岸过程对河段整体的平滩河槽形态调整的影响不大。

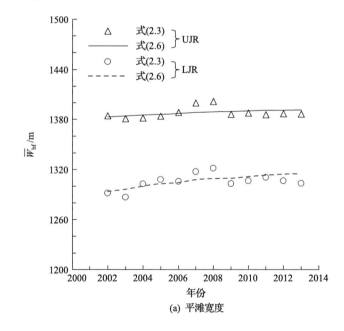

(a) 平滩宽度

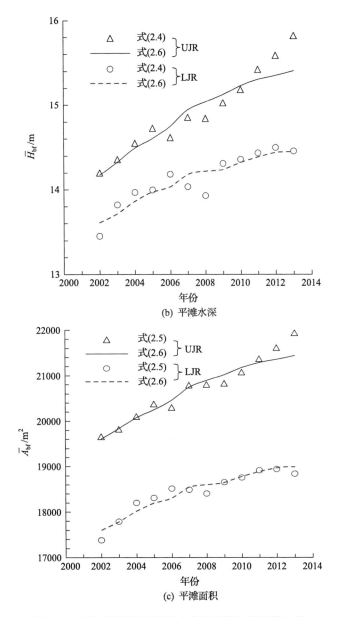

图 2.17 荆江段平滩河槽形态参数计算与实测值比较

2.5 三峡工程运用对荆江段崩岸及河床调整过程的影响

三峡工程运用后,出库沙量大幅度减小,宜昌站汛期平均含沙量降低到仅为蓄水前的 1/10 左右;出库流量变化不大,但洪峰期流量有所削减,枯水期流量有所增加。荆江河段位于三峡水库下游的近坝段,受水库运用的影响较为严重,使得进入该河段的水沙条件发生了显著变化,进而导致本河段的河床形态调整较为剧烈。为了更好地了解荆江河段典型断面崩岸及平滩河槽形态的调整过程,有必要分析三峡水库运用对该河段演变过程的影响。

本研究通过有、无三峡水库情况下同时期内荆江段平滩河槽调整过程的对比,分析三峡工程运用对该河段河床形态变化的影响。首先基于人工神经网络模型和回归分析还原近期宜昌站在无三峡工程时的汛期水沙数据;然后在以往研究的基础上,建立荆江段平滩河槽形态参数与宜昌站前期 5 年平均的汛期冲刷强度之间的经验关系;最后利用还原后的宜昌站汛期水沙数据,通过这些关系式计算荆江段平滩河槽在无三峡工程时的调整过程,并比较它与有三峡工程时的差异。

2.5.1　工程运用对宜昌站水沙过程的影响

平滩河槽形态的调整过程与河段来水来沙条件之间存在密切的响应关系,因此在研究荆江河段平滩河槽形态的调整规律之前,需要对该河段来水来沙条件的变化规律进行分析。为便于分析三峡工程运用对坝下游河流水沙过程的影响,此处暂以宜昌水文站作为荆江段进口水沙条件的控制站。

1. 三峡入库水沙条件的变化

三峡入库水沙条件通常指长江干流寸滩水文站、支流乌江武隆水文站及三峡水库区间的水沙量之和(图 2.1)。其中库区间水沙量较小,仅占入库总量的 9% 左右(国务院三峡工程建设委员会办公室泥沙专家组和中国长江三峡集团公司三峡工程泥沙专家组,2013)。因此为便于分析,本研究仅以寸滩与武隆水沙量之和作为入库水沙量。历年水沙资料统计结果表明:自 20 世纪 90 年代以来,在三峡工程上游干支流水库的建设、水土保持工作的开展及气候条件变化等因素影响下,三峡入库水沙量均呈减小趋势,但沙量减小幅度更大,同水量条件下输沙量明显降低(李海彬等,2011)。

图 2.18 给出了不同年代(1955～2013 年)平均的入库径流量及悬移质输沙量。从图中可以看出:1991～2013 年,入库径流量和悬移质输沙量均有所减小,但输沙量减小趋势更为明显。该时期与 1955～1990 年相比,多年平均径流量由 $4091 \times 10^8 \text{m}^3$ 减小至 $4029 \times 10^8 \text{m}^3$,减小幅度仅约 1.5%,而多年平均悬移质输沙量由 $4.49 \times 10^8 \text{t}$ 减少到 $2.65 \times 10^8 \text{t}$,减少幅度约 41.0%。与悬移质输沙量的年际变化类似,近十余年来,由于大规模的采砂作业,三峡入库推移质输沙量大幅减少(国务院三峡工程建设委员会办公室泥沙专家组和中国长江三峡集团公司三峡工程泥沙专家组,2013)。以寸滩站为例,1966 年、1968～1985 年该站卵石推移质年均输沙量为 $27.7 \times 10^4 \text{t}$,而 1986～2007 年仅为 $13.2 \times 10^4 \text{t}$,其中三峡水库蓄水运

用后的2003～2007年仅为4.18×10⁴t。此外入库泥沙的推悬比也有所降低。根据已有资料统计(国务院三峡工程建设委员会办公室泥沙专家组和中国长江三峡集团公司三峡工程泥沙专家组，2013)，1986～2007年寸滩站卵石推移质年均输沙量仅占悬移质的0.04%，较1986年以前偏小了52.3%；而1991～2007年该站的年均沙质推移质输沙量为19.0×10⁴t，仅占悬移质的0.06%。

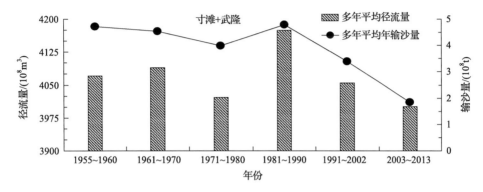

图2.18　多年平均入库径流量和输沙量变化

由此可知，即使在无三峡工程运用的情况下，由于三峡水库上游干流来沙量的显著减少，坝下游荆江段的水沙过程也会相应发生一定程度的改变。近期三峡工程的蓄水拦沙运用无疑较大程度地加剧了这一变化趋势，从而导致荆江段的平滩河槽形态发生明显调整。

2. 工程运用对荆江段进口水沙条件的影响

冲积河流的河床形态调整主要取决于相应的来水量、来沙量及其过程(Wu et al.，2008)，因此在研究荆江段平滩河槽的调整规律之前，有必要对该河段来水来沙条件的变化特点进行分析。通常情况下，枝城水文站位于荆江段进口，应当作为该河段的进口水沙控制站。但本研究基于以下几方面考虑，选择以宜昌水文站水沙数据为代表，分析荆江段水沙过程变化特点：①荆江段水沙主要来自宜昌站以上长江干流，宜枝河段(宜昌到枝城)虽有支流清江入汇，但其水量和沙量仅分别占宜昌站的3%和2%(杨怀仁和唐日长，1999)；②宜枝河段河床组成以卵石夹沙为主(杨怀仁和唐日长，1999)，该河段河床冲淤变化对荆江段进口水沙条件的影响，相对于三峡工程运用的影响较小；③通过对比坝下游宜昌站在有、无三峡工程下水沙条件的差异，更能直接反映三峡工程运用对坝下游河段水沙过程的影响。下面的研究也表明，荆江段平滩河槽形态调整与宜昌站水沙条件密切相关。

应当指出，由于葛洲坝水利枢纽拦截了大量的推移质泥沙，2002年宜昌站推移质输沙量已不到悬移质的0.5%(长江水利委员会水文局，2012)，所以在本研究中仅考虑悬移质泥沙输移对荆江段河床形态调整的影响。与以往研究有所不同，此处采用人工神经网络模型，利用汛期入库流量，还原宜昌站在无三峡工程情况下2003～2013 年的汛期平均流量；由于宜昌站汛期平均输沙率与入库输沙率具有简单的线性关系，所以该站输沙率直接利用该线性关系进行还原，并进一步得到相应的汛期平均含沙量。通过比较无三峡工程运用时宜昌站水沙过程的还原结果与目前有三峡工程时的实测结果，研究在上游入库水沙条件相同的情况下，三峡工程运用对宜昌站汛期水沙条件及荆江段河床形态调整的影响。

1) 基于人工神经网络模型还原宜昌站汛期平均流量

人工神经网络模型包括输入层、隐含层以及输出层 3 个部分。本研究中输入、输出信息分别为上游入库和宜昌站汛期平均流量，而隐含层又分为 2 层，每层均包含 10 个神经元节点。利用人工神经网络模型对信息进行处理时，通常包括模型训练、测试及预测三个阶段，具体计算过程分述如下。

(1) 模型训练与测试。选取三峡工程运用前 1955～2002 年(共 48 年)的汛期平均流量数据进行建模。在丰水、中水及枯水年中，各选两组数据进行模型测试，分别为 1964 年及 1983 年、1970 年及 1995 年、1969 年及 1997 年，其余年份数据用于模型训练。图 2.19 (a)给出该模型测试的结果，其中 Year 表示相应计算年份，而 RE 为实测值与计算值之间的相对误差。从图中可以看出：数据点基本趋近于45°对角线，表明模型计算值与实测值符合较好，其中 RE 平均值仅为 8.5%，而最小和最大值分别为 2.7% 和 14.5%；与枯水年相比，中水年和丰水年的测试结果较好，故利用该模型预测中水年和丰水年汛期平均流量的精度相对较高。

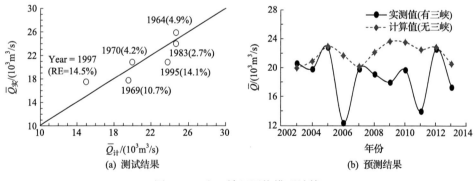

(a) 测试结果　　　　　(b) 预测结果

图 2.19　人工神经网络模型计算

(2) 模型预测。训练后的模型反映了三峡工程运用前上游入库与宜昌站汛期平均流量之间的响应关系，故利用该模型对 2003～2013 年宜昌站汛期平均流量进行预测，即还原了宜昌站在无三峡工程运用时相应年份的汛期平均流量。图 2.19 (b)给出了宜昌站还原流量与实测流量的对比关系。从图中可以看出，除 2006 年、2009 年、2011 年以外的其余各年份，在有、无三峡工程的两种情况下，宜昌站汛期平均流量相差较小，即三峡工程运用对汛期平均流量大小的影响不大；而在这 3 年内，有三峡工程时的流量明显大于无三峡工程时，两者差值在 5000～9400m³/s。通过分析该 3 年内上游入库流量与宜昌站实测流量之间的差异，发现前者也明显大于后者，且差值介于 4500～7750m³/s。由此表明，该模型的计算结果是合理的。

　　2）利用回归分析还原宜昌站汛期平均输沙率

　　分析表明，宜昌站汛期平均输沙率与上游入库输沙率之间具有良好的线性函数关系，故此处采用回归分析法对宜昌站输沙率过程进行还原。图 2.20(a)给出了三峡工程运用前(1955～2002 年)宜昌站平均输沙率 $\overline{Q}_{S宜昌}$ 与入库输沙率 $\overline{Q}_{S入库}$ 之间的相关关系，两者相关关系数 R^2 达到 0.69。因此可根据该关系式，利用 2003～2013 年实测入库输沙率数据，还原无三峡工程时宜昌站汛期平均输沙率。

　　根据还原后的宜昌站汛期平均流量 $\overline{Q}$ 与输沙率 $\overline{Q}_S$，便可求得相应的含沙量 $\overline{S}$。图 2.20(b)给出了 2003～2013 年在有、无三峡工程时宜昌站含沙量的对比。可以看出两者差值较大，有三峡工程运用的多年平均含沙量仅为无三峡工程时的 1/5 左右；其中 2008 年两者差值达到 0.81kg/m³，前者仅为后者的 1/9。由此可知，三峡工程采用蓄水拦沙运用方式后，宜昌站汛期含沙量大幅度减小。因此出库挟沙水流含沙量较低，对河床冲刷能力强，也成为近期荆江段河床形态发生显著调整的重要原因。

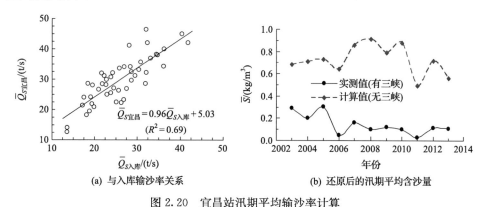

图 2.20　宜昌站汛期平均输沙率计算

2.5.2　工程运用对荆江段典型断面崩岸过程的影响

　　此处首先采用实测资料建立荆江段典型断面平滩河宽与宜昌站前期多年平均的汛期水沙条件之间的相关关系式，继而依据已还原的宜昌站水沙数据，利用这些关系式计算得到无三峡工程时各断面的平滩河宽变化过程。在此基础上，计算得到相应的滩岸累计崩退宽度。通过研究典型断面滩岸累计崩退宽度在有、无三峡工程时的差异，分析三峡工程运用对局部河段滩岸崩退过程的影响。

1. 典型断面平滩河宽与来水来沙条件关系

Wu 等(2008)认为冲积河流的平滩河槽形态调整与前期多年平均的汛期水沙条件密切相关,并建立了黄河下游高村断面平滩面积与前期 4 年滑动平均的汛期流量及来沙系数之间的相关关系。夏军强等(2015)的研究结果表明,在荆江段同样可以建立平滩河槽形态参数与水沙条件参数之间的相关关系,但对低含沙河流,水沙条件通常用汛期平均的水流冲刷强度 $\bar{F}_f$ 来表示。荆江段典型断面的平滩河宽 B_{bf} 与前期 5 年平均的汛期冲刷强度 $\bar{F}_{5f}$ 之间的相关性最高。因此三峡工程运用后特定年份的滩岸累计崩退宽度 ΔB 可采用式(2.7)进行计算,即

$$\Delta B = B_{bf} - B_0 = \kappa\,(\bar{F}_{5f})^{\eta} - B_0 \tag{2.7}$$

式中,κ 和 η 为待率定的参数;B_{bf} 为平滩河宽,m;B_0 为初始平滩宽度,m。汛期水流冲刷强度 $\bar{F}_f$ 可由式(2.8)计算,即

$$\bar{F}_f = (\bar{Q}_{汛}^2\,/\bar{S}_{汛})/\,10^8 \tag{2.8}$$

式中,$\bar{Q}_{汛}$ 为汛期平均流量,m³/s;$\bar{S}_{汛}$ 为汛期平均悬移质含沙量,kg/m³。前期 5 年平均的汛期冲刷强度可表示为 $\bar{F}_{5f} = \dfrac{1}{5}\sum\limits_{i=1}^{5}\bar{F}_f^i$,其中 $\bar{F}_f^i$ 为第 i 年的汛期冲刷强度。

此处以上荆江荆 34、荆 60 和下荆江荆 98、荆 133 断面为研究对象,建立这些典型断面的滩岸崩退过程与宜昌站水沙条件之间的响应关系。另外,式(2.8)中所需的水沙数据采用宜昌站 2003～2013 年实测资料。图 2.21 给出了下荆江荆 98 断面平滩河宽 B_{bf} 与宜昌站水流冲刷强度 $\bar{F}_{5f}$ 的相关关系,两者相关系数 R^2 达到 0.98。因此以 2002 年为基准年($B_0 = 1266$m),该断面的滩岸累计崩退宽度可表示为 $\Delta B = 1058.6\,(\bar{F}_{5f})^{0.1038} - 1266$。表 2.4 中给出了各典型断面在式(2.7)中参数

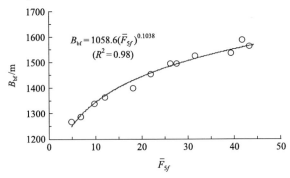

图 2.21　荆 98 断面平滩河宽与前期 5 年平均汛期冲刷强度的关系

值及相关系数 R^2。可知各断面 B_{bf} 与 $\overline{F}_{5f}$ 的相关程度均较高,R^2 的最小值也达到了 0.864。由此可知,若利用本研究建立的关系式,则对这些典型断面的崩退过程进行预测或者还原能够满足一定的计算精度要求。

表 2.4　式 (2.7) 中不同断面的参数值

河段	断面	式 (2.7)			相关系数
		κ	η	B_0	R^2
上荆江	荆 34	1290.30	0.0531	1440.0	0.892
	荆 60	817.71	0.0481	893.0	0.864
下荆江	荆 98	1058.60	0.1038	1266.0	0.983
	荆 133	928.56	0.0471	996.8	0.970

注：R^2 为参数 B_{bf} 和 $\overline{F}_{5f}$ 的相关系数。

2. 有、无三峡工程时典型断面河岸崩退过程比较

由于式 (2.7) 中参数 κ 和 η 的取值通常与断面所在位置、滩槽高差、河岸土体组成等密切相关,对于某一特定断面,在有、无三峡工程运用时(或三峡工程运用前后),这些影响因子变化较小。因此可假设式 (2.7) 及表 2.4 中率定的参数,也近似适用于在无三峡工程时荆江段各典型断面的河宽调整计算。故利用已还原的 2003～2013 年宜昌站在无三峡工程时的汛期水沙数据,通过式 (2.7) 及表 2.4 中的参数,可计算出在无三峡工程运用的情况下,荆江段典型断面的滩岸崩退过程。

图 2.22(a) 和图 2.22(b) 分别给出了 2003～2013 年荆 34 和荆 98 断面在有、无三峡工程运用时,滩岸累计崩退宽度 ΔB 的变化过程。从图中可以看出,有三峡工程运用时滩岸崩退宽度远大于无三峡工程时,到 2013 年前者的累计崩退宽度在荆 34 断面达 150m 左右,在荆 98 断面超过 300m,而后者累计崩退宽度在这两断面分别为 34.6m 和 60.8m。

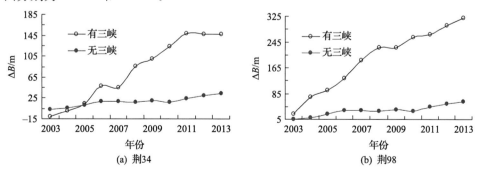

图 2.22　有和无三峡工程时典型断面的河岸累计崩退宽度

　　表 2.5 给出了有、无三峡工程运用时各典型断面部分年份的累计崩退宽度。从表中可以看出:当无三峡工程时,除荆 98 断面以外,其余 3 个断面的崩退宽度均较小,荆 60 和荆 133 断面 ΔB 仅 20m 左右,而在有三峡工程时 ΔB 大于 100m。故可以认为在无三峡工程的情况下,2003~2013 年这 3 个断面的河岸稳定程度相对较高,不会发生较大规模崩岸。因此有、无三峡工程时荆江段典型断面的滩岸崩退过程存在明显差异,这说明三峡工程运用对这些局部河段的滩岸崩退过程有重要影响。

表 2.5　有、无三峡工程时各典型断面累计崩退宽度　　　　（单位:m）

年份	荆 34		荆 60		荆 98		荆 133	
	ΔB_Y	ΔB_N	ΔB_Y	ΔB_N	ΔB_Y	ΔB_N	ΔB_Y	ΔB_N
2003	−10.8	3.4	12.4	1.9	21.2	5.9	26.0	2.2
2005	14.0	11.6	28.4	6.6	96.3	20.3	54.2	7.4
2007	44.7	19.0	34.9	10.8	187.9	33.3	76.9	12.1
2009	100.0	20.0	68.6	11.4	228.1	35.0	91.6	12.7
2011	148.0	24.7	88.2	14.0	269.0	43.3	95.5	15.6
2013	146.7	34.6	101.7	19.7	321.4	60.8	121.0	21.9

注: ΔB_Y 和 ΔB_N 分别为有、无三峡工程时的河岸累计崩退宽度。

　　表 2.6 给出了有、无三峡水库时利用宜昌站水沙资料计算得到的前期 5 年平均水流冲刷强度 $\overline{F}_{5f}$。从表中可以看出:三峡水库运用后, $\overline{F}_{5f}$ 逐年增加,2013 年已达到了 2003 的 6 倍左右;而无三峡水库时的 $\overline{F}_{5f}$ 增长缓慢,到 2013 年有三峡水库时 $\overline{F}_{5f}$ 为无三峡水库时的约 5 倍。此外,水流冲刷强度 $\overline{F}_{5f}$ 5~6 倍的差异造成了河岸累计崩退宽度较明显的不同,也反映了三峡水库运用后水流冲刷作用增加对河岸崩退的重要影响。

表 2.6　有、无三峡工程运用时宜昌站的 $\overline{F}_{5f}$

$\overline{F}_{5f}$　年份	2003	2004	2005	2006	2007	2008	2009	2010	2011	2012	2013
有三峡水库	6.85	9.71	12.13	18.18	21.99	26.17	27.57	31.63	39.36	43.29	41.78
无三峡水库	5.10	5.28	5.70	6.29	6.29	6.19	6.37	6.17	6.78	7.29	7.72

2.5.3　工程运用对荆江段平滩河槽形态调整过程的影响

　　荆江段由于水流及河床边界条件沿程变化,各断面的河床形态调整存在显著差异,特定断面的平滩河槽调整过程不能代表整个河段的调整趋势(夏军强等,

2015)。通常情况下,研究基于河段尺度的河槽形态调整过程更具有实际意义,并能反映该河段河床的总体演变趋势。故此处采用夏军强等(2015)提出的基于河段尺度的平滩河槽形态参数的计算方法,比较了有、无三峡工程运用时该河段平滩河槽形态调整过程的差异。

河段平滩河槽形态参数 $\bar{G}_{bf}$ 与前期 5 年汛期平均冲刷强度 $\bar{F}_{5f}$ 之间的关系可用式(2.9)表示(夏军强等,2015),即

$$\bar{G}_{bf} = \alpha (\bar{F}_{5f})^{\beta} \tag{2.9}$$

式中,$\bar{G}_{bf}$ 通常包括河段尺度的平滩河宽 $\bar{B}_{bf}$、平滩水深 $\bar{H}_{bf}$ 及平滩面积 $\bar{A}_{bf}$;α 和 β 为待率定的参数。

与荆江段典型断面平滩河宽调整过程的研究方法类似,此处同样利用宜昌站 2002～2013 年实测水沙资料,分析了河段尺度平滩河槽形态与宜昌站水沙条件之间的响应关系。由于上、下荆江段在河型及河床组成等方面存在一定差异,所以此处对两个河段分别进行研究。表 2.7 给出了上、下荆江河段尺度 $\bar{H}_{bf}$、$\bar{B}_{bf}$ 和 $\bar{A}_{bf}$ 与 $\bar{F}_{5f}$ 之间的相关程度及率定参数。图 2.23 给出计算与实测的河段平滩河槽形态参数变化过程。从表 2.7 及图 2.23 中可以看出以下几点。

(1) 河段平滩水深 $\bar{H}_{bf}$ 与 $\bar{F}_{5f}$ 的相关程度较高,两者相关系数 R^2 在上、下荆江均达到 0.74 以上,即河段平滩水深能较好地对水沙过程的改变做出响应。

(2) 上荆江 $\bar{B}_{bf}$ 基本不发生变化,下荆江略有增加,且与 $\bar{F}_{5f}$ 的相关程度均较低。其主要原因在于:上、下荆江大规模的河道整治工程(尤其是护岸工程)限制了河道横向展宽过程;而下荆江二元结构河岸下部沙土层较厚,其抗冲性较差,故崩岸发生的地段相对较多,从而导致下荆江河段平滩宽度变化略大于上荆江。由此可知,荆江段平滩面积 $\bar{A}_{bf}$ 的增加主要是由平滩水深 $\bar{H}_{bf}$ 的增加所致。因此该河段近期河床调整以床面冲刷下切为主,但局部河段存在河岸崩退现象。

表 2.7 式(2.9)中上、下荆江段的参数率定值

河段	平滩河槽形态参数	式(2.9)中待率定参数		R^2	断面数
		α	β		
上荆江	$\bar{B}_{bf}$	1377.8	0.0024	0.149	96
	$\bar{H}_{bf}$	13.194	0.0417	0.854	
	$\bar{A}_{bf}$	18177	0.0441	0.905	
下荆江	$\bar{B}_{bf}$	1281.5	0.0062	0.396	75
	$\bar{H}_{bf}$	13.101	0.0246	0.740	
	$\bar{A}_{bf}$	16670	0.0339	0.925	

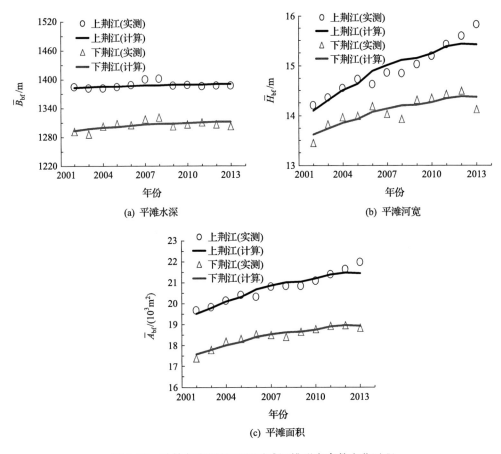

图 2.23　计算与实测的河段平滩河槽形态参数变化过程

　　根据式(2.9)及表 2.7 中率定的相关参数,可利用还原后的宜昌站水沙数据,估算无三峡工程时 2003~2013 年上、下荆江河段尺度的平滩河槽形态参数的变化过程。由于河段平滩河宽 $\bar{B}_{bf}$ 与 $\bar{F}_{5f}$ 的相关性较差,所以不能直接对其进行估算,但由于目前荆江段大量护岸工程的修建已发挥作用,可以认为无三峡工程时荆江段平滩河宽 $\bar{B}_{bf}$ 同样不会有明显的变化。图 2.24 给出了有、无三峡工程时 2003~2013 年上、下荆江河段平滩水深及平滩面积的变化过程。从图中可以看出,无三峡工程时 $\bar{A}_{bf}$ 和 $\bar{H}_{bf}$ 的变化幅度均小于有三峡工程时的调整情况。到 2013 年(与 2002 年相比)有三峡工程时 $\bar{H}_{bf}$ 的累计增量在上、下荆江分别为 1.6m 和 1.0m,无三峡工程时分别为 0.27m 和 0.15m;有三峡工程时 $\bar{A}_{bf}$ 的累计增量在上、下荆江分别为 2277m² 和 1462m²,无三峡工程时分别为 400m² 和 280m²。

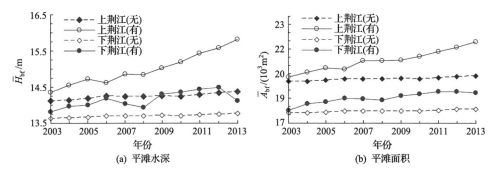

图 2.24　有、无三峡工程时荆江河段平滩河槽形态参数变化过程

因此可以认为,在无三峡工程运用的情况下,受上游入库沙量减小的影响,荆江段河道将处于微冲的状态。近期三峡工程的蓄水拦沙运用进一步加剧了荆江段的河床冲刷过程,相应过流面积进一步增加,但由于该河段大规模护岸工程的影响,总体上河段平滩宽度变化较小,河槽朝窄深方向发展。

2.6　本章小结

三峡工程运用后,进入长江中游荆江河段的水沙条件发生了显著改变,来沙量的急剧减小引起了该河段平滩河槽形态的明显调整。同时,河段内各类河道整治工程的建设也影响了平滩河槽形态的调整。本章研究了近期荆江河段崩岸及其对河床形态调整的影响,定量比较了有、无三峡工程运用时荆江段河床形态的调整过程,并得出如下结论。

(1)三峡水库运用以来,沙量急剧减小引起了荆江河段河床的持续冲刷,到 2013 年汛后累计冲刷量达 $7.0 \times 10^8 \, \text{m}^3$;在没有护岸工程的局部河段,河岸崩退过程较为严重;而在岸坡已进行有效守护的区域,其崩岸过程可以忽略。近期荆江段河床演变主要以床面冲刷下切为主。

(2)分析了影响河岸崩退过程的主要影响因素:水流条件、退水速度、土体组成等,在此基础上对典型断面河宽变化过程进行了研究,得到了累计崩退宽度与水流冲刷强度之间的定量关系式,比较了典型断面河岸崩退的计算与实测过程,且两者较好符合。因此提出的经验关系能够较为准确地反演荆江段典型断面的崩岸过程。

(3)采用河段平均方法逐年计算了上、下荆江河段在 2002~2013 年的平滩河槽形态参数。计算结果表明,由于近期河床持续冲刷,河段尺度的平滩河槽形态调整显著,且主要表现在平滩水深的变化方面;建立了上、下荆江河段平滩河槽形态参数与前期 5 年汛期平均的水流冲刷强度之间的经验关系,并用 2002~2012 年的实测资料对经验关系式中的两参数进行了率定;参数率定结果表明河段平滩水深、平滩面积与汛期平均水流冲刷强度之间的相关程度较高,而由于大规模护岸工程修建的影响,上、下荆江河段平滩宽度与水流冲刷强度之间的关系较弱;另外,采用2013年的河段平滩河槽形态参数与相应水文数据对经验关系式进行了验证,并取得了较好结果。

(4) 此外还建立了荆江段典型断面及河段尺度的平滩河槽形态参数与宜昌站汛期平均水流冲刷强度之间的关系式。通过还原无三峡水库运用时宜昌站汛期平均的水沙条件,比较了有、无三峡水库运用时该河段典型断面及平滩河槽形态的调整过程,定量分析了三峡水库运用对该河段河床调整过程的具体影响。分析结果表明:水库运用对典型断面崩岸过程影响很大,但由于受两岸众多护岸工程的影响,对河段整体而言影响不大。

第3章 荆江段二元结构河岸土体的物理力学特性

河岸崩退过程不仅与近岸水流动力作用有关,还与河岸土质条件(土体组成及物理力学特性等)密切相关。就土体特性而言,影响河岸崩退的因素除了土体基本物理性质(密度、含水率、孔隙率等),还包括土体的抗冲(起动切应力和冲刷系数)、抗剪(凝聚力和内摩擦角)及抗拉(抗拉强度)等力学特性。同时土体的物理力学特性还会随着含水率的变化发生相应改变,从而对河岸崩退过程产生重要影响。因此,对荆江段河岸土体进行现场取样,并对其物理力学特性进行详细室内试验就显得十分重要。

本章首先介绍上、下荆江典型河岸土体现场取样与室内土工试验情况,较为全面地分析了二元结构河岸土体的垂向组成特点。其次对荆江河岸黏性土和非黏性土分别进行了起动条件与冲刷特性试验,研究了不同河岸土体的起动、冲刷特性及其影响因素,提出了不同河岸土体起动流速、切应力及冲刷系数与相关影响因素之间的定量表达式。结合不同含水率条件下黏性河岸土体抗剪强度试验结果,揭示了土体凝聚力和内摩擦角随含水率的变化规律。最后采取河岸土体现场挖空的试验方法,对不同厚度的黏性河岸土体的临界悬空宽度进行了现场测试,并提出了土体抗拉强度的间接计算方法,为今后荆江河岸发生绕轴崩塌时的稳定性计算提供重要参数。

3.1 荆江段二元结构河岸土体组成特点分析

鉴于目前没有荆江段河岸土体组成特点的系统研究成果,尤其缺少河岸土体组成及其力学特性的完整资料。为了分析荆江段典型二元结构河岸的土体组成,分别于 2011 年 11 月下旬和 2012 年 3 月中旬对该河段崩岸现象特别突出的典型断面进行了实地查勘,收集了断面的崩岸形态特征、土体特性以及相应水沙条件等资料。对上荆江的沙市、公安以及下荆江的石首河段典型断面的崩岸土体进行了现场取样,共收集了 10 处不同位置的滩岸土体。采用室内土工试验方法分析了土样的力学特性及相关指标,确定了二元结构河岸土体的垂向组成特点。

3.1.1 崩岸土体现场取样

本研究中选取上、下荆江典型断面的河岸土体进行取样,取样点主要分布在崩岸发生区域,取样位置分别针对上荆江和下荆江河岸。上荆江主要对沙市、公安等河段的 4 个典型崩岸断面进行现场取样,其中沙市河段取样 2 处,分别位于腊林洲和沙市水文站下游右岸;公安河段取样 2 处,分别在突起洲左汊进口和新厂水位站左岸。下荆江取样点主要分布在石首河段,共收集了 6 个不同断面位置的河岸土体。所有取样点均用手持 GPS 精确定位,上、下荆江各崩岸土体取样点的具体位置及经纬度坐标,分别如图 3.1 和表 3.1 所示。

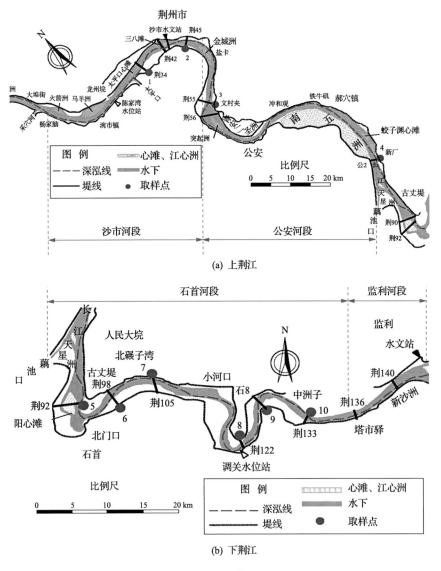

(a) 上荆江

(b) 下荆江

图 3.1　荆江崩岸土体取样点位置

表 3.1　典型断面崩岸土体取样点坐标

河段		编号	断面	河岸	具体位置	取样点坐标	
						经度	纬度
上荆江	沙市	1	荆 34	右	腊林洲	112°08′42.8″	30°17′42.0″
		2	荆 45	右	沙市水文站下游右岸	112°15′12.6″	30°17′11.0″
	公安	3	荆 55	左	突起洲左汊进口	112°13′12.7″	30°09′53.4″
		4	公 2	左	新厂水位站左岸	112°24′43.3″	29°53′47.8″
下荆江	石首	5	荆 92	左	三义寺下游	112°23′35.3″	29°45′36.0″
		6	荆 98	右	北门口	112°25′42.0″	29°45′06.7″
		7	荆 105	左	北碾子湾	112°29′51.0″	29°47′31.0″
		8	荆 122	左	调关段弯道凸岸处	112°37′49.0″	29°42′33.0″
		9	石 8	右	南河口对岸,新河洲	112°39′14.4″	29°45′12.8″
		10	荆 133	左	中洲子	112°43′02.0″	29°44′30.0″

根据各取样点河岸土体组成、结构及性质沿垂向的差异,进行了分层取样,其中荆 34 断面,根据土体特性不同按三层进行了取样;荆 98 和石 8 断面河岸分为上、中、下三层取样;其他河岸根据现场查勘情况分别在上层或中层取样。本次现场查勘共取原状土样 15 组,同时在每个取样点均取散状土若干。原状土样用铁皮筒密封,其直径为 0.1m、高度为 0.2m。此外还测量河岸土体中各类土层的厚度,绘制出相应的土层剖面图。河岸土体取样时所在的断面名称、取样数量及状态,见表 3.2。图 3.2 给出了其中 8 个典型断面河岸土体组成的分层结构。

表 3.2　崩岸土体取样一览表

断面名称	现场定名	土体组成	取样数量	试样状态
右岸荆 34 断面 (腊林洲)	分层,粉土、 黏土夹杂	土层不均匀	1 筒	环刀取样,其中第 2 层旁边黏性土取原状样 1 筒
右岸荆 45 断面 (沙市水文站对岸)	分层,黏性土间 夹杂沙土	土层不均匀	3 筒	上下层黏性土取原状样,沙土为散状样
左岸荆 55 断面 (突起洲左汊进口)	黏性土	土层较均匀	2 筒	原状样
左岸公 2 断面 (黄水套水文站对岸)	黏性土	土层较均匀	1 筒	原状样
左岸荆 92 断面 (三义寺下游)	黏性土	土层不均匀	1 筒	原状样

续表

断面名称	现场定名	土体组成	取样数量	试样状态
右岸荆 98 断面 （北门口附近）	黏性土	土层较均匀	1 筒	分两点取样：第 1 点为原状样，第 2 点沙土和黏性土均为现场环刀取样
左岸荆 105 断面 （北碾子湾）	黏性土	土层较均匀	1 筒	原状样
左岸荆 122 断面（调关汽渡下游 300m，弯道凸岸处）	黏性土	土层较均匀	1 筒	原状样
右岸石 8 断面 （南河口对岸）	黏性土	土层不均匀	3 筒	原状样
左岸荆 133 断面 （中洲子）	黏性土	土层较均匀	1 筒	原状样

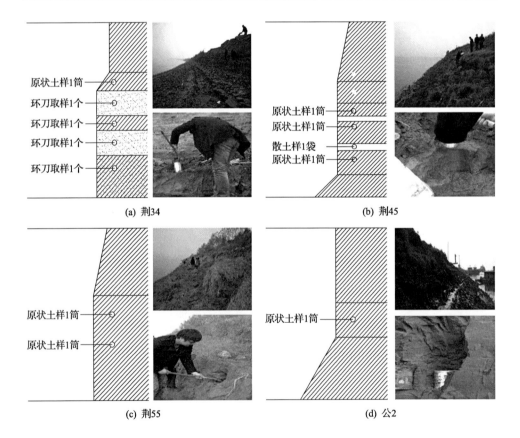

(a) 荆34

(b) 荆45

(c) 荆55

(d) 公2

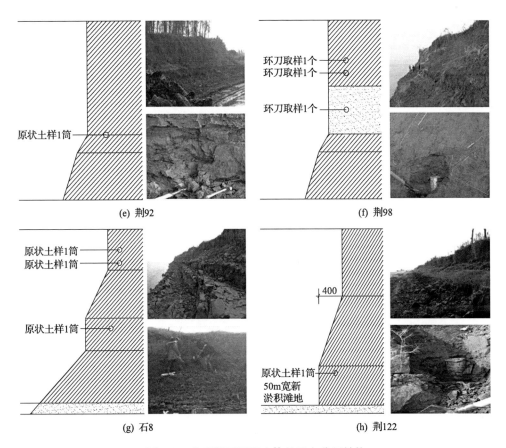

图 3.2 典型断面河岸土体的垂向分层结构

3.1.2 河岸土体的垂向组成特点

根据崩岸断面的现场查勘结果,上、下荆江河岸土体均为上部黏性土与下部非黏性土组成的二元结构,不同之处在于上、下荆江黏性土和非黏性土厚度占整个土层厚度比例不同。

1. 上荆江河岸土体的垂向组成

上荆江河岸土体的垂向组成:上部为粉土和黏土等组成的黏性土体,下部为细沙等非黏性土体组成的层状结构,有的两黏土层中间夹一薄层沙土(如荆 45 断面)。现场取样结果表明,土体垂向分层结构明显。图 3.3 分别给出了上荆江荆 34 和荆 45 两个取样断面河岸土体的分层结构图,其中荆 34 断面右岸为粉土和黏土交错分层,从上至下土质有粗有细,黏粒含量分别为 3.4%、33.3%、3.3% 和 9.7%,粉粒含量分别为 52.6%、65.7%、69.0% 和 85.3%,沙粒含量分别为

44.0%、1.0%、27.7%和5.0%；荆45断面右岸为中间夹沙黏土层，上下层黏性土黏粒含量分别为30.1%和35.2%，而中间层黏粒含量只有0.2%，沙粒含量高达92%。

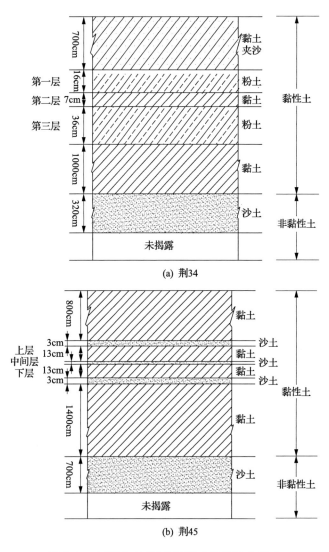

图3.3　上荆江二元结构河岸土体的垂向组成

　　根据土体分层取样结果，上荆江二元结构河岸上部黏性土主要由低液限黏土、粉土或壤土组成，抗冲性较强；下部非黏性土主要由均匀细沙组成，抗冲性较差。尽管河岸下部沙土层抗冲力很弱，但黏土层在大部分河岸均超过其下部沙层厚度，其抗冲性远大于沙土层(宗全利等，2014a)。

　　上荆江河段河床组成物质为沙层和砾石层,其中江口以上为沙层与砾石层二相组合,江口以下主要为中沙和细沙(杨怀仁和唐日长,1999)。由于该层对河岸崩塌影响很小,所以取样时未揭露。图 3.4 给出了上、下荆江典型断面土样的现场钻孔结果,从图中可以看出,上荆江的荆 34 和荆 55 位置,上部主要由黏土或粉土组成,厚 10 余米,下部主要为细沙或卵石层,钻孔结果与取样结果基本一致。因此上荆江河岸整体上可以看成上部黏性土层和下部非黏性土层组成的二元结构,且上部黏土层厚度明显大于下部非黏性土层。

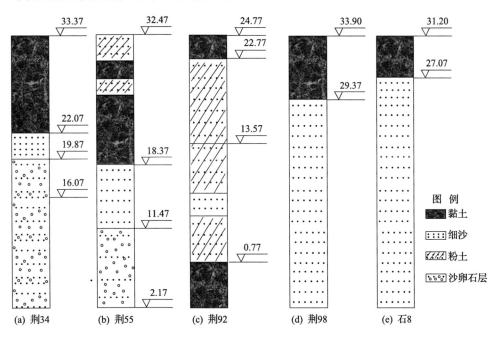

图 3.4　上、下荆江典型断面岸边土体的钻孔结果(单位:m)

资料来源于荆江水利委员会水文局:地质勘测钻孔报表(施钻时间为 2002.11~2013.2)

2. 下荆江河岸土体的垂向组成

　　下荆江河岸土体垂向组成基本也为上部黏性土和下部非黏性土组成的二元结构,但上部黏土层薄、下部非黏土层厚,土体垂向分层结构明显。图 3.5 给出了下荆江荆 98 和石 8 断面土体的垂向组成。从图 3.5 中可以看出,上部黏性土层厚度较薄,一般为 1~4m;下部非黏性的沙土层较厚,在大部分河岸均超过上部黏性土层厚度。例如,荆 98 断面右岸(图 3.5(a)),河岸上部黏性土层厚度约为 2.5m,下部沙土厚度超过 10m,上、下部土层的黏粒含量分别为 15.4% 和 0.3%,干密度分别为 1.40t/m³ 和 1.36t/m³。个别断面上部黏性土层中间夹有一薄层沙土,如石 8 断面(图 3.5(b))。由于沙土夹层厚度很小,且上部土层中黏粒含量明显大于下部,所以整个河岸仍可看成上部黏性土层和下部沙土层组成的二元结构河岸,同样从图3.4岸边土体的钻孔结果也可以看出,下荆江上部黏土层厚为2~4m,下部主要为沙土或粉土。因此可以认为整个下荆江河岸土体由上部较薄的黏性土层和下部较厚的沙土层组成。

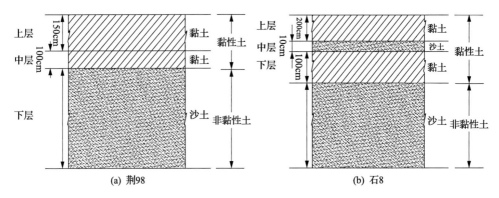

(a) 荆98　　　　　　　　　　(b) 石8

图 3.5　下荆江二元结构河岸土体的垂向组成

下荆江河岸下部沙土层顶板一般出露在枯水位以上,故汛期近岸水流淘刷下部沙土层后,容易引起上部黏性土层悬空失去支撑而崩塌。由土工试验结果可知,上部黏性土层黏粒含量较大,介于 15.4%～38.6%,中值粒径为 0.009～0.015mm;下部沙土层黏粒含量较小,介于0.2%～0.3%,中值粒径为0.14mm。

此外,由河岸土体的土工试验结果还可知,整个荆江河段河岸土体组成沿程变化不大。图3.6给出了荆江河岸土体中值粒径 D_{50} 沿程变化,从图中可以看出,上层黏性土和下层沙土 D_{50} 沿程变化幅度很小,因此可以认为上、下荆江河段河岸土体组成沿程变化不大。

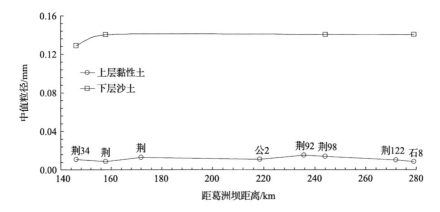

图 3.6　荆江河岸土体中值粒径沿程变化

3.1.3　河岸土体的主要物理性质及变化特点

河岸土体物理性质根据室内土工试验确定,粒组及土类划分标准主要依据《土工试验方法标准》(GB/T 50123—1999)和《土工试验规程》(SL 237—1999)。土工试验内容主要包括原状土体的粒径级配、密度、含水率、抗剪强度及不同含水率下土体抗剪强度变化等。土体级配试验对粒径大于 0.075mm 采用筛析法,小于 0.075mm 采用比重计法,对粗细兼有的土采用筛析法与比重计法联合分析;密度采用环刀法测得,含水率采用烘干法;界限含水率采用光电式液塑限联合测定仪,测定不同含水率下圆锥的下沉深度,在双对数坐标纸上绘制关系曲线,得出细粒土的液限、塑限,并依次计算塑性指数;强度指标试验采用 ZJ 型应变控制式直剪仪,分别对土体原状样(天然状态)和扰动样(不同含水率状态时,至少 5 个含水率)进行剪切试验,得出土体的凝聚力 c 和内摩擦角 φ;渗透试验采用南 55 渗透仪,变水头试验法。

所取崩岸土体天然状态的密度、含水率及直接剪切试验结果见表 3.3。分析试验结果可知,所取原状土体天然状态时内摩擦角介于 15.0°～32.9°,而凝聚力天然状态时介于 9.3～27.3kPa,含水率介于 18.6%～37.5%,干密度介于 1.24～1.52t/m³。消除人为因素和系统误差影响,所取断面含水率均较高,且土体干密度相对较小,说明土体相对较松散。

表 3.3　荆江河岸土体的物理力学性质(天然状态下)

断面名称	取样分层	土样名称	塑性指数 I_P	黏粒含量 /%	天然状态下的物理指标					抗剪强度	
					湿密度 ρ/(t/m³)	含水率 ω/%	干密度 ρ_d/(t/m³)	孔隙比 e	饱和度 S_r/%	凝聚力 c/kPa	内摩擦角 φ/(°)
荆 34	上层	SF	—	3.4	1.49	15.3	1.30	1.075	38.2	—	—
	中层	CL	18.5	33.3	1.89	29.0	1.46	—	—	18.9	31.0
	下层	SF	—	9.7	1.63	25.0	1.30	—	—	—	—
荆 45	上层	CL	19.3	30.1	1.85	35.2	1.37	0.98	97.4	27.3	19.9
	中层	SP	—	0.2	—	—	—	—	—	—	—
	下层	CL	18.0	35.2	1.80	37.5	1.31	1.079	94.6	17.6	15.0
荆 55	一层	CL	17.3	22.8	1.95	28.7	1.52	0.783	99.1	15.3	27.8
公 2	一层	CL	18.0	27.9	1.85	32.8	1.39	0.946	94.0	11.6	28.6
荆 92	上层	CL	34.6	21.8	1.89	28.5	1.47	0.842	91.7		
荆 98	上层	CL	15.0	15.4	1.86	32.9	1.40	0.934	95.2	9.3	31.0
	中层	CL	—	27.4	1.83	40.0	1.31	1.066	101.4	—	—
	下层	SF	—	0.3	1.44	6.2	1.36	—	—	—	—

续表

断面名称	取样分层	土样名称	塑性指数 I_P	黏粒含量 /%	天然状态下的物理指标					抗剪强度	
					湿密度 $\rho/(t/m^3)$	含水率 $\omega/\%$	干密度 $\rho_d/(t/m^3)$	孔隙比 e	饱和度 $S_r/\%$	凝聚力 c/kPa	内摩擦角 $\varphi/(°)$
荆105	上层	CL	14.5	23.1	1.90	35.5	1.40	—	—	12.3	32.9
荆122	上层	CL	37.4	30.3	1.87	33.7	1.40	0.938	97.3	20.8	21.3
石8	上层	CL	18.3	34.0	1.90	31.8	1.44	0.887	97.4	17.1	23.5
	中层	SP	—	0.2	—	—	—	—	—	—	—
	下层	CL	16.4	38.6	1.85	33.2	1.39	0.957	94.3	10.2	21.8
荆133	上层	CL	18.3	34.0	1.85	35.2	1.37	—	—	14.8	23.2
	中层	CL	16.7	34.7	1.80	37.5	1.31	—	—	10.5	28.5

注：CL=低液限黏土；SF=含细粒土沙；SP=级配不良沙。

上、下荆江河岸土体物理性质的变化,主要体现在上部黏性土和下部非黏性土性质的差异上。其中上荆江河岸,上部黏性土体天然状态时内摩擦角介于15.0°~31.0°,凝聚力介于11.6~27.3kPa,含水率介于15.3%~37.5%,干密度介于1.30~1.52 t/m³,塑性指数 I_P 介于17.3~19.3；下荆江河岸,上部黏性土体天然状态时内摩擦角介于21.3°~32.9°,凝聚力介于9.3~20.8kPa,含水率介于28.5%~40.0%,干密度介于1.31~1.47t/m³,塑性指数 I_P 介于14.5~37.4。故上、下荆江上部黏性土体性质变化不大,液塑限含水率 ω_L 均小于50%,说明河岸土体均为低液限黏土组成；含水率均较高,干密度相对较小,说明土体相对较松散。故崩塌后的河岸土体在近岸水流冲刷下易分解。

上、下荆江下部非黏性土主要由均匀细沙组成,中值粒径介于0.06~0.14mm,黏粒含量较小,介于0.2%~9.7%,抗冲力很弱。上荆江河岸下部沙土层较薄,小于黏土层厚度；下荆江沙土层较厚,大于黏土层厚度,且其顶板一般在枯水位以上,故汛期近岸水流淘刷下部沙土层后,容易引起上部黏性土层的崩塌。

3.2　不同河岸土体的起动及冲刷特点

由于荆江河岸土体组成为土-沙二元结构,下部沙土层抗冲能力较弱,上部黏性土层抗冲能力强,且远大于沙土层。无论上荆江还是下荆江,上部黏性土层和下部非黏性土层的抗冲能力都将直接或间接影响河岸的崩退速率。因此研究荆江河岸上部黏性土和下部非黏性土的抗冲特性,对于揭示崩岸机理具有重要的意义。

为了确定荆江河岸不同土体的起动和冲刷特点,于 2012 年 3 月～6 月采用典型崩岸断面的取样土体,对河岸黏性土和非黏性土分别进行了起动条件和冲刷速率的概化水槽试验。其中起动条件主要为起动切应力或起动流速,冲刷速率指单位时间内土体冲刷厚度。根据试验结果,确定了土体起动流速(切应力)与其物理性质指标之间的定量关系以及土体冲刷系数等抗冲特性,下面结合试验过程及结果分析黏性和非黏性河岸土体的起动和抗冲特点。

3.2.1　土体抗冲特性试验概况

1. 试验装置介绍

考虑到黏性泥沙起动条件的变化范围较大,在普通明渠水槽中控制试验条件比较困难,同时也难以满足较大的起动流速,因此需要在封闭的矩形水槽进行泥沙起动试验(谈广鸣等,2014)。洪大林等(2006)和 Briaud 等(2001)也曾用封闭的水槽装置开展类似的冲刷试验。故本研究采用一个封闭有机玻璃矩形水槽作为冲刷试验装置,如图 3.7 和图 3.8 所示。

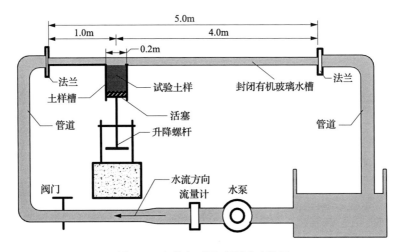

图 3.7　土体起动及冲刷试验装置

矩形水槽断面尺寸为 0.05m×0.11m,有效长度为 5.0m。土样放置在距离进口 1.0m 位置。土样下部为土样槽,断面尺寸为 0.1m×0.2m。试验时先将土样放置在土样槽中,然后通过手动升降螺杆来控制土样槽中的活塞,从而可以根据土样随水流的冲刷情况调整土样在试验筒内的高度,使土样表面与水槽底部齐平。供水设备为一台额定流量 25m³/h,扬程 8m 的离心泵,由安装在进口段的阀门控制流量,并由电磁流量计测量流量大小。

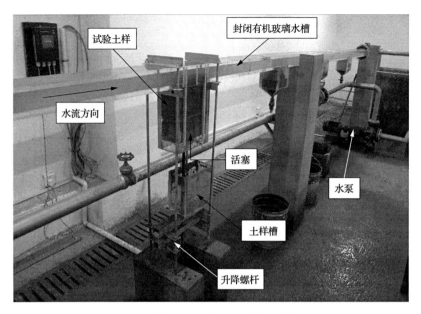

图 3.8   土体起动及冲刷试验装置现场照片

2. 试验土样制作

试验土样来自荆江段崩岸土体,取样位置在荆 33 断面右岸(北纬 $30°17'42''$、东经 $112°08'42''$)。该断面的河岸土体组成具有明显二元结构特征,上部为黏土,下部为沙土。下部沙土层分为两类:一类为经过水流冲刷后沉降下来较粗沙土,简称粗沙;另一类为未经过水流冲刷较细沙土,简称细沙,如图 3.9 所示,三类土体的物理性质具体如下。

图 3.9   试验土体现场取样照片

1) 黏性土样

所取黏性土体天然状态下物理性质指标如表 3.4 所示。分析表明,所取试验土样基本能够代表整个荆江段河岸黏性土体的平均情况。例如,荆江段河岸土体土粒比重 $G_s=2.70\sim2.72$,黏粒含量 $CC=15.4\%\sim41.3\%$,干密度 $\rho_d=1.27\sim1.52t/m^3$;所取土样 $G_s=2.71$,$CC=24.6\%$,$\rho_d=1.42\ t/m^3$,基本为整个河段平均值。经过颗粒分析,黏土的沙粒含量为 2.8%,粉粒含量为 72.6%,黏粒含量为 24.6%,其颗粒组成及特征粒径具体如表 3.5 所示。黏性土颗粒级配曲线如图 3.10 所示,中值粒径为 0.0158mm。

表 3.4　天然状态下试验土样的物理性质指标

指标	数值	指标	数值
干密度 $\rho_d/(t/m^3)$	1.42	天然含水率 $\omega/\%$	22.8
土粒比重 G_s	2.71	液限 $\omega_L/\%$	37.0
黏粒($d<0.005$mm)含量 $CC/\%$	24.6	塑限 $\omega_P/\%$	29.1
内摩擦角 $\varphi/(°)$	27.2	塑性指数 $I_P/\%$	7.9
凝聚力 $c/(kN/m^2)$	22.2	液性指数 I_L	-1.80

注:土体取样测试时间为 2012 年 3 月 24 日。

表 3.5　试验土样颗粒组成及特征粒径

土样	颗粒组成/%						特征粒径/mm		
	沙粒/mm			粉粒/mm		黏粒/mm	D_{25}	D_{50}	D_{75}
	$2\sim0.5$	$0.5\sim0.25$	$0.25\sim0.075$	$0.075\sim0.05$	$0.05\sim0.005$	<0.005			
黏土	0	0	2.8	13.7	58.9	24.6	0.0050	0.0158	0.0380
细沙土	0	0	25.9	31.3	40.4	2.4	0.0340	0.0571	0.0750
粗沙土	0	0	95.5	2.6	1.4	0.5	0.0980	0.1290	0.1800

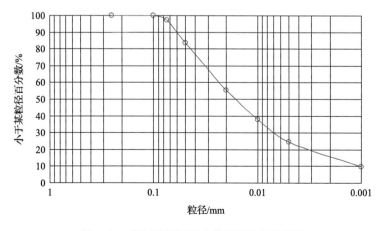

图 3.10　荆江黏性河岸土体的颗粒级配曲线

2) 非黏性土样

所取非黏性土样,包括粗沙和细沙,其颗粒级配如图 3.11 所示,中值粒径粗沙为 0.129mm,细沙为 0.057mm。由土样级配分析结果可知,粗沙土的沙粒含量为95.5%,粉粒含量为 4.0%,黏粒含量为 0.5%;细沙土的沙粒、粉粒和黏粒含量分别为 25.9%、71.7%和 2.4%,具体见表 3.5。

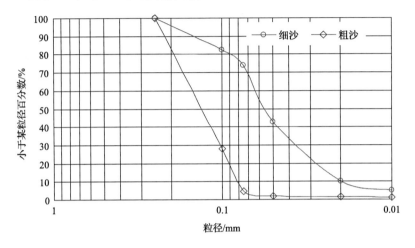

图 3.11　荆江非黏性河岸土体的颗粒级配曲线

3. 试验方案

为了确定黏性河岸土体在不同物理性质指标下的抗冲特性,首先将黏性土与水搅拌均匀后静置,使黏性土在水体中淤积沉降,并逐渐密实固结,制备成试验土样。然后在不同淤积历时下取土样进行含水率、干密度等性质指标测试与起动流速、冲刷速率等抗冲特性试验,就可以获得不同性质指标下土体抗冲特性的试验结果。

沙土由于其固结稳定时间很短,所以不需要进行专门淤积沉降,直接在试验槽中制备土样,并经过短时间(1～2 天)稳定后,即可进行试验。

1) 黏性土样淤积固结

黏性泥沙在水体中淤积沉降以后,将逐渐进入另一个淤积过程,即密实固结过程。要使土样达到与河床中土体的天然淤积状态相一致,需要对土样进行相应的淤积固结处理。由于黏土的黏结性很强,所取土样中含有一些粒径较大的土颗粒,无法直接试验,所以首先对土样进行捣碎,将捣碎后土样置于 55cm×42cm×35cm的储物箱中,然后加水进行搅拌,静置,具体见图 3.12。

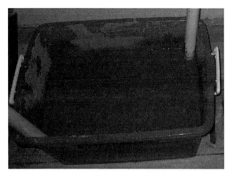
(a) 搅拌均匀制备土样

(b) 淤积固结60天后土样

图 3.12　黏性土样的淤积固结过程

2）起动流速（起动切应力）和冲刷速率试验

黏性土样淤积固结一段时间后，在不同淤积历时下，用环刀分别在土样上中下部取样进行含水率、干密度等性质指标测试，并取平均值作为最终结果；然后在储物箱中取出与土样槽相同尺寸的土样，将其装入试验槽中进行起动流速和冲刷速率等试验。起动流速测量主要根据流量进行反算得到断面平均流速，冲刷速率主要利用标尺测量不同流速下一定时间内土体的冲刷深度，这样就可以确定不同性质指标下的抗冲特性试验结果。

故整个试验步骤可总结如下：试样制备，土样性质指标测试，土样装入试验槽，土体起动冲刷试验。

3.2.2　不同河岸土体的起动特点及其影响因素

1. 黏性土起动条件及其影响因素

对于黏性土的起动条件，国内外学者进行了大量研究，主要从黏性土颗粒微团受力角度，研究黏性泥沙在床面上的起动流速或起动切应力。例如，窦国仁（1999）结合石英丝接触面积的试验研究结果，总结了 40 年泥沙起动研究结果，得到粗细颗粒泥沙起动流速和起动切应力公式。唐存本（1963）考虑泥沙颗粒重力、正面推力、上举力以及颗粒之间黏结力，导出了粗细泥沙的起动流速公式及切应力公式。卢金友（1991）利用长江实测黏土冲刷流速资料和试验室资料，得到了黏性细颗粒泥沙的起动流速公式。张红武（2012）引入了基于掺长模型与涡团模式建立的流速分布公式，建立了适用于粗细沙、轻质沙，同时又能反映河床摩阻、含沙量及水温影响的泥沙起动流速的统一公式。另外，其他学者如张瑞瑾等（1989）、沙玉清（1965）、韩其为等（2013）从不同角度给出了泥沙起动流速或切应力的计算公式。

以上研究主要基于泥沙颗粒在床面的起动规律，充分考虑了颗粒微团起动时所受到的各种作用力,并以此建立类似的起动流速公式。实际河岸冲刷过程中,受到河道水位的连续变化影响,河岸土体的容重、液塑限(塑性指数、液性指数)、含水率等物理性质指标以及凝聚力等抗剪强度指标也会随之发生变化,从而进一步影响河岸土体冲刷的临界条件(起动流速或起动切应力)。所以对于河岸土体的起动条件,更应该关注土体起动条件随其物理性质指标及强度指标等的变化特点。

部分学者用黏土的凝聚力表示其抗冲能力,对黏性土体的起动条件进行了研究。例如,Dunn(1959)根据试验结果建立了起动切应力与抗剪强度、塑性指数之间关系;Smerdon 和 Beasley(1961)等通过测定美国密苏里 11 种黏性土的起动切应力值,建立了起动切应力与塑性指数、黏粒含量、泥沙分散率及中值粒径的一些统计参数关系。此外一些学者也建立了黏性土起动条件与其物理性质指标之间关系。例如,Julian 和 Torres(2006)通过分析得到了起动切应力与黏粒含量之间的关系;洪大林等(2006)和 Qi(2013)建立了起动切应力与抗剪强度之间的计算模式,并分析了起动切应力与抗剪强度指标及含水率的关系;饶庆元(1987)分析了黏性土的物理化学特性,给出了长江黏性土抗冲流速的经验公式,并结合长江实测数据分析了抗冲流速与土体流限、分散百分率等物理性质指标之间的关系。

上述研究表明了黏性土体的起动条件与土体的强度指标及物理性质指标确实存在一定关系,但现有研究多为定性研究,缺乏定量研究成果。虽然有些学者也建立了起动切应力与塑性指数等参数之间的定量关系式,但这些关系式存在很大的不确定性,不适用于荆江河岸土体的抗冲特性分析。例如,Smerdon 和 Beasley(1961)、Kamphuis 和 Hall(1983)、Otsubo 和 Muradka(1988)及 Akahori(2008)等均得到了起动切应力与塑性指数之间的关系式,而 Briaud 等(2001)、Thoman Niezgoda 等(2008)研究却发现这两者并不能建立相关性很好的关系式。因此有必要进一步研究荆江黏性河岸土体起动切应力与其他物理性质指标之间的关系,并建立相应的表达式。需要指出,本次试验是在平坡条件下进行的,不考虑河岸坡度对泥沙起动及冲刷过程的影响。

综合已有的研究成果可知:黏性土的冲蚀破坏属结构性破坏,图 3.13 给出了黏性土体冲蚀破坏试验过程。从图中可以看出:由于受土颗粒之间黏结力的影响,黏性土的起动主要是一片一片以微团形式运动表现的,宏观上表现为黏土层被水流层层剥蚀,并以成团颗粒形式被水流冲走。但这种层层剥蚀在整个断面上并不是均匀的,一般断面边界由于土颗粒之间黏结力较小,所以会首先被冲蚀;中间土体由于黏结力相对较大,最后被冲刷。这从图中也能看出,冲刷一段时间后,土体表面中间凸起,四周平整,说明四周边界容易被水流冲刷,而中间冲刷较慢。

图 3.13　黏性土冲刷过程中的不同阶段

1）干密度随淤积历时变化

为了解黏性土体在密实固结过程中干密度的变化情况,连续测得 250 天内含水率、湿密度、干密度等随固结时间的变化过程,如表 3.6 所示。从表中也明显看出,随着固结时间增大,土体含水率逐渐减小,对应湿密度和干密度逐渐增加。图3.14 分别给出了固结时间为 60 天、120 天和 235 天的土样照片。

表 3.6　不同淤积历时下土样的主要物理性质

淤积历时/d	含水率 ω/%	湿密度 ρ_w/(t/m³)	干密度 ρ_d/(t/m³)
0	43.0	1.79	1.20
7	42.5	1.80	1.31
15	42.0	1.82	1.32
20	41.7	1.86	1.31
30	40.2	1.92	1.37
35	40.0	1.92	1.40
60	36.0	1.93	1.45
120	30.3	1.92	1.47
235	30.5	1.95	1.47
250	30.0	1.95	1.50

(a) 60天　　　　　　　　　　(b) 120天　　　　　　　　　　(c) 235天

图 3.14　不同固结时间的土样

图 3.15 给出了土样干密度随淤积历时的变化关系。从图中可以看出,土体干密度 ρ_d 随淤积历时 T 逐渐增大,但增大到一定程度后不再增大而趋于稳定值,在 $T=0$ 时有一初始值 $\rho_{d0}=1.20\text{t/m}^3$,$T=T_m=250\text{d}$ 时达到稳定值 $\rho_{dm}=1.50\text{t/m}^3$。为此,可以将干密度与淤积历时的关系表示为(谈广鸣等,2014)

$$\rho_d = \rho_{d0} + a\left(\frac{T}{T_m}\right)^n \tag{3.1}$$

式中,ρ_d 为淤积历时对应土体干密度,t/m^3;ρ_{d0} 为土体初始干密度,t/m^3;T 为淤积历时,d;T_m 为稳定干密度对应历时,d;a 为系数;n 为指数。

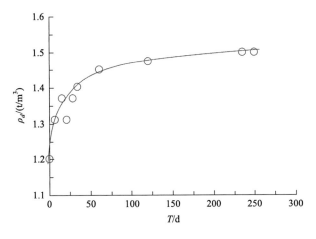

图 3.15　土样干密度 ρ_d 与淤积历时 T 的关系

根据所得试验数据,对式(3.1)进行拟合可得 $a=0.3185\text{t/m}^3$,$n=0.2529$。这样可得到干密度与淤积历时的关系为

$$\rho_d = 1.20 + 0.3185\left(\frac{T}{T_m}\right)^{0.2529} \tag{3.2}$$

式中,相关系数 $R^2=0.90$。

2) 起动流速与液限关系

淤积固结条件下,黏性土体的起动与非黏性土体起动有明显不同,黏性土体由于颗粒间黏结力作用,以成片或成团的形式起动。根据试验观察到的起动状态将黏性土体的起动分为两种临界状态:少量动(淤积物表面形态出现间隙性的可以感知的变化,如表面出现阵阵烟状物,或出现局部凹坑);普遍动(淤积物表面形态出现较为持续的变化,如出现大量烟状物,微团连续的起动或淤积物整体的破坏)(韩其为和何明民,1999)。

根据试验结果得到了荆江河岸黏性土体在不同物理性质下的起动流速值。表3.7 给出了不同含水率和干密度对应起动流速的试验结果。从表中可以看出,每一组试验起动流速均对应有少量动和普遍动两种试验结果。上述两种临界状态可以认为是黏性泥沙在淤积固结条件下起动状态的上限和下限。若无明确说明,则后面所有试验数据的分析,均以少量动为标准。

表 3.7 黏性河岸土体起动流速及切应力的试验结果

含水率 $\omega/\%$	干密度 $\rho_d/$ $(\mathrm{t/m^3})$	起动流速 $u_c/(\mathrm{m/s})$		起动切应力 $\tau_c/(\mathrm{N/m^2})$	
		少量动	普遍动	少量动	普遍动
21.7	1.28	0.177	0.227	0.168	0.261
26.9	1.47	0.284	0.332	0.379	0.498
30.3	1.47	0.455	0.505	0.831	0.999
30.5	1.42	0.505	0.556	0.999	1.180
31.2	1.38	0.253	0.303	0.313	0.430
33.0	1.33	0.212	0.278	0.229	0.367
36.0	1.45	0.429	0.480	0.778	0.945
38.9	1.33	0.236	0.303	0.277	0.428
40.0	1.40	0.409	0.449	0.715	0.844
40.2	1.37	0.394	0.439	0.671	0.812
41.7	1.31	0.328	0.404	0.487	0.700

图 3.16 点绘了起动流速 u_c 与液限/天然含水率(ω_L/ω)之间的关系。从图中可以看出,起动流速 u_c 总体上随着 ω_L/ω 的增大而增大;土体液限 ω_L 表示土体由塑性状态达到流塑状态的界限含水率,在天然含水率 ω 不变的情况下,ω_L/ω 的比值越大,表明土体达到流塑的界限含水率就会越大,即土体越不容易达到流塑状态。此时土体也越不容易被水流冲刷,所以对应起动流速就会越大。

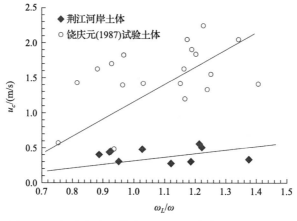

图 3.16 起动流速 u_c 与液限/天然含水率(ω_L/ω)的关系

另外,图 3.16 还给出了本研究试验结果与饶庆元(1987)荆江黏土试验结果的对比。从对比结果可以看出,两者存在较大差异,归其原因主要与试验土体的具体组成有关。饶庆元所用的多为黏粒($d<0.005$mm)含量 CC 较大的土体,其 CC 为 20%~65%,而本研究所取土样黏粒含量 CC 为 24.6%。黏粒含量越小说明土体黏性越小,越容易冲刷,故起动流速就会越小,这就是本试验得到的起动流速小于饶庆元试验结果的主要原因。从图中还可以看出,对于 CC 为 20%~25%的黏土,饶庆元试验起动流速基本在 0.48~0.57m/s,在相同 ω_L/ω 下,本试验结果为 0.33~0.43m/s,两者基本一致,由此可以认为本试验结果是合理的。需要指出,由于本研究是针对荆江河岸土体进行试验得到的,所以上述结果只能适用于荆江河岸土体的起动流速计算,且含水率的适用范围为 21.7%~41.7%。

3) 起动切应力与土体物理特性的定量关系

根据前面分析,黏性土的冲刷破坏为结构性破坏,其起动主要受颗粒之间的黏结力作用影响,而黏结力又与黏性土的矿物组成、孔隙水化学性质以及干密度、黏粒含量、含水率、凝聚力、塑性等物理特性指标有着内在联系(张瑞瑾等,1989)。干密度、含水率等是黏性土的重要物理性质指标,凝聚力是其重要的力学强度指标,塑性主要反映黏性土的物理状态。黏性土的最主要物理状态指标是稠度,一般用液性指数 I_L 表示黏性土稠度状态,指数 I_L 包含了天然含水率、液限、塑限三个含水率指标,能够综合反映黏性土体在不同湿度条件下,受外力作用后所具有的活动程度(陈希哲,2004)。

基于上述分析,结合荆江河岸土体的力学特性分析(夏军强等,2013;宗全利等,2013,2014a),分别点绘凝聚力 c 与液性指数 I_L,以及起动切应力 τ_c 与干密度 ρ_d 及液性指数 I_L 之间的关系,具体如图 3.17~图 3.19 所示。

从图 3.17 可以看出,凝聚力 c 与液性指数 I_L 之间的关系明显。液性指数越大,表示黏性土越处于可塑状态,当 $I_L \leqslant 0$ 时表示土体处于坚硬状态,当 $0 < I_L \leqslant 0.25$ 时为硬塑状态,当 $0.25 < I_L \leqslant 0.75$ 时为可塑状态,当 $0.75 < I_L \leqslant 1$ 时为软塑状态,当 $I_L > 1$ 时为流塑状态。图中 I_L 均小于 0,说明土体均处于坚硬状态,在此条件下凝聚力 c 基本随着 I_L 的增大而呈线性减小。

图 3.18 给出了起动切应力 τ_c 与干密度 ρ_d 之间的关系。从图中可以看出,两者之间存在明显的关系,起动切应力 τ_c 随着干密度 ρ_d 的增大而增大;干密度越大,单位体积内土颗粒越多,对应单位体积内土颗粒排列越紧密,颗粒之间黏结力也就越大,所以土体的起动切应力也会越大。根据试验结果,对 τ_c 与 ρ_d 数据进行拟合得到如下关系:

$$\tau_c = 0.265 \times \rho_d^{3.51} \tag{3.3}$$

式中,相关系数 $R^2 = 0.95$。

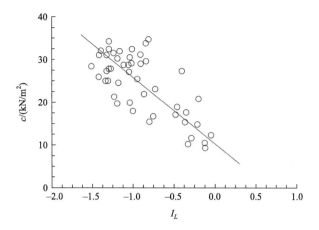

图 3.17　凝聚力 c 与液性指数 I_L 之间的关系

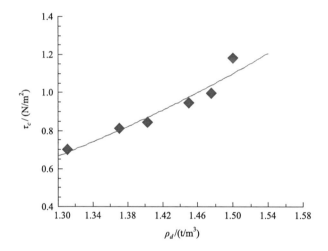

图 3.18　起动切应力 τ_c 与干密度 ρ_d 之间的关系

将干密度与淤积历时关系式(3.2)代入式(3.3)，可以得到起动切应力 τ_c 与淤积历时 T 之间的关系：

$$\tau_c = 0.265 \times [1.20 + 0.3185\,(T/T_m)^{0.2529}]^{3.51} \tag{3.4}$$

式(3.4)反映了新淤积黏性土体的起动切应力随淤积历时的变化过程，可以为其他淤积土体的相关研究提供参考。

综合考虑土体的天然含水率、液限、塑限三个含水率指标，建立起动切应力 τ_c 与液性指数 I_L 之间的关系，如图 3.19 所示。从图中可以看出，τ_c 随着 I_L 的增大而减小，且基本呈线性变化。对试验结果进行拟合得到两者关系：

$$\tau_c = 0.897 - 0.2397 \times I_L \tag{3.5}$$

式(3.5)拟合的相关系数 $R^2 = 0.84$。虽然相关系数不是很高,但液性指数 I_L 综合代表了三个含水率指标,与塑性指数 I_P 相比,更具有代表性。上述的塑性指数与起动切应力关系具有很大的不确定性(Briaud et al., 2001; Thoman et al., 2008),这也进一步说明了建立起动切应力与液性指数之间关系的必要性。

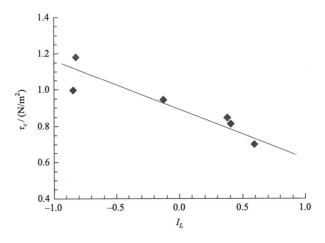

图 3.19 起动切应力 τ_c 与液性指数 I_L 之间的关系

若已知土体凝聚力 c 与液性指数 I_L 之间的关系,则同样也可以间接得到起动切应力 τ_c 与凝聚力 c 之间的关系。从图 3.17 可以看出,c 与 I_L 基本呈线性减小关系,τ_c 与 I_L 之间也呈线性减小关系,这样可以得到起动切应力与凝聚力之间也呈线性关系,且 τ_c 随着凝聚力 c 的增大而增大;实际上凝聚力 c 的大小表明了土体黏性的大小,c 越大表示土体颗粒之间黏结力越大,土体就越不容易起动,从而土体的起动切应力也越大,这与试验结果完全一致。

综上所述,根据荆江河岸上部黏性土体的冲刷试验结果,得到了黏性土体的起动切应力 τ_c 与液性指数 I_L 之间的定量关系;同时通过土体凝聚力 c 与液性指数 I_L 之间的关系,也可间接得到起动切应力 τ_c 与凝聚力 c 之间的定量关系。这些定量关系综合反映了黏性土体起动切应力与土体物理性质指标之间的关系,可为荆江河段崩岸过程的模拟提供重要的计算参数。

2. 非黏性土起动条件及其影响因素

对于非黏性土体,由于泥沙颗粒的粒径较粗,其颗粒之间黏结力很小,一般可忽略,所以非黏性土体是以单颗粒的形式运动的,当经过床面上方的水流逐渐增强到一定程度时,首先使沙粒产生松动,随着水流强度的进一步增强,泥沙颗粒摆脱周围沙粒的阻碍或束缚,进入运动状态,并以滚动、滑动及跳跃等方式运动(唐存本,1963)。

非黏性土起动条件一般只会考虑泥沙粒径大小,现有研究成果也主要反映不

同粒径大小、组成等对起动流速或起动切应力的影响。实际中虽然非黏性土主要
以单颗粒运动为主,粒径大小对起动条件具有重要影响,但颗粒之间的组合情况、
密实程度等同样也影响颗粒的运动,进而对起动条件产生影响。土体湿密度反映
土体的天然密实情况,其大小取决于土粒密度、孔隙体积大小及孔隙中水的多少,
综合反映了土体的物质组成和结构特征;干密度反映了土的孔隙性以及密实程度。
实际中如果土体粒径相同,但土体密度(湿密度、干密度)、含水率等物理性质指标
不同,则其起动条件也会不同。所以同一种土体其含水率、密度等物理性质指标不
同,其起动条件也必然不同。

鉴于目前非黏性土体粒径大小与起动流速或起动切应力之间关系的研究比较
成熟,相关成果也较多,在此不再赘述。下面将主要针对非黏性土体物理性质指标
变化,着重研究土体含水率、干密度变化下土体的起动流速及切应力的变化规律。

1) 起动流速与干密度关系

对荆江河岸下部沙土层的两种不同粒径(中值粒径分别为 $D_{50}=0.057$mm 和
$D_{50}=0.129$mm)土体分别进行起动流速试验,根据试验结果得到了荆江非黏性河
岸土体在不同物理性质下的起动流速值。表 3.8 给出了不同含水率及干密度对应
起动流速的试验结果。

表 3.8　非黏性河岸土体起动流速及起动切应力的试验结果

中值粒径/mm	含水率 ω/%	湿密度 ρ_w/ (t/m³)	干密度 ρ_d/(t/m³)	起动流速 u_c/(m/s)		起动切应力 τ_c/(N/m²)	
				少量动	普遍动	少量动	普遍动
0.057	12.4	1.43	1.28	0.162	0.249	0.143	0.304
	11.6	1.45	1.30	0.175	0.255	0.163	0.315
	20.1	1.58	1.32	0.207	0.307	0.216	0.432
	26.9	1.78	1.40	0.222	0.340	0.246	0.521
0.129	6.2	1.50	1.41	0.238	0.312	0.280	0.449
	6.4	1.48	1.39	0.205	0.313	0.215	0.451
	16.9	1.62	1.39	0.219	0.280	0.240	0.368
	22.3	1.80	1.47	0.233	0.337	0.269	0.513

图 3.20(a)点绘了起动流速 u_c 与沙土干密度 ρ_d 之间的关系(少量动)。从图中
可以看出,两种粒径泥沙颗粒的起动流速 u_c 随着干密度 ρ_d 的增大而增大;并且粒
径越大,对应相同干密度下起动流速也会越大。这主要由于干密度越大表示土体
越密实,所以越不容易起动。同样从图 3.20(b)中起动切应力 τ_c 与干密度 ρ_d 之间
的关系曲线,也可以得出相同结论。

2) 起动流速试验结果对比

图 3.21 分别给出了少量动和普遍动条件下,非黏性土的起动流速试验结果与
窦国仁等(2001)及顾家龙和龚崇准(1990)的试验结果对比。从图 3.21(a)中可以

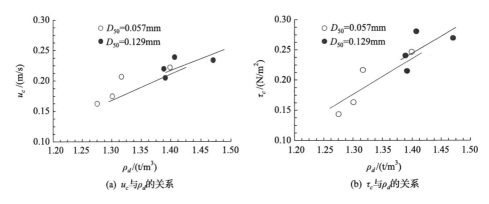

(a) u_c 与 ρ_d 的关系　　　　　　　　(b) τ_c 与 ρ_d 的关系

图 3.20　非黏性土起动流速 u_c 及起动切应力 τ_c 与干密度 ρ_d 的关系

看出,起动流速 u_c 均随着湿密度与水密度差值($\rho-\rho_w$)的增大而增大,这和 u_c 与干密度 ρ_d 变化规律一致;并且中值粒径 D_{50} 越大,对应起动流速 u_c 也越大,本次试验结果的 $D_{50}=0.129$mm 对应 u_c 最大,$D_{50}=0.057$mm 次之,窦国仁等(2001)的 $D_{50}=0.033$mm 对应 u_c 最小。但从图 3.21(b)可以发现,顾家龙和龚崇准(1990)的 $D_{50}=0.0055$mm 对应 u_c 却介于 $D_{50}=0.033$mm 和 $D_{50}=0.057$mm,这主要是因为对于 $D_{50}=0.0055$mm 泥沙颗粒,粒径很小,此时土体颗粒之间黏结力已经起主要作用,所以起动流速要大于粒径稍粗的沙土。

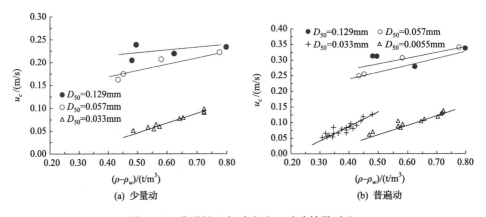

(a) 少量动　　　　　　　　　　　(b) 普遍动

图 3.21　非黏性土起动流速 u_c 试验结果对比

3.2.3　不同河岸土体的冲刷特点及其影响因素

1. 黏性河岸土体的冲刷系数及其影响因素

1)冲刷速率

河岸土体的冲刷速率主要由水流作用(水流切应力大小)与土体的抗冲刷作用

（土体起动切应力及冲刷系数）决定。水流对河岸的横向冲刷宽度 E 可以表示为
（Hanson 和 Simon，2001）

$$E = k_d(\tau_f - \tau_c)\Delta t \tag{3.6}$$

式中，E 为冲刷宽度，m；k_d 为土体的冲刷系数，$\mathrm{m^3/(N \cdot s)}$；Δt 为冲刷时间，s；τ_f 为水流的平均切应力，$\mathrm{N/m^2}$；τ_c 为土体起动切应力，$\mathrm{N/m^2}$。只有当水流切应力大于土体的起动切应力时，土体才会被水流冲刷，对应冲刷速率 ε 可表示为（Hanson，1990a，1990b）

$$\varepsilon = k_d(\tau_f - \tau_c) \tag{3.7}$$

从式（3.6）和式（3.7）可以看出，黏性土的冲刷速率除了受水流作用力影响，还与土体的冲刷系数及起动切应力有关。根据试验结果，得到不同含水率、干密度土体在不同水流切应力下冲刷速率值，如表 3.9 所示。并根据式（3.7）反算冲刷系数 k_d 一并列入表 3.9 中。从表中可以看出，冲刷速率 ε 介于 $0.22 \times 10^{-5} \sim 33.5 \times 10^{-5}\mathrm{m/s}$，冲刷系数 k_d 介于 $8.1 \times 10^{-6} \sim 377.3 \times 10^{-6}\mathrm{m^3/(N \cdot s)}$。

表 3.9　黏性河岸土体冲刷速率和冲刷系数的试验结果

含水率 $\omega/\%$	干密度 $\rho_d/(\mathrm{t/m^3})$	起动切应力 $\tau_c/(\mathrm{N/m^2})$	水流切应力 $\tau_f/(\mathrm{N/m^2})$	冲刷历时 t/s	冲刷深度 h/cm	冲刷速率 $\varepsilon/$ $(10^{-5}\mathrm{m/s})$	冲刷系数 $k_d/$ $(10^{-6}\mathrm{m^3/(N \cdot s)})$
21.7	1.28	0.168	1.056	100	3.35	33.50	377.3
			1.248	180	2.95	16.39	151.8
			0.587	420	0.5	1.19	56.6
			0.584	300	0.27	0.90	43.2
			0.728	255	0.38	1.49	42.1
			0.724	290	0.46	1.59	45.5
			0.720	290	0.62	2.14	62.2
			0.876	120	0.35	2.92	58.7
			0.871	120	0.45	3.75	76.1
26.9	1.47	0.379	0.998	180	0.5	2.78	44.4
			0.993	180	0.45	2.50	40.7
			0.988	120	0.49	4.08	67.0
			1.196	120	0.64	5.33	65.8
			1.190	180	0.63	3.50	43.1
			1.177	135	0.55	4.07	51.1
			1.171	105	0.52	4.95	61.9
			1.166	105	0.45	4.29	53.9

含水率 $\omega/\%$	干密度 $\rho_d/(t/m^3)$	起动切应力 $\tau_c/(N/m^2)$	水流切应力 $\tau_f/(N/m^2)$	冲刷历时 t/s	冲刷深度 h/cm	冲刷速率 $\varepsilon/$ $(10^{-5}m/s)$	冲刷系数 $k_d/$ $(10^{-6}m^3/(N\cdot s))$
30.3	1.47	0.831	1.248	1140	0.7	0.61	14.7
30.5	1.47	0.999	1.266	5580	1.2	0.22	8.1
36.0	1.45	0.778	1.292	720	0.3	0.42	8.1
			1.292	720	0.45	0.63	12.2
			1.034	2580	0.7	0.27	10.6
			1.032	1800	0.6	0.33	13.1
			1.134	1620	0.55	0.34	9.5
			1.219	3480	1.6	0.46	10.4
			0.973	1320	0.35	0.27	13.6
37.0	1.40	0.715	0.937	895	0.44	0.49	22.4
			1.022	840	0.44	0.52	17.1
			1.123	570	0.35	0.61	15.1
			1.178	500	0.35	0.70	15.1
			1.250	880	0.59	0.67	12.5
			1.295	750	0.45	0.60	10.2
38.9	1.33	0.277	1.295	60	1.34	22.33	219.4
40.2	1.37	0.671	0.867	940	0.46	0.49	25.0
			1.027	890	0.48	0.54	15.1
			1.131	440	0.28	0.64	13.6
			1.246	525	0.46	0.88	15.2
			1.297	410	0.81	1.98	31.5
			1.299	690	0.7	1.01	16.1
41.7	1.31	0.487	1.011	555	0.87	1.57	29.9
			1.147	560	0.76	1.36	20.4
			1.234	490	0.72	1.47	19.5

2）冲刷系数

河岸土体冲刷系数和起动切应力均与土体本身特性有关,其中冲刷系数是决定土体冲刷大小的最主要参数,并且两者具有一定的数量关系。例如,Hanson 和 Simon(2001)通过对 83 组土体冲刷的现场试验,获得了土体冲刷系数与起动切应力之间的关系为 $k_d = 2 \times 10^{-7}\tau_c^{-0.5}$;Wynn(2004)对美国维吉尼亚西南部 25 个植被覆盖的河岸进行了 142 组冲刷试验,得到两者的关系为 $k_d = 3.1 \times 10^{-6}\tau_c^{-0.37}$;

Karmaker 和 Dutta(2011)通过对印度的 Brahmaputra 河岸 58 组现场冲刷试验,得到结果为 $k_d = 3.1 \times 10^{-6} \tau_c^{-0.185}$。

因此可以看出,河岸土体冲刷系数与土体起动切应力之间确实存在一定的数量关系,但不同河岸由于其土体组成的物理及力学性质不同,冲刷系数与起动切应力关系式也并不相同。荆江河岸土体组成为典型二元结构,上部黏性土体的力学特性与其他河岸土体区别较大,为此研究荆江河岸黏性土体的抗冲特性,需要对其冲刷系数进行专门研究。

根据荆江河岸黏性土冲刷试验,得到土体冲刷系数 k_d 与土体起动切应力 τ_c 之间的关系曲线,如图 3.22 所示。从图中可以看出,土体冲刷系数随着起动切应力的增大而减小,起动切应力越大,表明冲刷土体的水流强度越高,相应土体就越不容易冲刷,故土体冲刷系数就越小。图中还给出了 Hanson 和 Simon(2001)、Wynn(2004)及 Karmaker 和 Dutta(2011)等研究者的试验结果。这些试验结果均表明土体冲刷系数随起动切应力增大而减小,这与本次试验结果一致,从而表明了本次试验结果的可靠性。

根据试验结果,对荆江河岸土体冲刷系数 k_d 与起动切应力 τ_c 之间的关系进行拟合,可得

$$k_d = 7.677 \times 10^{-6} \tau_c^{-1.949} \tag{3.8}$$

式中,相关系数 $R^2 = 0.90$,拟合精度较高,可以用于荆江河岸冲刷计算。

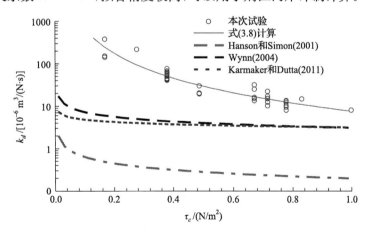

图 3.22　冲刷系数 k_d 与起动切应力 τ_c 之间的关系

将本次试验结果与 Hanson 和 Simon(2001)、Wynn(2004)及 Karmaker 和 Dutta(2011)的试验数据的拟合结果进行对比(图 3.22),可以看出本次试验得到的荆江河岸土体冲刷系数均比相同条件下其他公式的计算值偏大,这主要与荆江河岸土体组成和特性有关。荆江河岸土体黏粒含量 CC 为 15%～41%(本次试验

土体 CC 为 24.6%)，Hanson 和 Simon(2001)公式适用的土体 CC 为 50%~80%，Wynn(2004)及 Karmaker 和 Dutta(2011)公式适用的土体黏粒含量也均在 50% 以上。因此荆江河岸土体 CC 均小于上述公式适用的土体 CC 范围。黏粒含量越小说明土体黏性越小，越容易冲刷，故冲刷系数就越大，这就是本次试验得到的荆江河岸土体的冲刷系数大于其他试验结果的主要原因。此外，本次试验土样为黏性土与水搅拌均匀后静置，并逐渐密实固结后得到，土体结构与原状土体相比变化较大。Hanson 和 Simon(2001)及 Wynn(2004)等的试验结果均是针对原状土体现场测试得到的，这也是导致本次试验结果与这些结果差别较大的原因之一。故今后应加强对原状土体相关抗冲特性的研究，开展土样抗冲特性的现场测试，以期得到与实际更加接近的试验结果。

2. 非黏性土冲刷系数及其影响因素

1) 冲刷速率

结合荆江河岸下部沙土的起动流速试验，对两种不同中值粒径的沙土分别进行冲刷试验，得到不同含水率、干密度土体在不同水流切应力下冲刷速率值，如表 3.10 所示。并根据式(3.7)反算冲刷系数 k_d，一并列入表 3.10 中。从表中可以看出，冲刷速率 ε 介于 $4.93 \times 10^{-5} \sim 35.92 \times 10^{-5}$ m/s，冲刷系数 k_d 介于 $180 \times 10^{-6} \sim 350.4 \times 10^{-6}$ m³/(N·s)，不同性质指标下的土体冲刷速率及冲刷系数变化较大。

表 3.10　非黏性河岸土体冲刷速率和冲刷系数的试验结果

中值粒径 D_{50}/mm	含水率 ω/%	干密度 ρ_d/(t/m³)	起动切应力 τ_c/(N/m²)	水流切应力 τ_f/(N/m²)	冲刷历时 t/s	冲刷深度 h/cm	冲刷速率 ε/ (10^{-5} m/s)	冲刷系数 k_d/ (10^{-6} m³/(N·s))
				0.468	290	1.43	4.93	180.0
	12.4	1.28	0.143	1.073	120	2.59	21.58	234.6
				1.111	140	2.82	20.14	209.3
				0.522	240	1.62	6.75	219.8
	11.6	1.30	0.163	0.528	196	1.59	8.11	259.0
				1.065	110	2.19	19.91	224.2
0.057				1.311	95	2.28	24.00	204.7
				0.549	219	1.21	5.53	196.5
				0.699	175	1.44	8.23	190.6
	20.1	1.32	0.216	1.047	111	1.75	15.77	195.1
				1.129	50	0.92	18.40	204.5
				1.238	105	1.95	18.57	181.1
				1.301	65	1.43	22.00	200.2

续表

中值粒径 D_{50}/mm	含水率 ω/%	干密度 ρ_d/(t/m³)	起动切应力 τ_c/(N/m²)	水流切应力 τ_f/(N/m²)	冲刷历时 t/s	冲刷深度 h/cm	冲刷速率 ε/ (10⁻⁵ m/s)	冲刷系数 k_d/ (10⁻⁶ m³/(N·s))
				0.637	215	2.22	10.33	338.8
	6.2	1.41	0.280	0.789	180	2.42	13.44	293.2
				0.939	85	1.65	19.41	313.9
				1.305	65	2.34	35.92	349.1
	6.4	1.39	0.215	0.596	295	1.63	5.53	168.3
				0.423	280	1.01	3.61	255.3
0.129				0.561	255	1.82	7.14	264.4
	16.9	1.39	0.240	0.706	195	1.78	9.13	220.0
				1.044	125	2.14	17.12	220.3
				1.309	105	2.95	28.10	260.1
				0.716	160	1.65	10.31	261.1
	22.3	1.47	0.269	0.854	150	2.26	15.07	279.4
				1.052	75	1.60	21.33	282.8
				1.295	95	2.96	31.16	302.4

对于非黏性土冲刷速率,由于相关研究成果较少,现有研究成果主要针对黏性土体进行的冲刷试验。所以借鉴黏性土体的研究方法,结合式(3.7)形式,得到两种粒径沙土冲刷速率 ε 与 $(\tau_f - \tau_c)$ 关系,如图 3.23 所示。从图中可以看出,沙土冲刷速率 ε 与 $(\tau_f - \tau_c)$ 基本呈线性关系,但相关系数不高,$R^2 = 0.718$。

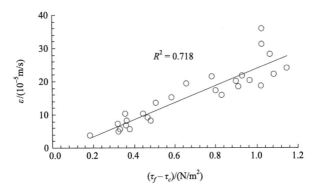

图 3.23　沙土冲刷速率 ε 与 $(\tau_f - \tau_c)$ 之间的关系

Hanson(1990a,1990b)研究表明,ε 与 $(\tau_f - \tau_c)$ 之间并非一定像式(3.7)一样呈线性关系,有时也呈幂函数关系,即

$$\varepsilon = k_d \, (\tau_f - \tau_c)^a \qquad\qquad (3.9)$$

式中,ε 为冲刷速率,m/s;k_d 为土体的冲刷系数,$m^3/(N \cdot s)$;τ_f 为水流的平均切应力,N/m^2;τ_c 为土体起动切应力,N/m^2;a 为指数。对式(3.9)两边分别取对数,可得

$$\lg \varepsilon = \lg k_d + a \lg(\tau_f - \tau_c) \tag{3.10}$$

结合式(3.10)形式,对试验数据进行处理得到 $\lg \varepsilon$ 与 $\lg(\tau_f - \tau_c)$ 的关系曲线,如图 3.24 所示。

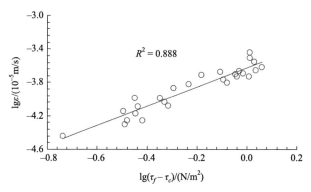

图 3.24　$\lg \varepsilon$ 与 $\lg(\tau_f - \tau_c)$ 之间的关系

从图 3.24 中可以看出,$\lg \varepsilon$ 与 $\lg(\tau_f - \tau_c)$ 表现为良好的线性关系,相关系数较高($R^2 = 0.888$),表明沙土的 ε 与 $(\tau_f - \tau_c)$ 符合式(3.9)形式更好。通过对试验数据进行拟合得到式(3.9)中指数 $a = 1.153$,则式(3.9)可进一步写为

$$\varepsilon = k_d (\tau_f - \tau_c)^{1.153} \tag{3.11}$$

2) 冲刷系数

参考黏性土冲刷系数研究方法,根据式(3.11)反算得到沙土的冲刷系数 k_d 与起动切应力 τ_c 之间关系曲线,如图 3.25 所示。

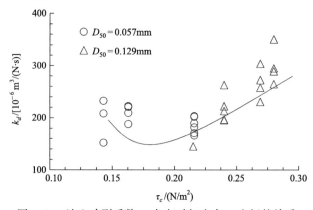

图 3.25　沙土冲刷系数 k_d 与起动切应力 τ_c 之间的关系

从图 3.25 中可以看出,沙土冲刷系数 k_d 随着起动切应力 τ_c 增大先减小后变大,而并不像黏性土一样一直减小,对于粒径较小的($D_{50}=0.057\text{mm}$)沙土,其冲刷系数 k_d 随着起动切应力 τ_c 的增大而减小,而对于粒径较大的($D_{50}=0.129\text{mm}$)沙土,其冲刷系数 k_d 随着起动切应力 τ_c 的增大而增大。这主要因为沙土的起动切应力大小受粒径影响较大,粒径越大,起动切应力也越大,而粒径大小又与沙土的冲刷速率有关。对于粒径较大的沙土,随着粒径增大,虽然起动切应力变大,沙土难以起动,但一旦起动,由于其粒径较大,沙土会在短时间内被水流冲刷较深距离,所以冲刷速率会较大,从而导致冲刷系数随着起动切应力的增大而变大;对于粒径较小的沙土,粒径对冲刷速率影响较小,所以随着起动切应力的变大,其冲刷速率会逐渐变小,从而导致冲刷系数随着起动切应力的增大而减小。

对沙土的冲刷系数 k_d 与起动切应力 τ_c 之间的关系进行拟合,可得

$$k_d = 0.015\tau_c^2 - 0.0058\tau_c + 0.0007 \tag{3.12}$$

式中,k_d 为土体的冲刷系数,$\text{m}^3/(\text{N}\cdot\text{s})$;$\tau_c$ 为土体起动切应力,N/m^2。虽然式(3.12)的相关系数不是很高,$R^2=0.782$,但结果基本可用,可为沙土的冲刷计算提供相关依据。

3.3　黏性河岸土体的抗剪强度及变化特点

根据土体的莫尔-库仑强度破坏理论,土体抗剪强度等于土体的内摩擦力 $\sigma\cdot\tan\varphi$ 与凝聚力 c 之和。对于非黏性土,由于凝聚力 $c=0$,其抗剪强度的来源主要为内摩擦力。黏性土的抗剪强度包括内摩擦力与凝聚力两部分,其中,黏性土的内摩擦力与非黏性土中的粉细沙相同,土体受剪切时,剪切面上下土颗粒相对移动时,土颗粒表面相互摩擦产生的阻力,其数值一般小于非黏性土。凝聚力是黏性土区别于非黏性土的特征,它使黏性土的颗粒黏结在一起成为团粒结构,并不是非黏性土的单粒结构。

表征土体抗剪强度的指标主要有土的凝聚力 c 和内摩擦角 φ,受很多因素影响,不同地区、不同成因、不同类型土体的抗剪强度往往有很大的差别。即使同一类型土体,在密度、含水率、剪切速率及试验仪器等不同条件下,其抗剪强度指标也不相同。例如,土体的原始密度越大,土粒之间接触点多且紧密,则土粒之间的表面摩擦力和粗粒土之间咬合力也越大,即内摩擦角越大;同时土体的原始密度大,土的孔隙小,接触紧密,凝聚力也必然大。

土体的含水率变化对其抗剪强度也会产生重要影响,总体来说,当土的含水率增加时,水分在土粒表面形成润滑剂,使内摩擦角减小。对于黏性土,含水率增加,将使薄膜水变厚,甚至增加自由水,则土粒之间的电分子力减弱,使凝聚力降低;但

凝聚力并不会随着含水率增加一直减小,超过一定值,会趋于稳定。

根据荆江河岸土体组成分析,崩岸土体主要是由上部黏性土和下部非黏性土组成的二元结构,其中上部黏性土层受河道水位变化的影响,一个水文年内其含水率会发生明显变化,进而影响抗剪强度发生较大变化,从而对河岸崩塌过程产生重要影响。下面主要考虑不同含水率条件下,黏性河岸土体的凝聚力及内摩擦角等抗剪强度指标的变化特点。

3.3.1　黏性土体凝聚力与含水率关系

根据室内土工试验结果,黏性河岸土体的含水率与其抗剪强度指标的关系非常明显。图 3.26 点绘了上、下荆江黏性河岸土体的凝聚力与含水率的关系。图 3.26(a)分别给出了上荆江荆 34、荆 45 和公 2 断面黏性土体凝聚力与含水率之间的关系。由图可知,土体凝聚力-含水率关系与土体黏粒含量有关,所以应根据不同断面土体黏粒含量大小分析含水率-凝聚力关系。

含水率变化对凝聚力影响非常明显,含水率 20% 左右是凝聚力变化的一个界限点,此时凝聚力可达 42.2kPa;当黏性土层含水率小于该值时,凝聚力随含水率的增大而增大;当黏土含水率大于该值时,凝聚力随着含水率的增大而减小。当含水率大于 29.0% 后,凝聚力随含水率增大而减小的趋势将变得相对平缓。例如,荆 34 断面黏性河岸土体中的黏粒含量 CC=33.3%,其临界含水率 ω_{cr} 为 20%,对应凝聚力峰值 c_{max} 为 25.4kPa;荆 45 断面黏性河岸土体 CC=35.2%,ω_{cr}=23%,c_{max}=42.2kPa;公 2 断面黏性河岸土体 CC=27.9%,ω_{cr}=15.7%,c_{max}=31.5kPa。

图 3.26(b)为下荆江黏性河岸土体凝聚力与含水率之间的关系。从图中可以看出,两者的关系与上荆江类似,随着含水率增加,土体凝聚力表现为先增加后减小的趋势,在某一临界含水率时,其凝聚力达到某一峰值。不同黏粒含量的土体,其凝聚力峰值点不同,一般是黏粒含量越大,凝聚力峰值也越大。例如,石 8 断面

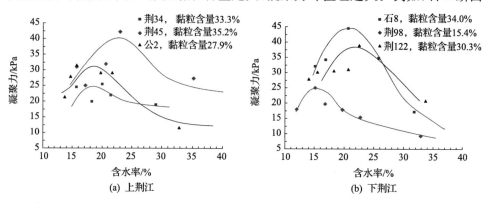

(a) 上荆江　　　　　　　　　　(b) 下荆江

图 3.26　不同河段黏性河岸土体凝聚力与含水率之间的关系

上层河岸土体的 CC＝34.0％, ω_{cr}＝21％, c_{max}＝44kPa；荆 98 断面河岸土体的 CC＝15.4％, ω_{cr}＝15％, c_{max}＝25kPa；荆 122 断面上层河岸土体的 CC＝30.3％, ω_{cr}＝22.5％, c_{max}＝39kPa。

对比上、下荆江凝聚力与含水率之间的关系,两者变化规律基本一致,无论上荆江还是下荆江,土体凝聚力均随着含水率的增加先变大后变小。所不同的是,由于上、下荆江黏性土体黏粒含量的不同,对应凝聚力峰值的临界含水率有所不同。一般是黏粒含量越大,对应凝聚力峰值的临界含水率也越大。实际应用中,可按照土体的黏粒含量大小,根据已获得不同黏粒含量下凝聚力与含水率之间的关系曲线,采用插值方法获得不同含水率对应的土体凝聚力值。

3.3.2　黏性土体内摩擦角与含水率关系

与凝聚力相比,黏性土体内摩擦角与含水率的变化关系更加明显,图 3.27 分别给出了上、下荆江内摩擦角与含水率关系曲线。从图中可以看出,无论上荆江还是下荆江,内摩擦角都是随着含水率的增大而逐渐减小。由图 3.27(a)可知,上荆江当含水率从 13％增加到 37％时,相应内摩擦角由 32°减小到 15°,内摩擦角随含水率增大逐渐减小的趋势明显;同样由图 3.27(b)可知,下荆江当含水率从 15％增加到 35％时,相应内摩擦角由 31°减小到 22°。

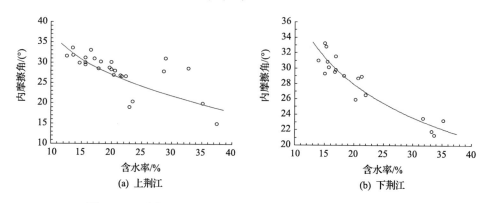

图 3.27　不同河段黏性河岸土体内摩擦角与含水率之间的关系

对比上、下荆江内摩擦角与含水率之间的关系,两者变化规律也基本一致,内摩擦角均随着含水率的增加明显减小。但上、下荆江内摩擦角的变化幅度不同,上、下荆江含水率变化幅度差别不大(上荆江含水率变化幅度为 24％,下荆江含水率变化幅度为 20％),内摩擦角变化幅度差别较大(上荆江内摩擦角变化幅度为 17°,下荆江内摩擦角变化幅度为 9°),上荆江内摩擦角变化幅度明显大于下荆江。实际应用中,要分别根据上、下荆江内摩擦角与含水率之间的不同变化关系,确定不同含水率下对应的内摩擦角值。

3.4　黏性河岸土体的抗拉强度及变化特点

实际工程中,由于黏性土体一般不作为抗拉材料使用,所以通常认为黏性土体的抗拉强度不起作用,但遇到土体发生裂缝等类似工程问题,就需要考虑土体的抗拉强度(陈希哲,2004;Hasegawa 和 Ikeuti,1964)。荆江段二元结构河岸土体发生崩塌时,特别是对于上部黏性土较薄下部非黏性土较厚的下荆江河岸,崩岸发生时上部黏性土层表面往往会先出现一定深度的张拉裂隙(夏军强等,2013;Xia et al.,2014a)。因此在计算下荆江河岸稳定性时,土体的抗拉强度不仅不能忽略,而且其大小还会影响崩岸计算结果。

目前国内外对黏性土体抗拉强度研究较少,现有研究成果多集中于黏性土抗拉强度和土体物理指标关系。例如,朱崇辉等(2008)对非饱和黏性土的抗拉强度与抗剪强度之间的关系进行了研究,结果表明在无拉伸试验条件下,可通过相应物理性状的剪切试验结果估算非饱和黏性土的抗拉强度。此外,也有研究表明黏性土体的抗拉强度与土体的含水率、密度等物理性质有关。例如,党进谦等(2001)对非饱和黄土抗拉强度进行了试验,表明密度和含水量是非饱和黄土抗拉强度的主要影响因素。张云等(2013)研究了击实黏土的抗拉特性,结果表明击实黏土抗拉强度随干密度的增加而增加,随含水率的增加而减小,且具有较好的线性关系。Sun 等(2009)对陕西省三原县的黄土抗拉强度进行了试验研究,得到含水率和干密度与抗拉强度均呈指数函数关系。Lars 等(2002)对高含水率的压缩性和非压缩性原状黏土抗拉强度进行了研究,表明压缩性黏土的抗拉强度明显大于非压缩性土体。Fukuoka(1994)采用现场挖沟方法,根据二元结构河岸发生绕轴崩塌临界条件,对原状土体的抗拉强度进行了现场测试。

以上对于土体抗拉特性研究,多数是在室内对重塑土体进行试验,试验中土体结构受到了较大扰动,而土体抗拉强度又与土体结构密切相关,所以原状土体与结构受扰动土体的抗拉强度差别会比较大。同时,不同类型和不同结构土体抗拉特性也会差别较大,而且即使同一种土体,若含水率、干密度等物理力学性质不同,则其抗拉特性也会有所差异。因此为了准确获得荆江段河岸发生崩塌时原状土体的抗拉强度,2013 年 10 月及 2014 年 4 月分别在上荆江荆 33 断面和下荆江荆 98 断面附近,对黏性河岸土体的抗拉特性进行了现场挖空试验,确定了不同条件下土体的抗拉强度,并分析了含水率和干密度等物理性质对抗拉强度的影响。

3.4.1　现场测试方法与过程

1. 测试方法与步骤

土体抗拉特性现场测试基本原理为:在土体两侧切出竖向土槽释放相邻土体的

应力后,土体的抗拉强度是唯一支撑其不发生崩塌的作用力;当土体悬空宽度 B 达到临界值 B_c 时,土体发生崩塌,具体如图 3.28 所示。测量崩塌土体的长度 L 和厚度 H_1 以及崩塌宽度 B_c,计算出崩塌土体体积以及重量 W,就可以反算土体的抗拉强度 σ_t。

图 3.28　土体抗拉强度的现场测试

具体测试步骤如下:首先在试验土体两侧慢慢切出两个竖向土槽,以释放作用在相邻土体上的应力,并形成长度为 L 的试验土体(图 3.28);其次挖除试验土体下层部分土体,以产生厚度一致的悬空层,得到厚度为 H_1 试验土体;再次保持试验土体的厚度 H_1 不变,继续挖空土体底部,使土体悬空宽度 B 逐渐变大,直至试验土体在其自重引起的弯矩作用下发生崩塌,测量土体悬空的崩塌宽度 B_c;最后根据悬臂梁的力学原理即可算出作用在断裂面上的抗拉强度。

2. 测试过程

根据上述试验方法,分别在上荆江沙市荆 33 断面和下荆江石首荆 98 断面附近选取 6 个和 2 个不同厚度土体进行试验。图 3.29 给出了上、下荆江河岸土体挖空试验的现场照片。

(a) 上荆江,H_1=0.30m　　　　　　　　(b) 上荆江,H_1=0.35m

(c) 上荆江，H_1=0.45m   (d) 上荆江，H_1=0.62m

(e) 下荆江，H_1=0.50m   (f) 下荆江，H_1=0.40m

图 3.29　荆江土体抗拉强度测试过程

现场试验结果表明：河岸土体挖空后发生崩塌过程基本一致，土体崩塌前表面会出现裂缝，随后裂缝进一步变宽，并且发展很快，直至土体发生崩塌，如图 3.30 所示。另外，从现场试验过程可以明显看出，土体发生崩塌主要以绕轴崩塌为主，如图 3.31 所示。

(a) 开始出现   (b) 进一步发展

图 3.30　荆 98 断面河岸土体绕轴崩塌时裂缝发展过程

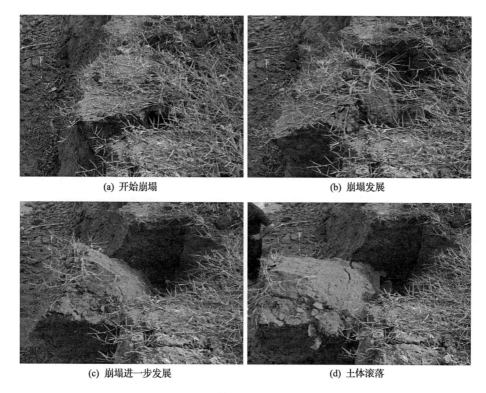

(a) 开始崩塌　　　　　　　　　　　　　(b) 崩塌发展

(c) 崩塌进一步发展　　　　　　　　　　(d) 土体滚落

图 3.31　土体绕轴崩塌的具体过程

现场挖空试验表明,黏性河岸土体的绕轴崩塌过程,分为以下三个阶段。第一阶段:下部土层的挖空(图 3.29),挖空后上部土体失去支撑作用,只能依靠土体自身抗拉强度维持平衡;第二阶段:土体表面出现裂缝(图 3.30),此时表明崩塌土体与原来土体开始分离,随着裂缝逐渐发展,分离的面积也会越大,土体发生崩塌可能性也越大;第三阶段:裂缝发展到最宽,土体抗拉强度不足以支撑土体本身平衡,发生绕轴崩塌。从图 3.31 可以明显看出,土体绕着挖空层上表面与内表面交接轴线发生崩塌,崩塌发生时,崩塌土体整体绕着轴线逐渐旋滚,最终滚落下来。土体滚落后,由于上部黏土层结构致密,所以滚落后土体主要以整块或大块形式堆积在坡脚位置。这与 Fukuoka(1994)试验得到的土体发生绕轴崩塌的过程一致,进一步证实了当河岸上部黏性土体厚度较薄时,河岸崩退以发生绕轴崩塌为主。

3.4.2　黏性土体抗拉强度的计算方法及结果

1. 抗拉强度的计算方法

Fukuoka(1994)在日本新川河道的河漫滩上,对二元结构河岸进行了挖沟试验,并根据悬空土块的长度反算出了黏性土体的抗拉强度。根据 Fukuoka 挖沟方

法,可以得到河岸原状土体的抗拉强度计算公式为

$$\sigma_t = 3\ GB_c/H_1^2 L \qquad\qquad (3.13)$$

式中,σ_t 为土体抗拉强度,kN/m^2;G 为崩塌土体重量,kN;B_c 为土体临界悬空宽度,m;H_1 为测试黏性土体厚度,m;L 为测试土体长度,m。需要指出,式(3.13)中 Fukuoka 关于抗拉强度的计算方法比较简单,但该方法忽略了土体绕轴崩塌时张拉裂隙的存在,且没有考虑悬空土体下部分受压的力学条件,这显然与实际情况不符。

根据荆江河段抗拉强度测试过程和结果,土体发生绕轴崩塌时,黏性土层中会存在一定深度的张拉裂隙;同时假设在断裂面上的抗拉应力及抗压应力均为三角形分布,绕轴崩塌的中性轴位于裂缝以下土体的受力中心,可以得出新的黏性土体抗拉强度的计算公式为(具体推导过程见5.3节)

$$\sigma_t = 1.5(1+a)\gamma_1 B_c^2/[H_1 (1-H_t/H_1)^2] \qquad (3.14)$$

式中,B_c、H_1、γ_1 分别为黏性土层的临界悬空宽度、厚度及容重;H_t 为河岸顶部张拉裂隙的深度;a 为黏性土层的抗拉应力与抗压应力之比,即 $a = \sigma_t/\sigma_c$,计算中可取 σ_t、σ_c 分别为土体的抗拉及抗压强度。

2. 抗拉强度的计算结果及分析

根据试验结果,共得到了 8 组不同土体的厚度 H_1、长度 L 及物理性质指标(湿密度、干密度、含水率)下,相应的土体临界悬空宽度 B_c 值,具体如表 3.11 所示。

表 3.11　黏性河岸土体临界悬空宽度及抗拉强度的试验结果

位置	土层厚度 H_1/m	土层长度 L/m	含水率 ω/%	湿密度 ρ/ (t/m³)	干密度 ρ_d/ (t/m³)	平均容重 γ_1/ (kN/m³)	崩塌土体 重量 G/kN	临界悬空 宽度 B_c/m	式(3.14)计算 σ_t/(kN/m²)
	0.30	0.58	32.3	1.82	1.38	17.83	0.620	0.20	4.84
	0.35	1.07	43.3	1.83	1.28	17.94	2.015	0.30	9.39
荆33	0.44	1.07	40.3	1.87	1.34	18.40	2.425	0.28	6.68
	0.45	1.00	43.3	1.83	1.28	17.94	1.695	0.21	3.58
	0.53	1.00	37.5	1.83	1.33	18.00	2.862	0.30	6.23
	0.62	0.90	33.5	1.92	1.44	18.81	3.254	0.31	5.94
荆98	0.50	0.68	32.3	1.91	1.45	18.68	1.969	0.31	7.31
	0.40	0.82	28.3	1.84	1.43	17.95	1.236	0.21	4.03
均值	—	—	—	—	—	18.19	—	—	6.00

根据荆江河岸土体实测得到的临界悬空宽度,用式(3.14)计算相应的抗拉强度。计算中引入 Ajaz(1973)的试验结果,取黏性土层的抗拉应力与抗压应力之比 $a = 0.1$。根据现场测试结果,土体崩塌时顶部张拉裂隙的深度 H_t 约为土体厚度 H_1 的 0.1 倍,即计算中 $H_t/H_1 = 0.1$。从表 3.11 中可以看出,由于现场测试条件

和误差影响,计算得到不同土层厚度的抗拉强度差别较大,这主要与土体含水率、干密度等物理性质差异有关,实际应用中可以根据土体不同物理性质进行取值。

3. 计算结果与实测结果对比

根据表 3.11 中抗拉强度计算结果,分别取 8 个不同位置获得的黏性土体抗拉强度和容重的平均值,结果为 $\sigma_t = 6.00 \text{kN/m}^2$, $\gamma_1 = 18.19 \text{kN/m}^3$, 利用式(3.14)反算临界悬空宽度 B_c, 并与荆江实测值进行比较,结果如图 3.32 所示。从图中可以看出,计算结果与荆江实测结果符合较好。

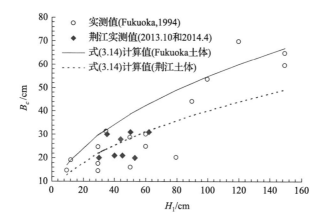

图 3.32　黏性河岸土体临界悬空宽度的计算与实测值对比

为了进一步验证上述公式的可靠性,将式(3.14)反算得到的临界悬空宽度 B_c 值与 Fukuoka 野外试验的实测值也进行对比分析。计算中土体抗拉强度 σ_t 与黏性土层容重 γ_1 由 Fukuoka 试验结果给出,分别取 $\sigma_t = 14.3 \text{kN/m}^2$, $\gamma_1 = 18.5 \text{kN/m}^3$, 计算结果如图 3.32 所示。从图中可以看出:本研究的计算结果与 Fukuoka 实测临界悬空土块宽度 B_c 也基本一致,特别是黏土层厚度较大($H_1 > 100 \text{cm}$)时,两者符合更好。由此可见,无论荆江实测结果还是 Fukuoka 试验结果,本研究提出的抗拉强度计算方法,其计算结果与实测值均符合较好,充分说明本方法用于土体抗拉强度计算的可靠性,可以为后续以绕轴崩塌为主的荆江河岸稳定性计算提供重要参数。

3.4.3　含水率和干密度对土体抗拉强度的影响

1. 含水率对河岸土体抗拉强度的影响

根据抗拉强度的现场试验结果,可以获得不同含水率下的抗拉强度,如图 3.33 所示。从图中可以看出,随着含水率的增加,荆江段黏性河岸土体的抗拉强度基本呈减小趋势。这主要是因为黏性土体含水率增加,会使薄膜水变厚,甚至增加自由水,则土粒之间的电分子力减弱,使抗拉强度降低。图中还给出了 Sun 等 (2009)对陕西省三原县的黄土抗拉强度试验结果。从图中可以看出,与荆江黏性河岸土体变化规律相同,随着含水率的增加,黄土的抗拉强度也是逐渐减小的,充分说明本次试验结果的可靠性。但从图中还可以看出,两者抗拉强度差别比较大,这主要与土体类型、结构、含水率及密度等物理性质差异有关。这也表明不同物理力学特性的河岸土体,其抗拉强度差别较大。

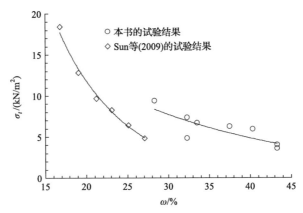

图 3.33　含水率对河岸土体抗拉强度的影响

2. 干密度对河岸土体抗拉强度的影响

根据试验结果,同样可以分析得到干密度对河岸土体抗拉强度的影响,如图 3.34 所示。从图中可以看出,随着干密度的增大,土体抗拉强度逐渐变大。这主要因为干密度越大,表明土体单位体积内土颗粒越多,对应单位体积内土颗粒排列越紧密,颗粒之间黏结力也就越大,所以土体的抗拉强度也会越大。

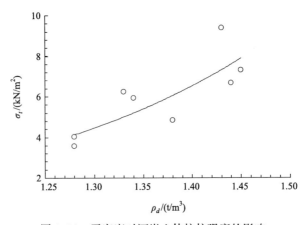

图 3.34　干密度对河岸土体抗拉强度的影响

3.5　本章小结

　　根据荆江段崩岸现场查勘,并结合室内土工及水槽试验,开展了荆江河岸土体组成及主要物理力学特性的试验研究,首次较为系统地给出了河岸土体的密度、含水率、孔隙率等基本物理性质指标以及抗冲(起动切应力和冲刷系数)、抗剪(凝聚力和内摩擦角)和抗拉特性(抗拉强度)指标;并结合试验结果全面分析了上、下荆江河岸土体力学特性之间的差异,定量揭示了河岸土体的抗冲、抗剪和抗拉特性指标与其影响因素之间的变化规律。

　　(1) 根据崩岸土体现场取样结果,荆江河岸土体垂向分层结构明显,土体组成为上部黏性土和下部非黏性土组成的二元结构,其中,上荆江上部黏性土层较厚,一般为 10 余米,下部非黏性土层较薄;下荆江上部黏性土层较薄,一般为 1~4m下部非黏性土层较厚,超过 10m。

　　(2) 开展了荆江河岸黏性和非黏性土体的起动条件与冲刷特性试验,分别得到了黏性土和非黏性土起动切应力与含水率、干密度及液性指数等之间的定量表达式,以及冲刷系数与相应起动切应力之间的定量关系式等。

　　(3) 结合不同含水率条件下黏性河岸土体的抗剪强度试验结果,分别比较了上、下荆江黏性河岸土体凝聚力和内摩擦角随含水率的变化规律:随着含水率增加,土体凝聚力表现为先增加后减小,内摩擦角逐渐减小的变化趋势。

　　(4) 采取河岸土体现场挖空的试验方法,对不同厚度的黏性河岸土体的临界悬空宽度进行了现场测试,并提出了土体抗拉强度的间接计算方法,给出了荆江河岸黏性土体不同含水率和干密度下的抗拉强度,为今后荆江河岸发生绕轴崩塌时的稳定性计算提供重要参数。

第4章 二元结构河岸崩退过程的概化水槽试验

为研究典型二元结构河岸的崩塌特点及其影响因素,本章以荆江河岸原型土体为试验材料,对上、下荆江二元结构河岸崩退过程进行概化水槽试验,分析了河岸的崩塌特点和崩塌后土体的堆积形式、分解及输移特点等。结果表明:平面滑动在上荆江崩岸概化试验中发生频率较高,其崩塌过程包括岸顶竖向拉伸裂隙的出现以及崩塌土体(滑崩体)沿滑动面的滑动两部分;下荆江崩岸概化试验中崩塌类型主要为悬臂破坏,近岸水流将下部沙土层淘空后,上部黏性土层悬空土块宽度达到临界值而发生绕轴崩塌。从试验结果还可看出:上部黏性土层崩塌后大部分土体会暂时堆积在河岸坡脚处,不会被水流立即冲走,在一定时间内对覆盖的近岸河床起保护作用;崩塌后土体在坡脚处呈三角形堆积,其坡度近似等于河岸水下稳定坡比。堆积土体的多少主要与崩塌土体体积有关,一般占后者的比例在38%~74%,平均50%左右。

4.1 崩岸过程概化水槽试验

4.1.1 概化水槽模型介绍

崩岸概化模型布置在武汉大学泥沙试验大厅180°弯道水槽中,该水槽长40m、宽1.2m、高0.6m,底坡0.001。水槽进口处设有可以调节流量大小的闸门,末端的尾门可控制水位,尾部有一矩形平板堰,用于测量水槽中流量。模型主体布置在弯道试验段,试验段上下游分别用水泥抹面塑造连接过渡段,中间为模型段,平面布置如图4.1(a)所示。自上游试验土体初始断面开始,每隔48cm设一观测断面,共设有10个,即CS7~CS16。模型的断面形态为梯形,底宽0.5m、顶宽0.2m、高度0.4m,边坡系数$m=4:3$,如图4.1(b)所示。试验前河岸土体分层铺设,并严格控制其干密度和含水率,保证模型河岸的制样质量。因该试验主要研究水位变化、不同河岸土体组成等因素对崩岸过程的影响,故仅考虑清水冲刷过程。

试验土体取自荆江段典型河岸的上部黏性土层和下部非黏性土层,取样位置在荆33断面右岸,如图4.2(a)所示。天然状态下河岸土体的物理性质指标,详见3.1.3节。所取土体的颗粒级配曲线,如图4.2(b)所示。根据分析,试验所用的黏性土体中的黏粒含量高达24.6%,中值粒径为$D_{50}=0.016$mm;非黏性土中的黏粒含量仅为2.4%,相应的$D_{50}=0.057$mm。

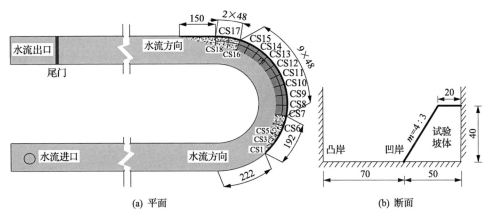

图 4.1　概化水槽布置示意图(单位:cm)

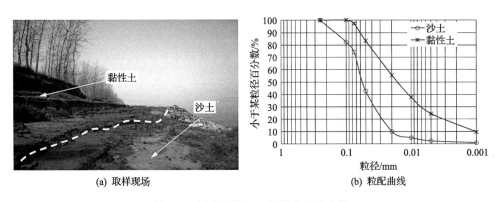

(a) 取样现场　　　　　(b) 粒配曲线

图 4.2　试验用荆江二元结构河岸土体

4.1.2　试验方案及内容

1. 试验方案

为保证试验土体尽可能与原状土体接近,试验前至少 3 天将坡体铺设完毕,每天洒水养护,使土体在重力作用下自然沉降。试验开始时,首先从弯道的上游注水,使水流以很小流速(小于下部沙土起动流速)慢慢流入弯道,当水位缓缓上升至离岸坡顶部 5~10cm 时,停止注水。浸泡 1~2h 后,沿 10 个典型断面(CS7~CS16)测量静水中稳定岸坡的形态,然后进行清水冲刷下的崩岸试验。试验过程中,根据河岸崩塌情况随时测量岸坡形态,并对崩塌特点进行记录。

1) 河岸土体概化

水槽试验中,将上、下荆江河岸土体概化为以下两种情况。在上荆江崩岸概化水槽试验中,坡体总高度 $H=40\mathrm{cm}$,上部为黏土层,高度 $H_1=30\mathrm{cm}$,占整个土层高度的 75%;下部为沙土层,高度 H_2=10cm,如图 4.3(a)所示。在下荆江崩岸概化水槽试验中,坡体总高度 H=40cm,上部黏土层高度 H_1=10cm,占整个土层高度的 25%;下部沙土层高度 H_2=30cm,如图 4.3(b)所示。

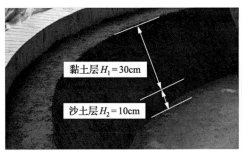
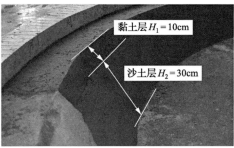

(a) 上荆江河岸概化　　　　　　　　　　　　　　(b) 下荆江河岸概化

图 4.3　二元结构河岸土体组成

2)试验组次

试验组次如表 4.1 所示,试验中控制的水流条件主要为水位、流量及动水冲刷时间。

表 4.1　试验组次

工况	EXP1-1	EXP1-2	EXP1-3	EXP2-1	EXP2-2
土体组成	H_1=30cm,H_2=10cm		H_1=10cm,H_2=30cm		
水流特征	低水位	高水位	水位骤降	低水位	高水位
水位/m	0.23	0.35	0.15	0.15	0.30
流量/(L/s)	26.4	43.0	62.9	32.7	74.8
动水冲刷时间/h	4.5	11.0	0.5	3.0	0.5

2. 试验内容

1)流量测量

针对不同土体组成河岸的概化试验,结合崩岸发生过程,分别选取较小和较大两级流量进行,以了解水流条件变化对河岸崩退过程的影响,并根据水槽末端的矩形量水堰量测流量大小。

2)水位测量

上游水位观测断面距离弯道进口 1.5m,下游水位观测断面距离弯道出口 2.0m;试验段中也沿程布置若干位置观测水位,具体位置与流速场观测断面相同,并用测针测量水位高低。

3)断面形态测量

根据试验段的长度和河岸崩塌情况,沿水流方向,从上游试验土体初始断面开始,在土样坡体段每隔 48cm 设置一个观测断面,共设置 10 个断面,分别记为 CS7~CS16,并根据崩塌情况间隔一定时间用测针测量,获得不同时刻的岸坡形态。

4) 崩塌过程记录

每组试验均对崩塌过程进行记录,具体包括:崩塌发生时间、崩塌位置总数、崩塌形式、裂隙大小(长度和宽度)、崩块土体大小等。

5) 流速测量

采用挪威 Nortek 公司生产的 ADV 流速仪,型号为 Vectrino Ⅱ("小威龙Ⅱ")。Vectrino Ⅱ 主要由四部分组成:声学传感器、探头、信号采集模块和数据处理系统,如图 4.4(a)所示。Vectrino Ⅱ 由发射换能器发射一个短的声学脉冲,并由四个声学接收换能器进行接收。通过处理反射回来的声波,得到多普勒频移,从而得到流速矢量数据。

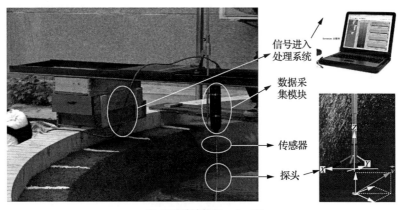

(a) ADV流速仪(Vectrino Ⅱ)

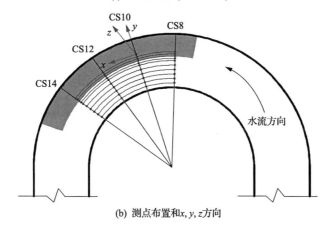

(b) 测点布置和x, y, z方向

图 4.4　流速测量

当岸坡上的土体开始冲刷时,在 4 个断面测量流速分布。流速场平面上的测点布置,沿水流方向断面间距为 96cm,在设置的 10 个断面基础上,分别取 CS8、CS10、CS12 及 C14 四个断面为测流断面;每个测流断面沿河宽方向均布设 9～10 根垂线,垂线间距为 10cm,但当距离岸坡较近时,垂线间距由 10cm 缩短为 5cm;每条垂线测量 3～10 个点流速。测量中流速 x 正方向为顺水流方向,y 方向垂直 x,正方向与 x 方向符合右手法则;z 方向为垂直 xy 平面,正方向为竖直向上,如图 4.4(b)所示。

4.2　二元结构河岸土体组成对崩岸过程的影响

4.2.1　不同土体组成河岸的崩退过程及特点

1. 上荆江崩岸概化试验

上荆江崩岸概化试验中河岸土体组成为上部黏土层较厚、下部沙土层较薄($H_1：H_2=3：1$),为使土体尽可能与原状土体接近,试验前预先将坡体铺设完毕,每天洒水养护,使土体在重力作用下自然沉降了 13 天后再开始试验。

与荆江河道一个水文年内的实际水位变化过程类似,上荆江崩岸概化试验中的水流条件分别考虑了低水位、高水位及水位骤降三个阶段,如表 4.2 所示。各阶段的近岸水流条件、坡脚冲刷及崩岸情况分述如下。

表 4.2　上荆江崩岸概化水槽试验中的水流条件

流量 Q/(L/s)	水深 h/cm		历时 /h	崩岸特点
	上游	下游		
26.4	22.19	23.15	4.5	河岸未见明显崩塌
43.0	34.98	35.97	11.0	河岸土体被充分浸泡,局部有小范围崩塌。河岸顶部有较小裂缝,裂缝长度 30cm,有局部、小范围崩塌
62.9	16.64	13.31	0.5	原有裂缝进一步发展,并很快开始局部崩塌,最终形成较大的崩塌破坏面;弯道出口处发生较大范围滑动崩塌,最终崩塌土体长度 150cm,宽度 15cm。崩塌后土体堆积在该处坡脚,对河岸起到一定保护作用,但随着水流进一步冲刷,与弯道边壁相接触的整个河岸土体发生崩塌,最终在弯道进口和出口处分别出现较大范围崩岸

1) 低水位阶段(EXP1-1)

河岸下部沙土层有少量被水流冲刷,但由于水流流速较小,沙土层的冲刷强度和数量均不大,河岸处于稳定状态,不会发生崩塌。

2) 高水位阶段(EXP1-2)

由于在高水位下长时间浸泡(浸泡时间为 11h),河岸土体基本处于饱和状态,其抗剪强度指标(凝聚力 c 和内摩擦角 φ)均会显著减小,导致河岸稳定性降低。此时河岸有可能发生崩塌,但崩岸强度及范围都不大,多出现局部、小范围的崩塌。例如,CS7~CS8 有 30cm 长的崩塌体;CS8~CS9 河岸顶部有较小裂缝,裂缝长度 30cm,裂缝位置距离弯道右岸边壁 5~10cm;CS7~CS12 上部黏土层有较明显崩塌,该水位下 6.5h 后的岸坡形态,见图 4.5(a)。这相当于实际处于洪水期的河岸,此时土体都处在水流的浸泡下,河岸稳定性明显降低,但由于侧向水压力作用,不会发生大尺度的河岸崩塌。

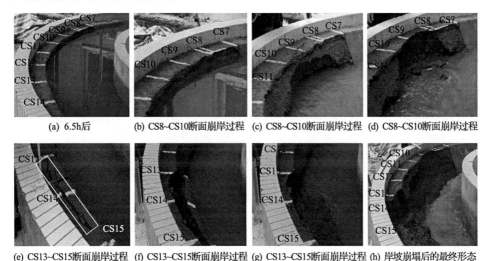

(a) 6.5h后　　(b) CS8~CS10断面崩岸过程　(c) CS8~CS10断面崩岸过程　(d) CS8~CS10断面崩岸过程

(e) CS13~CS15断面崩岸过程 (f) CS13~CS15断面崩岸过程 (g) CS13~CS15断面崩岸过程 (h) 岸坡崩塌后的最终形态

图 4.5　上荆江崩岸概化试验过程

3) 水位骤降阶段(EXP1-3)

该阶段水位从较高值(0.35m)迅速降至较低值(0.15m)。一方面河岸侧向水压力突然消失,另一方面黏性土孔隙中的水体来不及排出而对滑动面产生了额外的渗透水压力,增大了滑动面上的滑动力。这些因素导致河岸稳定性迅速降低,河岸会在短时间内崩塌,而且崩塌的强度和范围都会很大,如试验中 CS8~CS9 和 CS13~CS15 断面之间的河岸在水位骤降后均发生了较大强度的崩塌。这相当于实际处于退水期的河岸,并且退水速率很大,此时河岸崩塌最强烈、范围最广。具体崩岸过程为:河岸顶部裂缝进一步发展,同时 CS8~CS10 下部土体开始发生局部崩塌(图 4.5(b));随着水流的不断冲刷,CS8~CS10 土体进一步崩塌(图 4.5(c)),最终形成较大的崩塌破坏面(图 4.5(d));CS13~CS15 断面之间裂缝发展很快,5 分钟后最大裂缝宽度达到 3cm,见图 4.5(e);并沿着裂缝发生平面滑动破坏,最终崩塌土体长度为 150cm,宽度为 15cm(图 4.5(f)和图 4.5(g))。

崩塌后土体堆积在坡脚,对河岸起到了一定保护作用;但随着水流进一步冲刷,崩塌后土体逐渐被水流分解、冲蚀,体积逐渐减小,最终被水流完全冲走。坡脚失去了崩塌土体的保护作用,继续被水流冲刷,并逐渐发生新的崩塌,最终该范围内与弯道边壁相接触的整个河岸土体发生崩塌,具体见图 4.5(h)。

根据试验结果,河岸岸顶最大崩塌宽度为 9cm(CS13 断面),横向最大崩塌宽度为 23.5cm(CS9 断面),各断面崩塌宽度如表 4.3 所示。从表中可以看出,各典型断面河岸均发生了不同程度的崩塌,横向崩塌宽度最大值范围为 5.0~23.5cm。

表 4.3　上荆江崩岸概化试验中不同断面的河岸崩塌宽度

断面	岸顶崩塌宽度/cm	横向崩塌宽度最大值/cm
CS7	3.0	5.0
CS8	5.0	16.0
CS9	7.5	23.5
CS10	0.0	12.5
CS11	0.0	14.8
CS12	0.0	16.0
CS13	9.0	21.0
CS14	0.0	0.0

实际河岸崩塌一般在退水期发生频率较高,试验结果表明大部分的河岸崩塌也发生在水位骤降阶段;同时在高水位(EXP1-2)阶段,CS7~CS8 有 30cm 宽度小范围崩塌,这也充分说明河岸崩塌也会在洪水期发生,但崩岸发生的强度和范围均比退水期小很多。

2. 下荆江崩岸概化试验

下荆江崩岸概化试验前预先将坡体铺设完毕,使土体在重力作用下自然沉降 3 天。试验过程与上荆江崩岸概化试验类似,水流条件的具体变化过程为:低水位(小流速)、高水位(大流速),如表 4.4 所示。

表 4.4　下荆江崩岸概化水槽试验中的水流条件

流量 Q/(L/s)	水深 h/cm		历时 /h	崩岸特点
	上游	下游		
32.7	12.53	15.82	3.0	水位以下沙土层被水流冲刷、淘空,上部黏性土体形成悬空层,黏性土体未崩塌
74.8	28.14	31.66	0.5	下部沙土层被进一步冲刷、淘空,上部黏土层悬空宽度进一步增大,最大悬空宽度达 13~14cm;黏性土体发生崩塌

根据试验结果,下荆江崩岸概化试验中河岸以悬臂崩塌为主。崩塌过程是当水流将下部沙土层淘空后,上部黏性土层失去支撑而发生绕轴崩塌,如图 4.6 所示,具体过程如下。

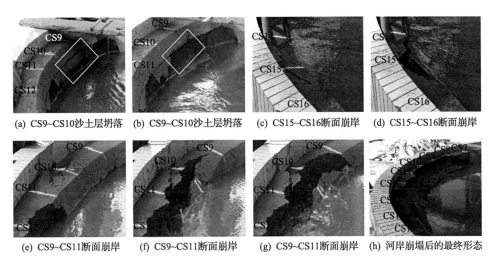

(a) CS9~CS10沙土层坍落　(b) CS9~CS10沙土层坍落　(c) CS15~CS16断面崩岸　(d) CS15~CS16断面崩岸

(e) CS9~CS11断面崩岸　(f) CS9~CS11断面崩岸　(g) CS9~CS11断面崩岸　(h) 河岸崩塌后的最终形态

图 4.6　下荆江崩岸概化试验过程

1) 低水位阶段(EXP2-1)

水位以下沙土层被水流冲刷、淘空,坡脚冲刷下切;水位以上沙土层失去支撑发生坍落,但水位以上沙土层并非垂直坍落,而是在垂向上呈现圆弧状,图 4.6(a)和图 4.6(b)给出了 CS9~CS10 断面之间沙土层坍落过程。上部黏土层出现悬空土块,形成悬空层,但由于悬空层宽度未达到临界宽度,所以此时上部黏土层处于稳定状态,对应于绕轴崩塌的第一阶段。

随着水流进一步冲刷,下部沙土层逐渐坍落,上部黏土层悬空宽度逐渐变大。表 4.5 给出了试验中各典型断面的悬空宽度及崩塌宽度。从表中可以看出,低水位悬空层最大宽度达到 2.0~8.5cm,但由于没有达到临界值,所以此时上部黏性土层仍然处于稳定状态,不会崩塌。

表 4.5　下荆江崩岸概化试验中不同断面的悬空宽度和崩塌宽度

断　面	低水位黏土层悬空宽度/cm	黏土层最大悬空宽度/cm	崩塌宽度/cm
CS7	2.0	12.6	—
CS8	4.8	16.5	6.0
CS9	4.6	19.0	10.5
CS10	6.5	23.0	10.5
CS11	5.3	20.2	9.0
CS12	6.0	18.9	6.5
CS13	6.0	14.0	20
CS14	8.5	—	20
CS15	3.2	—	—

　　根据试验结果,套绘低水位、小流速时对应各典型断面的岸坡形态,可以查看各沙土层被水流淘空后的形态。图4.7给出了CS9~CS15断面沙土层淘空后的形态。从图4.7(a)中可以看出,各断面沙土层被水流淘空,水面以上沙土层发生坍落后,形成一个近似弧形的淘空层,为此可以进一步简化为图4.7(b)。从图中可以看出,简化后沙土层形成的淘空层形状为弧形,形成淘空层主要是由于水流的淘刷以及水位以上沙土层的坍落。

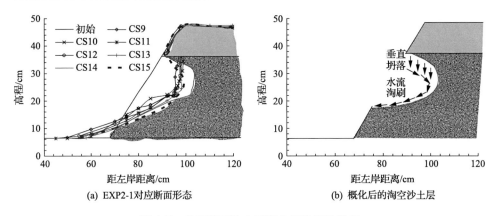

(a) EXP2-1对应断面形态　　　　　　　(b) 概化后的淘空沙土层

图4.7　典型断面沙土层淘空后的岸坡形态

2) 高水位阶段(EXP2-2)

　　与上荆江崩岸概化试验高水位时流量和流速均较低不同(上荆江试验$Q=43.0\text{L/s}$),下荆江崩岸概化试验中由于流量较大($Q=74.8\text{L/s}$),河岸处在较高水位和较大流速共同作用下。水流对下部沙土层的冲刷更加剧烈,上部黏土层悬空宽度进一步加大,其中CS8断面位置最大悬空宽度16.5cm,CS10断面位置最大悬空宽度23.0cm;6分钟后CS15~CS16上部黏性土层悬空宽度首先达到临界值,失去支撑,一边下挫一边绕某一中性轴倒入水中发生崩塌,对应于绕轴崩塌的第二阶段。

　　根据试验结果,岸顶最大崩塌宽度约20cm,如图4.6(c)和图4.6(d)所示;随后崩塌进一步发展,CS13~CS15也发生了崩塌,崩塌宽度范围为10~20cm;14分钟后CS9~CS11也发生了崩塌,崩塌宽度范围为10~15cm,具体见图4.6(e)~图4.6(g);17分钟后CS8~CS9发生了崩塌,崩塌宽度10cm左右。崩塌后岸坡的最终形态如图4.6(h)所示。

　　与上荆江崩岸概化试验类似,下荆江概化试验中河岸上部黏性土层崩塌后也会堆积在坡脚处的河床上,一定时期内对覆盖的近岸河床起掩护作用;但在水流作用下,崩塌土体会逐渐被分解,并被水流输送至下游河床,这是绕轴崩塌的第三阶段。

4.2.2　不同土体组成河岸的崩塌类型分析

根据试验结果对二元结构河岸的崩塌类型进行总结,图 4.8 和图 4.9 分别给出了上、下荆江崩岸概化试验中不同流量下的岸坡形态。

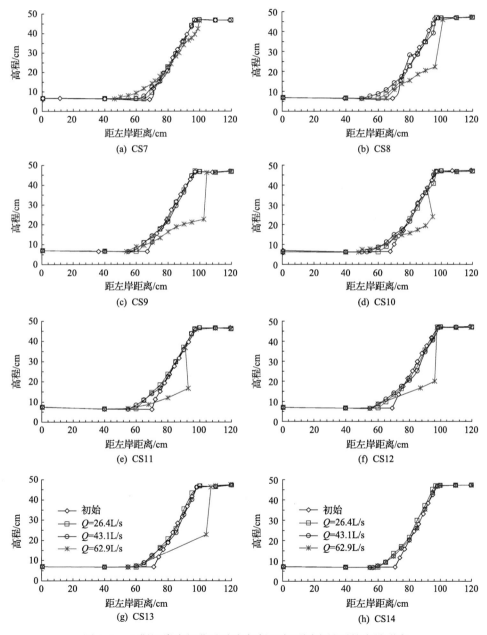

图 4.8　上荆江崩岸概化试验中各断面在不同流量下的岸坡形态

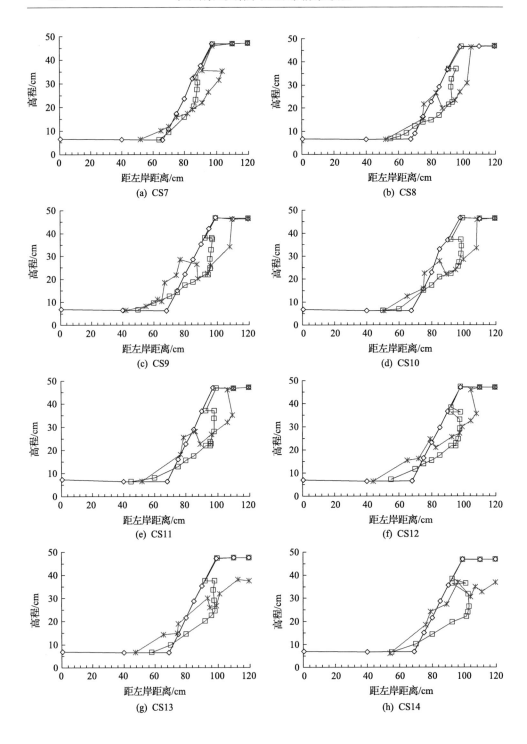

(a) CS7

(b) CS8

(c) CS9

(d) CS10

(e) CS11

(f) CS12

(g) CS13

(h) CS14

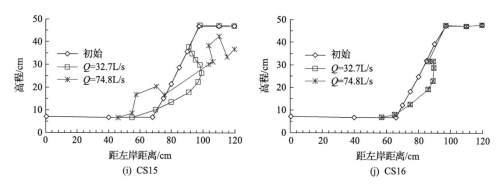

(i) CS15　　　　　　　　　　　　　(j) CS16

图 4.9　下荆江崩岸概化试验中各断面在不同流量下的岸坡形态

从图中可以看出:无论上荆江还是下荆江崩岸试验,小流量低水位时期,河岸上部黏性土体基本没有变化,下部沙土层主要被水流冲刷,河岸崩塌均不严重,但有小范围的局部崩塌。同时崩塌后土体均堆积在坡脚,由于此时水流流速较小($\bar{u}_x \approx 0.30 \mathrm{m/s}$),堆积土体短时间内不会被水流冲走,所以会在坡脚处形成局部堆积,坡脚坡度均比初始坡脚要缓。随着水位骤降或流速变大,下部沙土层进一步被冲刷,土体发生较大强度和较大范围崩塌。由于上部黏性土体崩塌后堆积在坡脚,该部分黏性土体短时间内不会被水流冲走,将覆盖在坡脚河床上,对坡脚起到保护作用。

结合上述不同水位时期的岸坡形态分析,分别得到上、下荆江崩岸概化试验中出现的河岸崩塌类型。

(1) 上荆江崩岸概化试验中出现的崩岸类型主要有两种。

① 平面滑动破坏。崩岸发生时,河岸顶部首先出现裂隙,然后崩塌土体沿着几乎为平面的滑动面向下滑动(图 4.10(a))。试验结果如图 4.8 所示。试验中共有 5 处发生了平面滑动破坏(CS7、CS8、CS9、CS12、CS13)。

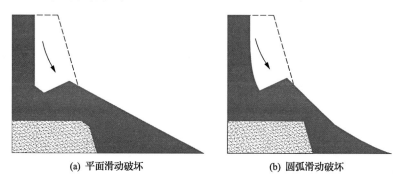

(a) 平面滑动破坏　　　　　　　　(b) 圆弧滑动破坏

图 4.10　上荆江崩岸概化试验中的崩塌类型

② 圆弧滑动破坏。河岸顶部同样会伴随裂隙出现(图4.10(b)),试验中有2处发生了圆弧滑动破坏(图4.8(d)和图4.8(e))。

试验中还发现,下部沙土层冲刷后,黏性土中间或下部有时会有小尺度、小范围侵蚀破坏,这主要是由于水流对上部黏性土体的局部冲刷造成凹槽,从而导致从凹槽内部发生破坏,试验结果见图4.8(d)。这可理解为河岸土体在拉应力作用下沿着凹形冲蚀面层层剥离。Thorne 和 Tovey(1981)、Dapporto 等(2003)在其研究中也都发现了类似的崩塌类型,凹槽冲蚀在平面滑动破坏和圆弧滑动破坏中都会发生。

综合试验结果,上荆江崩岸概化试验中平面滑动破坏发生频率较高。

(2) 下荆江崩岸概化试验中,由于上部黏土层薄下部沙土层厚,下部沙土层会被水流冲刷、淘空,具体崩塌类型有三种(Thorne 和 Tovey,1981;钱宁等,1987)。

① 剪切破坏。主要指上部黏性土体在剪切力作用下从河岸顶部沿竖向发生的破坏(图4.11(a)),如试验结果中图4.9(d)~图4.9(f)为剪切破坏。

② 拉伸破坏。主要指上部黏性土体在拉应力作用下沿着水平方向发生的破坏(图4.11(b))。一般河岸顶部会首先出现裂隙,如试验结果中图4.9(a)发生了此类破坏。

③ 悬臂破坏。指下部沙土层被淘空后上部黏土层绕着某一中性轴旋转发生的破坏(图4.11(c)),如图4.9(b)~图4.9(i)所示。

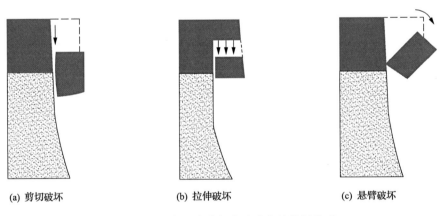

(a) 剪切破坏　　　　　　　　(b) 拉伸破坏　　　　　　　　(c) 悬臂破坏

图4.11　下荆江崩岸概化试验中的崩塌类型

需要指出,实际河岸发生崩塌时往往不是单一类型,而是两种或者三种崩塌类型都会出现。例如,图4.9(d)~图4.9(f)河岸崩塌有剪切破坏和悬臂破坏两种,图4.9(a)河岸崩塌有拉伸破坏和悬臂破坏两种。所以在下荆江崩岸概化试验中,崩塌类型以悬臂破坏为主。

4.3　近岸流速对崩岸过程的影响

4.3.1　近岸流速分布特点

1. 上荆江崩岸概化试验中的流速分布

分别对流量 $Q=26.4\text{L/s}$，水深 $h=0.23\text{m}$ 和 $Q=43.0\text{L/s}$，水深 $h=0.35\text{m}$ 两种情况下的流速分布进行了测量。图 4.12 给出了 $Q=26.4\ \text{L/s}$ 下 CS8 断面的流速分布。图中 b 为测点到凸岸(左岸)边壁的距离，B 为弯道底宽($B=1.2\text{m}$)。

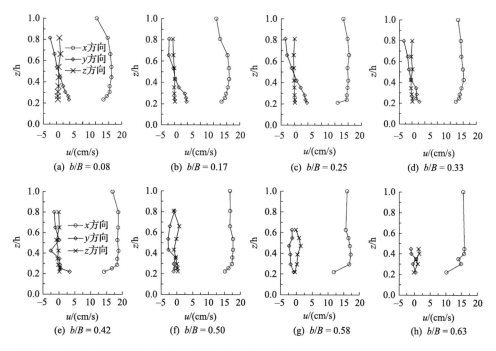

图 4.12　上荆江崩岸概化试验中典型断面的三维流速分布($Q=26.4\ \text{L/s}$, $h=0.23\text{m}$, CS8 断面)

从图 4.12 中可以看出，同一条垂线上 x 与 y、z 方向流速大小差别较大。x 方向为弯道主流方向，流速较大，垂线平均值 $\bar{u}_x$ 为 $0.18\sim0.20\text{m/s}$。靠近凸岸边壁处($b/B\leqslant0.33$) $\bar{u}_x\approx0.20\text{m/s}$，靠近凹岸边壁(远离凸岸边壁 $b/B>0.33$)处，垂线平均流速减小为 $\bar{u}_x\approx0.18\text{m/s}$，说明近岸处流速有所减小，但减小幅度不大。$y$、$z$ 方向流速大小明显比 x 方向小，垂线平均值分别为 $\bar{u}_y\approx0.02\text{m/s}$，$\bar{u}_z\approx0.01\text{m/s}$，均比 x 方向平均流速小一个数量级；且 y、z 方向流速有正有负，说明 y 和 z 流速方向会发生变化。

图 4.13 给出了相同位置($b/B=0.25,0.50,0.58$)流速的沿程分布情况。从图中可以看出,从 CS8~CS14 断面流速垂线分布沿程变化不明显。x 方向流速垂线平均值 $\bar{u}_x$ 为 0.18~0.20m/s,y、z 方向流速垂线平均值同样比 x 方向平均流速小一个数量级。说明试验过程中,一定时间范围内各断面位置水流流速分布差异较小,水流条件基本一致。

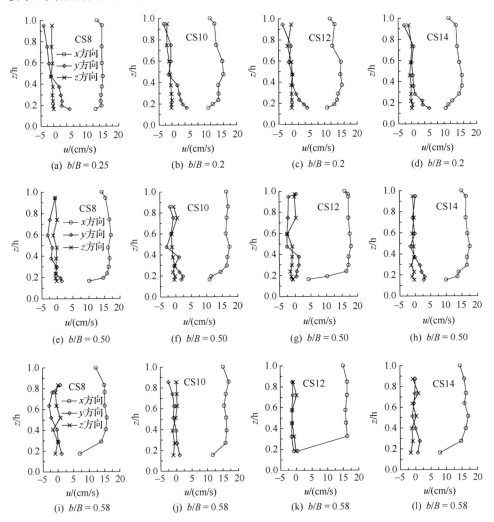

图 4.13　上荆江崩岸概化试验中三维流速沿程分布($Q=43.0$ L/s,$h=0.35$m)

2. 下荆江崩岸概化试验中的流速分布

对流量 $Q=32.7$L/s,水深 $h=0.15$m 工况下的流速分布进行了测量。图 4.14

给出了 CS10 断面的三维流速分布。从图中可以看出,与上荆江崩岸概化试验结果类似,同一条垂线上 x 与 y、z 方向流速大小差别较大。靠近凸岸边壁处($b/B \leqslant 0.33$)$\bar{u}_x \approx 0.35\text{m/s}$,靠近凹岸边壁($b/B > 0.33$)处,垂线平均流速减小 $\bar{u}_x$ 为 0.30m/s,说明垂线平均流速沿横向分布不均匀。根据试验结果,x 方向垂线平均流速范围 $\bar{u}_x$ 为 $0.25 \sim 0.35\text{m/s}$,而 y、z 方向流速 $\bar{u}_y$ 为 $0.05 \sim 0.10\text{m/s}$,$\bar{u}_z$ 为 $0.01 \sim 0.02\text{m/s}$,比 x 方向垂线平均流速小一个数量级,且 y、z 方向流速有正有负。

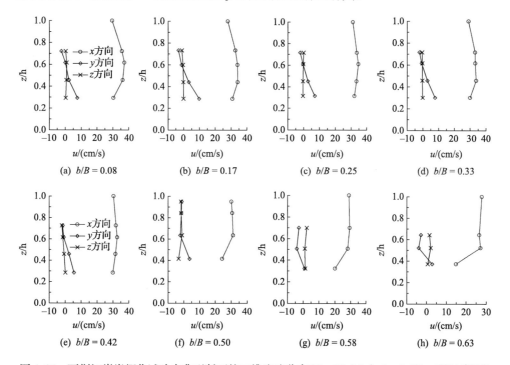

图 4.14　下荆江崩岸概化试验中典型断面的三维流速分布($Q = 32.7$ L/s,$h = 0.15\text{m}$,CS10 断面)

4.3.2　流速对崩岸过程的影响

　　无论上荆江还是下荆江,崩岸发生的充分必要条件是近岸床沙在水流作用下能够起动,水流的挟沙力大于含沙量,近岸床面冲深使岸坡失去稳定而发生崩塌,所以水流动力作用,即水流对坡脚的冲刷等对崩岸具有重要影响。尤其在弯道段,水流受离心惯性力影响会形成水面横比降,同时产生横向断面环流,由环流叠加的弯道螺旋运动会引起横向输沙不平衡,这种环流的横向输沙也必将导致沿垂向输沙的不平衡,下部的输沙率恒大于上部,从而导致水流对河岸下部的冲刷强度大于上部,这就是近岸水流动力条件对崩岸影响的直接反应。

根据上、下荆江崩岸概化试验中流速分布的测量结果,同一条垂线上 x 与 y、z 方向流速大小差别较大,同时河段断面流速分布不均匀,这种河道断面流速的分布特性就是弯道凹岸冲刷并发生崩岸来自水流动力方面的原因。x 方向流速垂线平均值比 y、z 方向垂线平均值大一个数量级,且 y 和 z 流速方向会发生变化。实际水流进入弯道后,由于离心力的影响会引起弯道环流,环流作用使得凹岸不断崩塌后退,凸岸淤积增长;尤其在弯道下游,由于惯性作用,弯道水流受二次流运动影响,主流会由凸岸向凹岸偏移,进而带动泥沙从凹岸向凸岸输移,这种弯道环流可能直接作用于近岸河床,以机械能做功的形式攫取河床泥沙,强烈地冲刷近岸河床,降低河岸稳定性(余文畴和卢金友,2008)。

同时根据本次荆江河岸土体抗冲特性试验结果,荆江河岸下部沙土层起动流速为 $0.25\sim0.34\text{m/s}$(中值粒径为 0.057mm)。上部黏土层起动流速为 $0.44\sim0.56\text{m/s}$(中值粒径为 0.016mm)(宗全利等,2014b)。例如,上荆江崩岸概化试验中(EXP1-1),弯道主流方向流速($\bar{u}_x$ 为 $0.18\sim0.20\text{m/s}$),小于下部沙土层起动流速,说明此时下部沙土层很难被水流冲走,与上荆江崩岸概化试验结果"低水位时水流对河岸下部沙土层的冲刷强度和数量均不大"一致。下荆江崩岸概化试验中(EXP2-1),弯道主流方向流速($\bar{u}_x \approx 0.35\text{m/s}$)大于下部沙土层起动流速,而小于上部黏土层起动流速,说明此时下部沙土层很容易被水流冲走,而上部黏土层很难被水流冲动,进一步证明了下荆江崩岸概化试验中,低水位时水面以下沙土层会被水流冲刷、淘空,导致坡脚冲刷下切,而河岸处于稳定状态,不会发生崩塌。

4.4　崩塌土体的堆积、分解及输移特点

根据本次试验结果,二元结构河岸黏性土层崩塌后将暂时堆积在坡脚处的河床上,对覆盖的近岸河床起着掩护作用。下面结合试验结果,分析崩塌土体在坡脚的堆积形式、分解及输移特点。

4.4.1　崩塌土体的堆积形式

水下岸坡坡比是衡量岸坡稳定的一个重要因素。根据试验结果,河岸上部崩塌土体堆积在坡脚后,水下坡比将变缓。荆江河道实测断面地形资料表明:一般岸坡坡比小于 $1:2.5(0.4)$ 时,岸坡处于稳定状态(长江水利委员会水文局,2014)。分别对上、下荆江崩岸概化试验中不同水位时期水下坡比的结果进行统计,如表 4.6 所示。

表 4.6　上、下荆江崩岸概化试验中河岸的水下坡比

工况	水位	断面							
		CS7	CS8	CS9	CS10	CS11	CS12	CS13	CS14
上荆江试验	初始值	1.33	1.33	1.33	1.33	1.33	1.33	1.33	1.33
	低水位,Q=26.4 L/s	0.68	0.54	0.67	0.53	0.78	0.59	0.65	0.67
	高水位,Q=43.0 L/s	0.61	0.44	0.68	0.41	0.56	0.46	0.72	0.59
	水位骤降,Q=62.9 L/s	0.40	0.51	0.30	0.31	0.15	0.32	0.36	—
下荆江试验	初始值	1.33	1.33	1.33	1.33	1.33	1.33	1.33	1.33
	低水位,Q=32.7 L/s	0.52	0.36	0.36	0.80	0.32	0.30	0.27	0.24
	高水位,Q=74.8 L/s	0.31	0.39	0.39	0.39	0.47	0.35	0.31	0.56

从表 4.6 中可以看出,河岸坡比初始值较大,其值为 1/0.75(1.33),上荆江概化试验中低水位和高水位阶段,水下坡比范围为 0.41～0.78,均大于 0.40,表明此时岸坡已经不稳定;下荆江试验中低水位阶段,水下坡比范围为 0.24～0.80,有 2个断面(CS7 和 CS10)坡比大于 0.40,6 个断面坡比小于 0.4,表明此时大部分岸坡处于稳定状态。上、下荆江崩岸概化试验中河岸崩塌后,除了个别断面位置(上荆江试验 CS8 和下荆江试验 CS14),岸坡水下坡比都减小,且都小于 0.40,说明此时岸坡经过崩塌后,坡度较缓,变得更加稳定。

根据崩塌后各典型断面形态的测量结果(图 4.8 和图 4.9),崩塌后土体均会在坡脚有一定的堆积,堆积的多少与崩塌土体有关;若崩塌土体体积大,则在坡脚的堆积体积也会大;反之,若崩塌土体体积较小,则崩塌土体在坡脚的堆积体积也会比较小。

根据试验结果,由于崩塌后黏性土体在坡脚堆积,与试验前相比,坡脚坡度会明显变缓。图 4.15 分别给出了试验中不同水位时期的水下坡比变化。从图中可以看出,从低水位到高水位直至河岸崩塌后,岸坡的水下坡比由大变小,直至达到稳定值。在低水位时期,坡脚受近岸水流冲刷影响较弱,且由于近岸水流流速较小,冲刷后大部分土体会堆积在坡脚处,坡脚坡度变缓;高水位时期,河岸大部分被水流浸泡,冲刷量比低水位时期大很多。此时近岸水流流速略有增大,但变化幅度不明显,一部分冲刷的土体会被水流带往下游,一部分则仍然堆积在坡脚处。总体来说,堆积在坡脚的土体数量大于被水流带走的数量,所以此时坡脚坡度仍然变缓。河岸崩塌后(水位骤降或者大流速冲刷),虽然崩塌前坡脚被水流冲刷变陡,但由于崩塌后土体不会被水流立即冲走,而是一部分堆积在坡脚,所以最终坡脚坡度仍然会变缓。图 4.15(a)还给出了 2011 年荆江沙市刘大巷矶、沙市观音矶以及公安谢家榨等不同水位时期的实测水下坡比(长江水利委员会水文局,2012)。从图中可以看出,从低水位(枯水期)至高水位(汛前涨水期)直至水位骤降(汛后落水期),水下坡比也是呈现逐渐减小的趋势,坡脚逐渐变缓,该变化规律与本次试验结果一致。

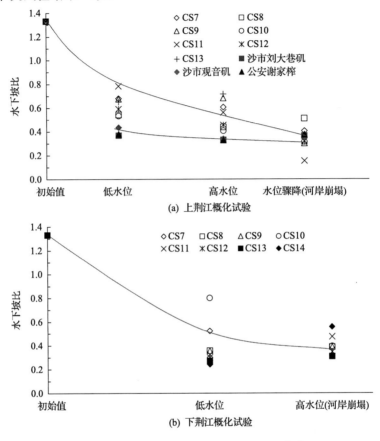

(a) 上荆江概化试验

(b) 下荆江概化试验

图 4.15　不同水位时期的河岸水下坡比变化

此外,从典型断面的崩岸形状也可以看出,崩塌后土体基本呈三角形堆积在坡脚,堆积后所形成的三角形土体表面也基本平行,这说明崩塌土体在坡脚处堆积形式为三角形,三角形的表面坡度基本一致。根据试验结果,套绘各断面崩塌后的岸坡形态,就可以看出崩塌后土体在坡脚处的堆积形式,如图 4.16 所示。从图中可以看出,堆积形式为三角形,其大小即单位长度土体堆积体积,与崩塌土体大小有关。堆积形成三角形的表面坡度,即为河岸水下坡比。根据图 4.15 中试验得到的坡脚水下坡比值可以看出,上荆江崩岸概化试验中崩塌后坡脚的水下坡比变化范围在 1/6.54～1/1.96,平均坡比为 1/3.35;下荆江崩岸概化试验中崩塌后坡脚的水下坡比变化范围在 1/3.26～1/2.12,平均坡比为 1/2.86。所以坡脚堆积土体的坡比基本都大于或接近稳定坡比 1/2.50,说明崩塌后土体堆积形成三角形,其坡度都达到了稳定状态。因此,可以考虑用河岸水下稳定坡比来表示崩塌土体堆积形成三角形的稳定坡度,这样就可以确定崩塌土体在坡脚的堆积形式,即堆积形态为三角形,坡度为河岸的水下稳定坡比。

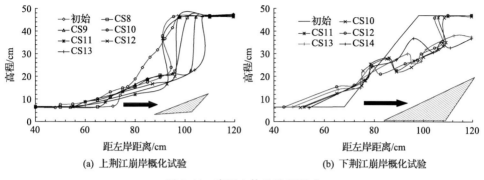

(a) 上荆江崩岸概化试验　　　　　　(b) 下荆江崩岸概化试验

图 4.16　崩塌土体的堆积形式

4.4.2　崩塌土体的分解及输移特点

根据试验结果,统计得到不同水位时期对应坡脚堆积体积占整个崩塌土体体积的比例,结果如图 4.17 所示。从图中可以看出,在河岸崩塌前,坡脚堆积体积较小,上荆江概化试验中各断面堆积体积占崩塌体积的比例为 6%~34%,而下荆江概化试验为 5%~21%。这是因为该部分堆积主要由河岸冲刷所造成,数量较少,所以坡脚堆积也较少;河岸崩塌后,坡脚堆积土体体积明显增多,上荆江概化试验中各断面占崩塌体积的比例为 27%~89%,平均值为 74%;下荆江概化试验中各断面堆积土体占崩塌土体体积的比例为 27%~58%,平均值为 38%;上、下荆江的平均值为 50% 左右。

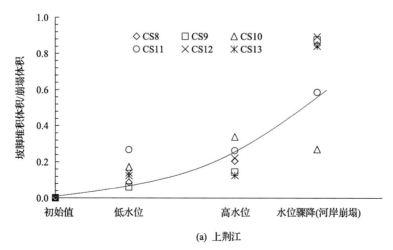

(a) 上荆江

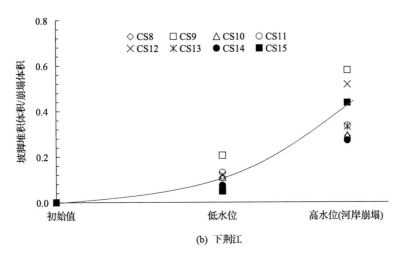

(b) 下荆江

图 4.17 不同水位时期坡脚堆积土体占崩塌土体体积的比例

从图 4.17 中还可以看出,从低水位至高水位直至河岸崩塌,坡脚堆积体积逐渐增大,这说明在流速较小的低水位和高水位时期,由于近岸流速较小,所以河岸冲刷造成的土体大部分将会堆积在坡脚,而不会被水流带往下游。在河岸崩塌后,由于土体会以较大块形式崩塌下来,短时间内难以被水流分解、输移,所以崩塌土体大部分也会堆积在坡脚,而不会被水流立即冲走。

4.5　本 章 小 结

根据概化水槽试验结果,重点分析了不同土体组成河岸的崩退过程,给出了崩塌土体的堆积形式、分解及输移特点等。

(1) 上荆江崩岸概化试验中河岸崩塌类型有平面和圆弧滑动破坏两种,并且以平面滑动破坏为主,其崩塌过程包括岸顶竖向拉伸裂隙的出现和崩塌土体(滑崩体)沿滑动面的滑动两部分;下荆江崩岸概化试验中河岸崩塌类型主要为悬臂破坏,近岸水流将下部沙土层淘空后,上部黏性土体形成悬空层,当悬空宽度达到临界值时发生的绕轴崩塌。

(2) 根据崩塌后岸坡形态试验结果的统计,得到了崩塌土体在坡脚的堆积形式为三角形,其表面坡度,上荆江概化试验平均为 1/3.35,下荆江概化试验为 1/2.86,均大于或接近稳定坡比 1/2.50,表明崩塌后土体达到了稳定状态,其坡度可以用河岸水下稳定坡比表示。

(3) 分析了崩塌土体的分解、输移特点:二元结构河岸黏性土层崩塌后大部分土体会暂时堆积在坡脚处的河床上,对覆盖的近岸河床起到一定保护作用;坡脚堆积土体多少主要与崩塌土体有关,根据试验结果得到坡脚堆积土体体积占崩塌土体体积的比例范围为 38%~74%,平均为 50% 左右,实际计算中可以按照此比例进行估算。

第5章 荆江段河岸稳定性计算及影响因素分析

近年来人们在定性解释崩岸机理方面已取得了相当大的进展,但不同河岸因土体组成及力学特性存在差异,其崩塌机理也不同,故河岸稳定性计算方法也不同。本章首先根据荆江河岸的崩塌特点,分别揭示了上、下荆江二元结构河岸的崩塌机理;在考虑水流冲刷作用、河道水位和地下水位变化以及河岸土体物理力学特性变化等条件下,提出了上荆江河岸不同水位时期下的稳定性计算方法;此外还考虑上部黏性河岸土体中张拉裂隙的存在以及断裂面上的抗拉及抗压应力均为三角形分布,提出了下荆江二元结构河岸发生绕轴崩塌时的稳定性计算方法。结合典型断面的实际岸坡形态,分别计算了不同时期上、下荆江河岸稳定的安全系数,给出了一个水文年内的河岸稳定性变化过程。计算结果表明:洪水期和退水期河岸稳定性均较低,但退水期河岸稳定性最低,崩岸最为强烈,这与实际中崩岸在退水期发生频率较高的特点一致。同时还将一维非稳定渗流模型及黏性土河岸稳定性计算模型相结合,构建了考虑潜水位变化的岸坡稳定性计算模型,用于计算河道内水位变化时岸坡的安全系数。以上荆江河段典型断面为研究对象,采用该模型计算了2009年实测河道水位过程下相应断面的岸坡安全系数,以及不同河道水位变化速率下岸坡安全系数的变化特点。计算结果表明:三峡水库蓄水后,退水加快是导致上荆江河段崩岸加剧的重要原因之一。

5.1 荆江段二元结构河岸崩塌机理

根据已有荆江段崩岸的研究结果(钱宁等,1987;余文畴和卢金友,2008),二元结构河岸的边坡形态与上部黏性土层厚度有重要关系:当上部黏性土层较厚时,整个河岸坡度较陡,有的接近垂直状态;当上部黏性土层较薄时,河岸上部较陡,下部坡度较缓。当河岸发生崩塌时,表面会首先出现裂隙,其深度一般小于黏性土层厚度。

荆江段河岸土体为上部黏土和下部非黏性土组成的二元结构,其中上荆江上部黏土层较厚,下部非黏性土层较薄;下荆江河岸上部黏土层较薄,下部非黏性土层较厚。一方面,上、下荆江河岸由于土体组成的差异,导致其崩岸机理也必然不同;另一方面,上、下荆江河岸这两种不同的土体组成也是自然界二元结构河岸的两种典型代表,所以下面分别对这两种典型的二元结构河岸崩塌机理进行分析。

5.1.1　上荆江河岸崩塌机理

上荆江崩岸野外查勘及室内概化水槽试验结果表明,崩岸发生时一般先在岸顶出现竖向裂隙,裂隙发展到一定程度,发生裂隙的整块土体(滑崩体)就会沿滑动面向下滑动,引起河岸崩塌。由于黏土层较厚,所以整个滑动面都会在黏土层,滑动面形状主要有平面和圆弧两种,本次试验结果中平面滑动破坏发生频率最高。

滑崩体在滑动面上的力学平衡原理即为河岸崩塌发生的力学机理,滑崩体自身重力是促使崩体在滑动面上滑动的力,崩体破坏面上分布的土体抗剪应力以及河道水流对滑崩体产生的水压力等是抵抗崩体滑动的力。滑崩体的力学平衡条件可以用土力学边坡稳定理论中滑动面上的安全系数表达。若安全系数定义为抵抗崩体滑动的力与促使崩体滑动力的比值,则其值小于 1.0 表示河岸会发生崩塌。实际河岸是否发生崩塌可根据此力学机理,通过计算安全系数大小进行判断。

需要指出,由于河岸土体的含水率会随着河道内水位的升降而发生变化,而土体的物理力学特性(物理性质、抗冲、抗剪和抗拉特性)又会随着含水率的变化而改变,所以不同水位时期,河岸崩塌时滑动面上的力学平衡条件会有所差异。因此对上荆江河岸崩塌的力学平衡条件进行分析时,就必须考虑不同水位时期下河岸土体物理力学特性的变化。

5.1.2　下荆江河岸崩塌机理

野外查勘及室内水槽试验结果表明,下荆江崩岸发生的形式与上荆江明显不同,主要为悬臂破坏,崩塌机理为当水流将下部沙土层淘空后,上部黏性土层失去支撑而发生的绕轴崩塌。发生的力学条件是悬空土块宽度超过其临界值,自身产生的重力矩大于黏性土层的抵抗力矩,从而绕中性轴旋转发生崩塌。

崩岸发生时上部黏性土层先是出现一定深度的张拉裂隙,随着下部沙土层的淘刷,上部黏性土层的悬空部分达到临界值而发生崩塌。此时上部悬空的黏性土层力学平衡原理即为河岸崩塌发生的力学机理。根据悬臂梁平衡力学理论,当上部黏土层处于临界状态时,悬空土体自重引起的外力矩与断裂面上产生的抵抗力矩(抗拉与抗压力矩之和)相平衡。与上荆江概化水槽试验崩岸机理类似,可以用黏性土层的稳定安全系数作为河岸是否崩塌的判别依据,定义为滑动面上的抵抗力矩与悬空土体自重产生外力矩的比值,则安全系数小于 1.0 表示河岸会发生崩塌。此外,也可以根据实际悬空土块宽度及临界悬空宽度的大小,判断黏性土层是否发生崩塌:当实际悬空宽度大于临界悬空宽度时,河岸将发生崩塌;当实际悬空宽度小于临界悬空宽度时,河岸上部的黏性土层稳定,水流会继续冲刷下部非黏性沙土层。

下面结合河道内水位变化,对下荆江二元结构河岸发生绕轴崩塌的三个阶段进行详细描述(图5.1)。

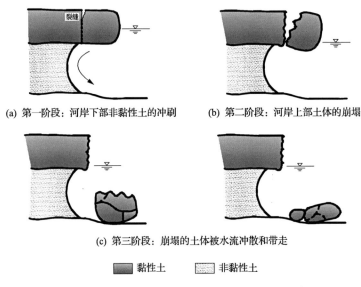

(a) 第一阶段: 河岸下部非黏性土的冲刷　　　(b) 第二阶段: 河岸上部土体的崩塌

(c) 第三阶段: 崩塌的土体被水流冲散和带走

▨ 黏性土　　▨ 非黏性土

图5.1　下荆江二元结构河岸发生绕轴崩塌的具体过程

1. 下部沙土层被冲刷、淘空,上部黏土形成悬空层

随着河道内流量的增加,近岸流速逐渐增大。当近岸流速(水流切应力)超过二元结构河岸下部沙土层的起动流速(切应力)后,该土层将逐渐被近岸水流淘空。根据下荆江概化河岸崩塌过程的水槽试验结果,只要近岸流速超过下部沙土层起动流速,水位以下沙土层就会被水流冲刷、淘空,并且随着水位以下沙土层的淘空,水位以上沙土层失去支撑发生坍落,上部黏土层形成悬空层。随着水位升高、近岸流速变大,水流会进一步冲刷,下部沙土层继续坍落,上部黏土悬空宽度也逐渐变大,直到达到临界值。

由于河岸下部沙土层受水流冲刷时主要以单颗粒运动为主,所以用起动流速来表示沙土抗冲性能比较直观。根据较粗颗粒泥沙起动流速公式,起动流速与水深及粒径之间的关系式为

$$U_c = k_1 h^{1/6} d^{1/3} \tag{5.1}$$

式中,h 为水深(m);d 为泥沙粒径(m);根据长江河道沙质河床资料统计,$k_1 = 5.91\text{m}^{0.5}/\text{s}$(余文畴和卢金友,2008)。

结合河岸土体力学特性的室内土工试验结果,石首河段下部沙土层的中值粒

径约为 0.14mm。以荆 98 断面为例，三峡水库蓄水后左岸附近的平滩水深可达 10～20m，用式(5.1)计算出的起动流速约为 0.5m/s。实测近岸流速一般可达 2.0m/s，采用同样方法估算荆 133 断面，起动流速约为 0.5m/s，而洪水期近岸流速可达 1.9m/s，因此二元结构河岸下部沙土层在洪水期很容易被近岸水流冲走。

2. 上部黏土悬空层的崩塌

随着下部沙土层的逐渐冲刷，上部黏性土层会出现悬空结构，且下部沙土层的持续冲刷会使悬空土块宽度进一步增大，并最终达到临界悬空宽度。这时上部黏性土层将失去支撑，一边下挫一边绕某一中性轴倒入江中发生崩塌。绕轴崩塌多发生在洪水期近岸冲刷剧烈时，故崩塌强度相对较大。根据下荆江崩岸概化水槽试验结果，河岸在高水位和较大流速作用下，下部沙土层进一步被冲刷、淘空，上部黏土层悬空宽度进一步加大，达到土块的临界悬空宽度，此时上部黏土层将失去支撑发生绕轴崩塌。

但三峡水库运用后观测资料表明，退水期(11～12 月)的崩岸频率也相对较高，主要是由于河岸长时间受水浸泡，土体容重增大，抗拉强度减弱，加之失去江水浮托力等作用而容易引发崩岸(荆江水文水资源勘测局，2009)。

3. 崩塌土体的分解、输移

二元结构河岸黏性土层崩塌后将暂时堆积在坡脚处的河床上，对覆盖的近岸河床起着掩护作用，此时的坡脚与试验前相比，坡度明显变缓。因为水流输运土块需要一定的时间，这就延迟了水流对河岸下部沙土层的进一步冲刷。近岸水流一方面使覆盖体中松散的沙性土粒受冲刷并带向下游；另一方面也使黏性土块发生分解和不断冲刷，其中粉质壤土较易冲刷，而黏土不易冲刷，在一定时段内仍覆盖在床面上。

下荆江河段的二元结构河岸中，上部黏性土层大部分属于粉质壤土或粉质黏土(低液限黏土)，含水率高，质地松散，在水流的冲刷下容易分解。因此二元结构河岸的黏性土层可以影响崩岸速度，但不能制止崩岸的发生(余文畴和卢金友，2008)。

对于黏性土体的起动，通常是颗粒间黏结力起主要作用。饶庆元(1987)根据室内试验及荆江河段原型观测资料，提出了长江黏性土起动流速的经验公式：

$$U_c = k_2 (h/d)^{0.64} \tag{5.2}$$

式中，U_c 为流速(m/s)；k_2 为综合系数，对粉质壤土取 $k_2 = 6.0 \times 10^{-4}$ m/s；h 为水深(m)；d 为黏性土粒径(m)。

同样以石首河段为例，二元结构河岸上部黏性土体的中值粒径为 0.014mm，因河岸下部沙土层相对较高,故对于上部的黏性土层,其近岸水深一般不会超过10m,此时采用式(5.2)计算的黏性土体的起动流速约为 3.3m/s。因滩面流速较小,一般情况下不可能冲动该土层,这也是二元结构河岸上部黏性土层能长期保持直立且相对稳定的原因。崩塌后的黏性土块堆积在近岸坡脚处,对近岸河床起着局部、短暂的保护作用。但随着水流的浸泡,这部分土体会逐渐发生破碎与分解,最终被水流冲走。根据 3.1.3 节可知,下荆江河段二元结构河岸上部黏性土体多为低液限黏土,平均黏粒含量仅为 21%,沙粒及粉沙含量占 79%,因此崩塌后堆积在岸边的黏性土块很容易分解,并被近岸水流带走。

5.2 上荆江河岸稳定性计算方法及其应用

上荆江河岸下部沙土层抵抗水流冲刷能力较弱,上部黏性土层的抗冲能力远大于沙土层,且厚度较大,在大部分河岸超过沙土层厚度。所以黏性土层的厚度、组成及力学特性等对崩岸强度影响较大,同时上部黏性土层的抗剪强度也是影响崩岸强度的直接因素。

现有河岸崩塌力学模式研究多侧重于分析河岸稳定性,且主要针对均质黏性土河岸。例如,黄本胜等(2002)针对黏性土河岸提出了崩岸的力学理论模式,并进行了稳定性分析。王延贵和匡尚富(2007)以河岸稳定分析为基础,推导了折线河岸初次崩塌及二次崩塌的临界崩塌高度计算公式。Xia 等(2008)对黄河下游游荡段滩岸土体组成及力学特性进行了研究,提出了滩岸崩退严重的两个重要原因。唐金武等(2012)对长江中下游不同河型、不同土体组成的河岸稳定坡比进行了分析,提出用稳定坡比作为崩岸判别指标,并以此预测了崩岸发生的位置。Osman和 Thorne(1988)从床面冲深与河岸冲刷两个方面进行分析,利用安全系数的大小来判断河岸是否崩塌。Darby 和 Thorne(1996)考虑孔隙水压力和侧向水压力等作用,建立了岸坡稳定的理论模型,并提出了相应安全系数的表达式。

以上分别从河流动力学或土力学角度分析了河岸稳定性,但这些分析中没有将近岸水动力作用与不同时期河岸土体力学特性变化相结合。实际崩岸过程既离不开近岸水流的冲刷作用,又与河岸土体组成及力学特性密切相关,因此在河岸稳定性分析中应同时考虑这两方面的影响。下面结合上荆江河岸土体组成及力学特性,提出上荆江典型二元结构河岸的稳定性计算方法,并综合考虑水流侧向冲刷作用及河道内水位变化等因素,同时结合上荆江典型断面的河岸形态,计算了不同坡脚横向冲刷宽度与退水及涨水过程中的河岸稳定性。

5.2.1 上荆江河岸稳定性计算方法

Osman 和 Thorne(1988)提出了一种黏性土河岸发生平面滑动破坏的计算模

型,将河岸崩塌分为初次崩塌和二次崩塌,初次崩塌时,河岸崩塌的边坡角度与初始河岸坡角一般不同;二次崩塌后河岸崩塌方式为平行后退,即崩塌后的边坡角度恒为一定值,基于此假设用土力学方法给出了河岸稳定性分析,但该模型忽略了孔隙水压力和侧向水压力对河岸稳定性的影响。Darby 和 Thorne(1996)改进了 Osman和Thorne(1988)提出的河岸稳定性计算模型。该模型考虑了孔隙水压力和侧向水压力作用,但没有考虑土体力学性质指标随含水率的变化。

根据上荆江河岸崩塌实际情况,结合 Osman 和 Darby 提出的黏性土河岸崩塌模型,并考虑侧向水压力对崩岸影响以及土体力学性质指标随含水率的变化,提出上荆江二元结构河岸的稳定性计算方法,如图 5.2 所示。基于 Osman 和 Thorne(1988)的平面滑动模型,考虑到水流冲刷坡脚计算的简便,同时主要是对河岸稳定性进行分析,所以上荆江河岸崩塌形式主要考虑平面滑动类型,并且认为河岸前期发生过初次崩塌,后续崩塌都属于二次崩塌,即边坡崩塌时的破坏角度恒为 β,同时滑动面通过坡脚 D。

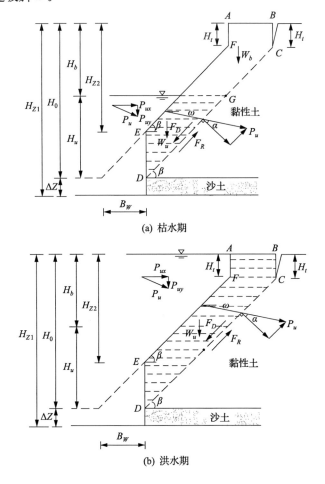

(a) 枯水期

(b) 洪水期

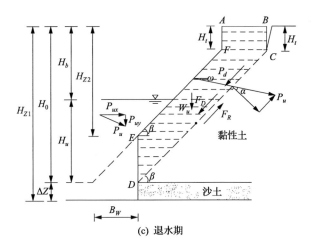

(c) 退水期

图 5.2　上荆江不同时期二元结构河岸稳定性的计算方法

令河岸初始高度为 H_{Z1}，下部非黏性土冲刷深度为 ΔZ，冲刷后河岸高度为 H_0，水面至坡顶河岸高度为 H_b，水位至黏土层底高度为 H_u，河岸拉伸裂缝（BC）深度为 H_t，冲刷转折点 E 至坡顶高度为 H_{Z2}，坡脚横向冲刷宽度为 B_W，$B_W = (H_0 - H_{Z2})/\tan\beta$，具体如图 5.2 所示。根据土力学方法，河岸崩塌分析的基本原理为：滑崩体的重量 W 是促使崩体滑动的力，简称滑动力 F_D，崩体破坏面上分布的土体抗剪应力以及水流对滑动体产生的水压力是抵抗崩体滑动的力，简称抵抗力 F_R，则河岸稳定的安全系数 F_S 可以定义为

$$F_S = F_R/F_D \tag{5.3}$$

由式（5.3）可知，$F_S > 1.0$ 河岸将处于稳定状态，$F_S < 1.0$ 河岸会发生崩塌，$F_S = 1.0$ 河岸将处于临界状态。枯水期和洪水期的水位不同以及退水期水位变化等导致滑动力 F_D 和抵抗力 F_R 计算结果不同，安全系数 F_S 也会不同，下面分别对这三种情况进行分析。

1. 枯水期 F_S 计算

枯水期水位较低，滑崩土体一部分在水面以上，一部分在水面以下。水面以上土体特性计算不考虑地下水对土体物理性质指标的影响，水面以下要考虑土体容重变化以及水压力作用（图 5.2(a)）。由于上荆江上部黏性土渗透性较小（渗透系数为 $2.9 \times 10^{-7} \sim 5.8 \times 10^{-6}$ cm/s），所以水面以下土体容重按照饱和容重计算。

抵抗力 F_R 与土体抗剪强度指标凝聚力 c 和内摩擦角 φ 以及水压力等有关，可以定义为

$$F_R = W_b\cos\beta\tan\varphi + c\overline{CG} + (W_u\cos\beta + P_u\cos\alpha)\tan\varphi_u + c_u\overline{GD} \tag{5.4}$$

滑动力 F_D 主要由土体重力引起,可以定义为

$$F_D = (W_b + W_u)\sin\beta - P_u\sin\alpha \tag{5.5}$$

式中,W_b 为地下水位以上滑崩土体单位重量,kN/m, $W_b = \gamma[H_0^2 - H_{Z2}^2 - H_u^2 + (H_{Z2} - H_b)^2]/2\tan\beta$; W_u 为地下水位以下滑崩土体单位重量,kN/m, $W_u = \gamma_{sat}[H_u^2 - (H_{Z2} - H_b)^2]/2\tan\beta$,$\gamma_{sat}$ 为地下水位以下饱和土体的容重,kN/m³; $\overline{CG}$ 为地下水位以上滑动面长度,m,$\overline{CG} = (H_b - H_t)/\sin\beta$;$\overline{GD}$ 为地下水位以下滑动面长度,m,$\overline{GD} = H_u/\sin\beta$; c,φ 分别为地下水位以上土体凝聚力及内摩擦角;c_u,φ_u 分别为地下水位以下土体凝聚力及内摩擦角;β 为崩塌破坏面与水平方向夹角; P_u 为作用在滑崩土体上总的单位水压力,kN/m,可以分解为水平方向的水压力 P_{ux} 和竖直方向的水压力 P_{uy},且有 $P_u = \sqrt{P_{ux}^2 + P_{uy}^2}$,其中 $P_{ux} = 0.5\gamma_w H_u^2$,$P_{uy} = \gamma_w(H_{Z2} - H_b)^2/2\tan\beta$,$\gamma_w$ 为水的容重,kN/m³;α 为总水压力与滑动面方向的夹角,根据图 5.2 中的几何关系可知 $\alpha = 90 - (\beta + \omega)$,其中 ω 为 P_u 与水平方向夹角,$\omega = \arctan(P_{uy}/P_{ux})$。

2. 洪水期 F_S 计算

洪水期水位较高,一般最高水位会漫过坡顶或接近坡顶,所以在洪水期认为整个河岸土体都处在水流的浸泡下(图 5.2(b)),此时 $W_b = 0$,其他参数计算为

$$F_R = (W_u\cos\beta + P_u\cos\alpha)\tan\varphi_u + c_u\overline{CD} \tag{5.6}$$
$$F_D = W_u\sin\beta - P_u\sin\alpha \tag{5.7}$$

式中,$W_u = \gamma_{sat}(H_0^2 - H_{Z2}^2)/2\tan\beta$;$P_{ux} = 0.5\gamma_w H_0^2$;$P_{uy} = \gamma_w(H_{Z2}^2 - H_t^2)/2\tan\beta$; $\overline{CD} = (H_0 - H_t)/\sin\beta$。

3. 退水期 F_S 计算

荆江河段从洪水期到枯水期水位会发生明显下降,一般 30~60 天时间可由最高洪水位退至枯水位,如荆 45 断面的水位由最高洪水位退至枯水位的平均速率为 0.18~0.36m/d。河岸上部黏性土体保水性较好,渗透系数较低。例如,根据现场取样试验结果,荆 45 断面上部黏性土的渗透系数为 0.03~0.07m/d,可见河岸上部黏土的渗透系数比退水速率小近一个数量级。所以退水后土体侧向水压力会突然消失,但上部黏土层内水体却不能及时排出,从而对土体产生孔隙水压力,降低河岸稳定性。

考虑退水时孔隙水压力作用,上荆江河岸崩塌力学模式如图 5.2(c)所示。与洪水期稳定性分析相比,此时滑动破坏面将增加孔隙水压力 P_d 作用而增加了崩塌

的危险性，P_d 方向沿着滑动面向下，P_d 的存在实际上加大了下滑力 F_D；同时由于水位退至枯水位，所以作用在滑崩土体上的水压力按照枯水期计算，即

$$F_R = (W_u \cos\beta + P_u \cos\alpha) \tan\varphi_u + c_u \overline{CD} \tag{5.8}$$

$$F_D = W_u \sin\beta - P_u \sin\alpha + P_d \tag{5.9}$$

式中，$W_u = \gamma_{sat}(H_0^2 - H_{Z2}^2)/2\tan\beta$；$P_{ux} = 0.5\gamma_w H_u^2$；$P_{uy} = \gamma_w (H_{Z2} - H_b)^2/2\tan\beta$；$\overline{CD} = (H_0 - H_t)/\sin\beta$；$P_d = \gamma_w J[(H_0 - H_t)^2 - (H_{Z2} - H_t)^2]/2\tan\beta$，$J$ 为沿滑动面方向的渗流梯度，$J = (H_0 - H_t)/\overline{CD} = \sin\beta$。

5.2.2　上荆江典型断面河岸稳定性的计算结果及分析

根据上荆江典型断面河岸形态，确定各计算断面河岸高度 H_0 以及河岸崩塌破坏面坡脚 β。河岸高度 H_0 的上界面选取比较明确，取岸坡黏土层顶面，难点在于如何选取下界面，即如何确定河岸坡脚的位置。由于河岸坡脚一般位于枯水位以下，直接观测不到，较难确定；但已知坡脚位于枯水位和深泓点或近岸深槽点之间，为此以枯水位与深泓点或近岸深槽点之间的面积均值确定下界面标准水位，并以该水位与横断面交点确定为河岸坡脚位置。崩塌破坏面坡脚 β 计算的上界面选取岸坡黏土层顶面，由于上荆江上部黏土层的底面均在枯水位以下，所以下界面选取枯水位所在位置。

以沙市荆 34 断面形态变化为例，如图 5.3 所示。图中 2009 年的荆 34 断面，黏土层顶面、枯水位、下界面标准水位的临界点分别为 A、B、C，其坐标分别为（X_A,

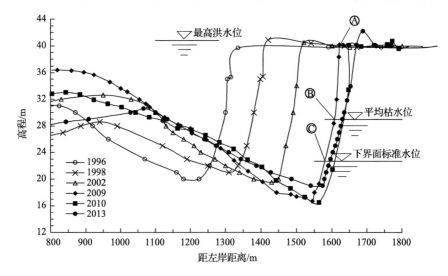

图 5.3　荆 34 断面形态的变化过程

Y_A)、(X_B,Y_B)和(X_C,Y_C),则 $H_0 = |Y_A - Y_C|$,$\beta = \arctan(|Y_A - Y_B|/|X_A - X_B|)$,其他断面也用该方法进行计算。根据上荆江典型取样断面土力学试验结果,确定该断面土体 γ、γ_{sat} 等性质指标以及 c、c_u、φ、φ_u 等强度指标。以当年 11 月份至来年 3 月份平均水位作为枯水期计算水位,以来年 4 月份至 10 月份最高洪水位作为洪水期计算水位,计算得到 2009~2010 年各计算断面对应水位如图 5.4 所示。以图中各断面计算水位以及上述确定的各力学指标值为输入参数,结合上述河岸稳定性的计算方法,即可计算出上荆江典型断面河岸稳定安全系数 F_S 值。

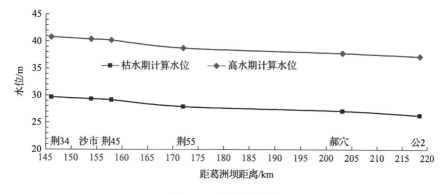

图 5.4　水位沿程变化

1. 不同坡脚横向冲刷宽度下河岸稳定性计算结果及分析

改变坡脚横向冲刷宽度 B_W,分别对上荆江各断面稳定性进行分析,得到枯水期和洪水期不同水位下河岸稳定安全系数 F_S,图 5.5 给出了荆 34 和荆 55 的计算结果。从图中可以看出,无论荆 34 还是荆 55,随着坡脚横向冲刷宽度 B_W 增大,河岸稳定安全系数逐渐减小,B_W 值越大,安全系数越小,河岸越不稳定;并且 B_W 值增大引起安全系数降低幅度也较大,充分说明了实际护岸过程中要尽可能保护坡脚,减小 B_W 值对保持河岸稳定性的重要性。

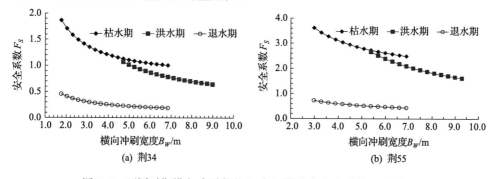

图 5.5　不同时期横向冲刷宽度 B_W 与河岸稳定安全系数 F_S 的关系

从图 5.5 中还可以看出,不同水位下安全系数明显不同,枯水期因流量较小,水流动力作用相对较弱,故坡脚横向冲刷宽度较小,安全系数较大,且大于洪水期;洪水期因流量大,近岸流速相对较大,故横向冲刷宽度较大,安全系数较小,且小于枯水期。这主要是因为不同水位对应的侧向水压力大小不同,同时不同水位下土体浸泡高度不同,即地下水位不同,从而引起土体力学性质指标变化范围不同。洪水期由于整个河岸处在水流浸泡中,土体含水率将大幅度增加,含水率增大会使土体强度指标降低,从而使滑动面上抵抗力明显减小,但同时由于洪水期水位较高,水流侧向水压力作用增大会使滑动面上抵抗力增大。所以河岸稳定安全系数取决于土体强度减小效果和侧向水压力增大效果两者的综合作用。若侧向水压力增大效果大于土体强度指标减小效果,则岸坡稳定性增大,相反则稳定性减小。根据上述计算结果,荆 34 和荆 55 断面洪水期与枯水期相比,水位上升导致土体强度指标减小效果大于侧向水压力增大效果,造成洪水期安全系数低于枯水期。

从图 5.5(a)可知,荆 34 断面在枯水期,当横向冲刷宽度 B_W 达到 6.0m 时,安全系数 F_S 为 1.04,此时河岸接近临界状态;当 B_W 值达到 7.0m 时,安全系数 F_S 小于 1.0,河岸将发生崩塌。在洪水期,当 B_W 为 5.0m 时,F_S 为 1.05,接近临界崩岸状态;当 B_W 为 6.0m 时,F_S 为 0.9,河岸将发生崩塌。说明当荆 34 断面的横向冲刷宽度达到一定程度时,无论在枯水期(B_W>7.0m)还是洪水期(B_W>6.0m)河岸均可能发生崩塌。但从图 5.5(b)可知:在荆 55 断面,随着 B_W 值逐渐增大(B_W 为 3.0～9.3m),无论在枯水期还是洪水期,安全系数 F_S 均大于 1.0(B_W=9.3m,洪水期 F_S 最小值为 1.62),说明荆 55 断面无论在枯水期还是在洪水期河岸发生崩塌可能性均较小。究其原因,主要与当地河岸形态及土体的力学性质指标有关。荆 55 断面比荆 34 断面的河岸高度小、坡度缓,同时土体密度大、土体饱和后抗剪强度指标减小幅度较小等,使得荆 55 断面的河岸稳定性比荆 34 断面大。

上述荆 34 和荆 55 断面河岸稳定性分析结果表明:一方面,当水位由枯水期上升至洪水期时,洪水期安全系数将明显低于枯水期,说明崩岸在汛期比在枯水期更容易发生;另一方面,汛期和枯水期是否会发生崩岸,与该断面河岸形态和土体力学性质指标密切相关。

2. 退水期河岸稳定性计算结果及分析

当河道内水位从最高洪水位退至枯水位时,根据式(5.8)～式(5.9)计算退水期稳定安全系数,计算结果见图 5.5。从图中可以看出,在退水期,安全系数明显低于相同条件下枯水期和洪水期,这主要因为上部黏性土体渗透系数较低,在退水较快时,土中水体来不及排出而对滑动面产生了额外渗透水压力,增大了滑动面的滑动力,而且增加幅度较大;同时可以看出,退水期荆 34 和荆 55 断面安全系数均小于 1.0,说明若在短时间内退水较快,则会造成河岸极不稳定,引起崩岸发生。

这也是实际崩岸一般在退水期较为常见的重要原因。

若退水缓慢,土体具有足够时间排水,则退水后土体力学强度指标会随着含水率的减小而变大,增加滑动面抵抗力,从而增强河岸稳定性;相反若退水迅速,土体没有足够时间排水,则一方面土的强度指标由于含水率变化不大而保持不变,另一方面土体内水会对滑动面产生渗透水压力,从而降低河岸稳定性。根据沙市(二郎矶)水文站 1998～2010 年水位年内变化情况,统计出这些年份水位从最高洪水位退至平均枯水位的平均退水速率,如图 5.6 所示。从图中可以看出,三峡水库在2003 年蓄水前后,退水速率变化较大,2004～2010 年退水速率明显高于 1998～2003 年。这说明三峡水库蓄水运用后,退水较蓄水前迅速,从而造成河岸稳定性降低,这也是三峡水库蓄水后,退水期崩岸发生频率比蓄水前变高的原因之一。

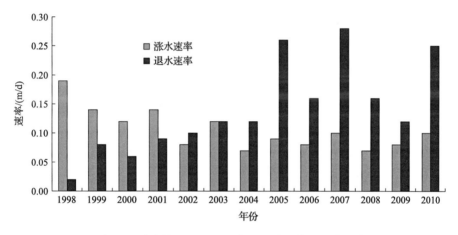

图 5.6　沙市站 1998～2010 年的涨水速率和退水速率

3. 涨水期河岸稳定性计算结果及分析

在保持岸坡初始高度 H_0、河岸坡脚横向冲刷宽度 B_w 等参数不变的前提下,仅改变河道水位大小,分别对上荆江各计算断面稳定性进行分析,并以图 5.4 中枯水期和洪水期水位为计算水位最小值和最大值,计算得到荆 34 和荆 55 河岸稳定安全系数 F_s,如图 5.7 所示。从图中可以看出,随着水位升高,河岸稳定安全系数呈先减小后增大的趋势,说明涨水对河岸稳定性有重要影响。究其原因,主要与上述侧向水压力作用效果和土体强度指标作用效果的大小有关,水位升高会使侧向水压力作用增大,从而增大滑动面上的抵抗力作用;但同时水位升高也会使原来水位以上土体抗剪强度指标由于含水率增大而降低,从而减小滑动面上的抵抗力。土体强度指标随含水率变化幅度与土体的类别、组成及性质等有关。河道内水位升高后,土体被水流浸泡达到饱和状态,含水率达到最大值,使得土体强度指标大幅度减小,从而使滑动面上的抵抗力减小效果大于侧向水压力作用效果,使河岸稳定性随水位升高而降低;但当水位升高到一定程度时,侧向水压力作用效果又会大于强度指标作用效果,从而使河岸稳定性随水位升高而增大,最终达到洪水期的安全系数值。所以河道内水位变化对河岸稳定性的影响,会随着土体强度指标随含水率变化的不同而有所不同,不同河岸土体的变化规律也会有所不同。

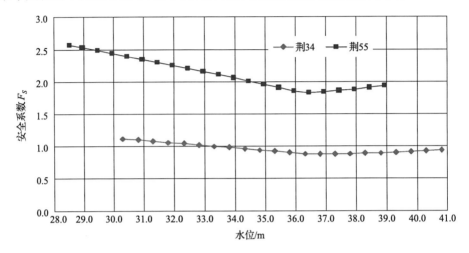

图 5.7　不同断面河道水位变化与安全系数 F_S 的关系

上述分析中,若涨水缓慢,则渗流梯度较小,产生的渗透力较小;而涨水缓慢使得洪水浸泡河岸时间较长,河岸凝聚力和内摩擦角减小幅度会较大,使得由于土体强度指标减小而使滑动面上的抵抗力减小作用效果大于侧向水压力增大作用效果,使河岸稳定性减小。相反若涨水迅速,则土体浸泡时间较短,由于其渗透性较小,所以含水率增大缓慢,强度指标减小幅度较小,此时侧向水压力增大作用效果会大于强度指标减小效果,从而使河岸稳定性增强。从图 5.6 中可以看出,三峡水库 2003 年蓄水前后涨水速率也变化较大。三峡水库蓄水以后,涨水速率明显低于蓄水前,蓄水后涨水缓慢,使得河岸稳定性降低,这也说明三峡水库蓄水后,涨水期崩岸发生频率会高于蓄水前。

根据荆江河段崩岸调查结果(荆江水文水资源勘测局,2009):三峡水库蓄水前 2001~2002 年,荆江河段共发生崩岸 38 处(年均 19 处),崩长 19.98km(年均 9.99km);蓄水后 2003~2008 年,共发生崩岸 139 处(年均 28 处),崩长 123.8km(年均 24.8km);年均崩岸次数和长度蓄水后分别为蓄水前的 1.47 和 2.48 倍。其中上荆江沙市和公安河段,蓄水后年均崩岸次数分别是蓄水前的 3 倍和 4 倍,年均长度分别是蓄水前的 5.6 倍和 9.9 倍。上述调查数据表明,三峡水库蓄水后,崩岸发生频率明显高于蓄水前,充分证明了上述结论的正确性。

5.3　下荆江河岸稳定性计算方法及其应用

下荆江由于下部沙土层较厚,上部黏土层较薄且较松散,所以河岸常见的崩塌类型为坍落(钱宁等,1987)。在长江中下游又称"条崩",其崩塌过程是当水流将下部沙土层淘空后,上部黏性土层失去支撑而发生绕轴崩塌(杨怀仁和唐日长,1999;余文畴和卢金友,2008)。下面具体分析绕轴崩塌发生时二元结构河岸稳定性的计算方法。

5.3.1　下荆江河岸稳定性计算方法

下荆江典型二元结构河岸绕轴崩塌发生的力学条件是当悬空土块的宽度超过某一临界值时,自身产生的重力矩大于黏性土层的抵抗力矩,使其绕某一中性轴产生向河槽方向的旋转运动(夏军强等,2013)。目前主要有两种方法计算悬空土块的临界宽度或河岸稳定的安全系数。Thorne 和 Tovey(1981)提出的计算方法假设在中性轴以上的抗拉应力及中性轴以下的抗压应力都服从均匀分布。Fukuoka(1994)提出的计算方法认为崩塌时在断裂面上弯曲应力服从三角形分布,但不考虑黏性土层中性轴以下部分的受压情况。

根据下荆江河段二元结构河岸抗拉强度现场测试过程(3.4 节),崩岸发生时上部黏性土层往往先出现一定深度的张拉裂隙,随着下部沙土层的淘刷,上部黏性土层的悬空部分将发生绕轴崩塌。因此 Fukuoka(1994)的计算方法忽略了张拉裂隙的存在,且没有考虑悬空土体下部分受压的力学条件,而 Thorne 和 Tovey(1981)的方法假设在崩塌断裂面上应力为均匀分布,这均与实际情况不符。

因此根据下荆江河段二元结构河岸绕轴崩塌的特点,认为崩岸发生时上部黏性土层中存在张拉裂隙,同时假设在断裂面上的抗拉应力及抗压应力均为三角形分布,绕轴崩塌的中性轴位于裂缝以下土体的受力中心,如图 5.8 所示(Xia et al.,2014c)。

根据悬臂梁平衡的力学原理,当二元结构河岸上部的黏性土层发生崩塌时,单位长度悬空土体的自重 W 引起的外力矩与断裂面上产生的抵抗力矩(抗拉与抗压力矩之和)相平衡,则

$$W \cdot B_c/2 = \frac{(H_1 - H_t)^2}{3(1+a)^2}\sigma_t + \frac{a^2(H_1 - H_t)^2}{3(1+a)^2}\sigma_c \qquad (5.10)$$

式中,B_c、H_1、γ_1 分别为黏性土层的临界悬空宽度、高度及容重;H_t 为河岸顶部张拉裂隙的深度;a 为黏性土层的抗拉应力与抗压应力之比,即 $a = \sigma_t/\sigma_c$,σ_t、σ_c 分别为土体的抗拉及抗压强度。将 $W = \gamma_1 B_c H_1$ 代入式(5.10),可得出 B_c 的计算式为

$$B_c = \sqrt{2\sigma_t H_1(1 - H_t/H_1)^2 / [3(1+a)\gamma_1]} \qquad (5.11)$$

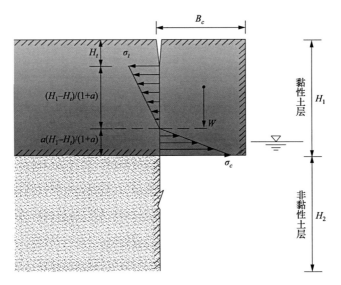

图 5.8　绕轴崩塌时悬空土块的受力分析

对于给定几何形态及土体力学特性的河岸，根据实际悬空土块宽度 B 及 B_c 的大小，可以判断黏性土层是否发生崩塌：当 $B \geqslant B_c$ 时，河岸上部的黏性土层将发生崩塌；当 $B < B_c$ 时，河岸上部的黏性土层稳定，水流可以继续冲刷非黏性土层。此处定义黏性土层稳定的安全系数 F_S 等于潜在断裂面上的抵抗力矩与悬空土体自重产生的外力矩之比，即

$$F_S = [2\sigma_t H_1 (1 - H_t/H_1)^2)]/[3(1+a)\gamma_1 B^2] \tag{5.12}$$

当 $F_S > 1$ 时，表示悬空土体稳定，河岸不发生崩塌。引入 Ajaz(1973)的试验结果，则可取黏性土层的抗拉应力与抗压应力之比 $a = 0.1$，则式(5.12)可进一步表示为

$$F_S = (0.606\sigma_t H_1)(1 - H_t/H_1)^2/(\gamma_1 B^2) \tag{5.13}$$

式(5.13)表明：对于给定几何形态的二元结构河岸，黏性土层的稳定程度仅与其抗拉应力和容重相关。

5.3.2　下荆江典型断面河岸稳定性的计算结果及分析

1. 近岸水动力条件

随着河道内流量变化及水位涨落，下荆江河段二元结构河岸的土体特性及近岸水流条件在一个水文年内表现为周期性的变化，从而使得河岸稳定性也发生周期性的变化。图 5.9 给出了荆 98 断面 2007 水文年内的水位变化过程。从图中可以看出,该水文年内最低和最高水位分别为 24.4m 和 36.1m。枯水期流量较小,平均为 4880m³/s,水位较低,平均为 24.8m;洪水期流量较大,水位较高,最高为 36.1m,远高于河岸岸顶高程 34.9m;退水期流量减小,水位降至 26.5m。

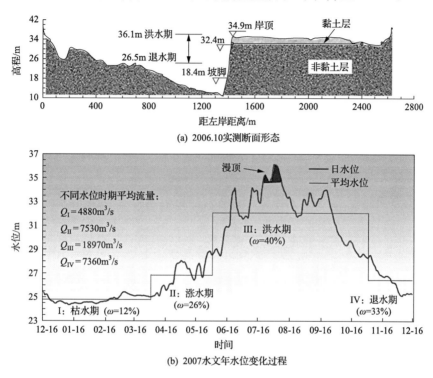

(a) 2006.10实测断面形态

(b) 2007水文年水位变化过程

图 5.9 荆 98 断面形态及水位变化过程

以荆 98 断面 2006 年汛后实测地形(图 5.9(a))为基础,结合计算的近岸水动力条件,用式(5.13)计算该断面右岸稳定性在 2007 水文年内的变化过程。荆 98 断面 2006 年汛后右岸平滩高程为 34.9m,相应黏性土层、沙土层的底部高程分别为 32.4m 及 18.4m,假设 18.4m 高程以下岸坡属于床面部分。在计算近岸水动力条件时,通过该断面的流量过程采用沙市及监利水文站插值得到,而水位过程采用上下游相邻两水位站插值得到。已知荆 98 断面流量及水位过程,由主槽及滩地糙率可计算得到比降,则整个断面的水力要素及近岸水动力条件可由谢才公式估算,如表 5.1 所示。例如,荆 98 断面计算得到的洪水期非黏性土层平均近岸水深为 6.8m,相应流速为 0.95m/s。利用同样方法,可以计算得到荆 133 断面不同水位时期水力要素,如表 5.2 所示。

2. 不同时期河岸稳定性计算

分别以下荆江荆 98 和荆 133 断面为例,应用式(5.13)对不同水位时期的河岸稳定性进行计算。为了应用式(5.13)精确计算安全系数,需要获得下荆江悬空土块宽度值。根据现场调查和测试,洪水期和退水期荆江上部黏性土体临界悬空宽度一般为0.5~0.6 m,枯水期一般为0.2~0.3m,因此,计算时不同水位时期取不同土体临界悬空宽度,枯水期、涨水期、洪水期和退水期分别为0.2m、0.3m、0.6m和0.6m。此外,计算时土体的抗拉强度则根据现场测试结果,取8个不同位置获得的黏性土体抗拉强度的平均值(σ_t＝6.0kN/m²)进行计算(3.4节)。

同时,水文年内不同时期的河道水位不同,导致地下水位也会发生变化,计算中地下水位变化主要影响土体的含水率,从而影响土体性质指标和强度指标,所以计算中不同水位时期下河岸土体的性质指标(容重)和强度指标(凝聚力和内摩擦角)均会随着地下水位变化而有所变化。

3. 荆98断面河岸稳定性计算结果

根据荆98断面2006年10月实测结果(图5.9),岸顶高程34.9m,相应黏性土层、沙土层的底部高程分别为32.4m和18.4m,表5.1给出了荆98断面右岸稳定性在2007水文年内不同时期的计算结果,各时期近岸水流条件、河床边界条件及河岸稳定性的计算结果可分述如下。

(1)在枯水期,三峡水库下泄流量相对较小,通过该断面的平均流量不到5000m³/s,故近岸流速很小,略大于沙土层的起动流速。此时尽管二元结构河岸下部沙土层存在一定的冲刷,但因近岸流速小,故冲刷较弱。同时,由于上一年度退水期崩塌后的黏性土体会堆积在坡脚位置,对坡脚有一定保护作用,在一定时期内可以有效减小坡脚冲刷。根据计算结果,若该时期坡脚横向冲刷宽度为0.2m,则计算的枯水期河岸稳定安全系数(F_S)高达11.5,故该时期为崩岸最弱阶段。

(2)在汛前涨水期流量增大,近岸流速明显增加,河床处于冲刷状态。随着河岸下部沙土层的进一步淘刷,上部黏性土层的悬空宽度(B)逐渐增大。但这一阶段近岸河床冲刷还不是很强,且上部黏性土层因含水率刚开始增加,其抗拉强度有所加强。由于B值增加,此时F_S已降到5.0。该阶段崩岸可能会发生,但仍属崩岸强度较弱阶段。

(3)在洪水期,不仅洪峰流量大,而且高水位持续时间长。汛期当上游出现较大洪水时,为减小长江中下游防洪压力,三峡水库通常进行削峰防洪调度,这会明显改变下游的流量过程,下泄流量基本控制在40000m³/s以下。因三峡水库的调蓄,2007年汛期通过荆98断面的最大流量为37000m³/s,平均流量为19000m³/s,持续高水位(超过平滩高程)的时间接近1个月。在该阶段,平均坡脚流速达到1.0m/s,远大于河岸下部沙土层的起动流速(约0.4m/s),故该时期近岸水流对河岸下部沙土层的冲刷作用最为强烈,河岸上部悬空土块的宽度会进一步增加;上部黏性土层因滩地糙率相对较大,滩地流速(一般小于0.5m/s)远小于黏性土体的起动流速,故河岸上部黏性土层在该阶段一般不发生冲刷。洪水期因河道内水位较高,对二元结构河岸的上部黏性土层有一支撑作用,用式(5.13)计算河岸稳定性时应考虑黏性土体的水下容重(取 $\gamma_1 = 18.4 - 9.8 = 8.6\text{kN/m}^3$),此时计算的 F_s 不会太大。假设悬空土块宽度 $B = 0.6\text{m}$ 时,则 $F_s = 1.9$;当 $B = 0.85\text{m}$ 时,$F_s < 1.0$。故在洪水期因近岸水动力作用强,河床冲刷较为剧烈,属崩岸较强的阶段。

(4) 汛后退水期,河道内水位急剧回落,由汛期的最高水位(36.1m)下降到 26.5m。随着水位的下降,作用于河岸的侧向水压力消失,但由于黏性土体渗透性较低(渗透系数的试验结果为 $1.4 \times 10^{-6} \sim 9.7 \times 10^{-6}\text{cm/s}$),此时河岸土体内水分来不及排出而仍处于饱和状态,故此时土体容重应为饱和容重($\gamma_1 = 18.4\ \text{kN/m}^3$);然而土体含水率由于比洪水期($\omega = 40\%$)略小($\omega = 33\%$),所以应用式(5.13)计算 F_s 时取土体容重比饱和容重略小,取为 $\gamma_1 = 18.2\ \text{kN/m}^3$。

另外,由于洪水期对河岸土体长时间的浸泡,黏性河岸土体的抗拉强度降低;同时在河道内水位下降后,土体内水位变化滞后于河道内水位变化,土体内水位将高于河道内水位,对河岸产生额外水压力;上述几方面作用都会使河岸土体失稳而发生崩岸。但由于黏性土体的渗透系数很小,渗流作用也很小,所以在下荆江河段渗流并不是诱发崩岸的主要原因。如表 5.1 所示,即使在退水期近岸河床不再冲刷,即悬空土块宽度与洪水期一样,由于上述两方面的原因也可使 F_s 小于 1。故退水期的崩岸最为严重,其为崩岸强烈阶段。该计算结果与三峡水库蓄水后下荆江河段崩岸发生时间的实际统计结果一致。

表 5.1　不同时期荆 98 断面的右岸稳定性计算结果

变量		单位	2007 水文年的不同时期			
			枯水期 (12 中旬~3 月底)	涨水期 (4 月~5 月底)	洪水期 (6 月~10 月底)	退水期 (11 月~12 月半)
平均水位		m	24.8	26.8	32.0	26.5
非黏性 土层	H	m	3.2	4.2	6.8	4.0
	U	m/s	0.50	0.64	0.95	0.63
	U_c	m/s	0.37	0.39	0.42	0.38
黏性土层	ω	%	12	15	40	33
	c	kN/m²	18.0	25.0	4.0	9.3
	φ	°	35.0	33.0	21.0	23.3
	γ_1	kN/m³	15.3	15.7	8.6	18.2
	σ_t	kN/m²	6.0	6.0	6.0	6.0
悬空土块宽度	B	m	0.2	0.3	0.6	0.6
安全系数	F_S	—	11.5	5.0	1.9	0.9

注:计算中取河岸上部黏性土层厚度 $H_1 = 2.5\text{m}$;下部沙土层厚度 $H_2 = 14.0\ \text{m}$;张拉裂隙深度 H_t 为 $0.3 \sim 0.5\text{m}$;悬空土块宽度 B 为 $0.2 \sim 0.6\text{m}$。

4. 荆 133 断面河岸稳定性计算结果

图 5.10 给出了荆 133 断面 2006 年汛后的实测地形及 2007 水文年水位变化过程。由图可知,荆 133 断面 2006 年汛后平滩高程为 33.1m,相应黏性土层、沙土层的底部高程分别为 30.1m 及 17.2m。

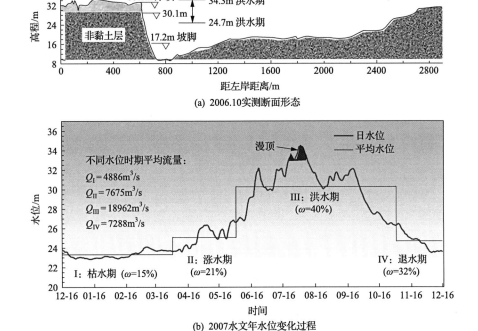

(a) 2006.10实测断面形态

(b) 2007水文年水位变化过程

图 5.10　荆 133 断面形态及水位变化过程

表 5.2 给出了荆 133 断面右岸稳定性在 2007 水文年内不同时期的计算结果,从表中可以看出以下几点。

(1) 在枯水期,尽管二元结构河岸下部沙土层存在一定的冲刷,但因近岸流速小,故冲刷较弱。枯水期计算的河岸稳定的安全系数(F_S)高达 15.1,故该时期为崩岸最弱阶段。

(2) 在汛前涨水期流量增大,近岸流速明显增加,河床处于冲刷状态。随着河岸下部沙土层的进一步淘刷,上部黏性土层的悬空宽度(B)逐渐增大。由于 B 值增加,此时 F_S 已降到 6.0。故该阶段崩岸可能会发生,但仍属崩岸强度较弱阶段。

(3) 在洪水期,由于近岸流速(0.67m/s)比沙土层起动流速(0.38m/s)大将近一倍,所以该时期近岸水流对河岸下部沙土层的冲刷作用强烈,河岸上部悬空土块的宽度进一步增加,假设悬空土块宽度 $B = 0.6\mathrm{m}$,则 $F_S = 2.2$;当 $B = 0.9\mathrm{m}$ 时,$F_S < 1.0$。故洪水期因近岸水动力作用强,河床冲刷较为剧烈,属崩岸较强的阶段。

(4) 在汛后退水期,河道内水位急剧回落,由汛期的最高水位(34.3m)下降到 24.7m,计算 F_S 时取土体容重为饱和容重($\gamma_1 = 18.0 \mathrm{~kN/m^3}$),假设悬空土块宽度 $B = 0.6\mathrm{m}$,则 $F_S = 1.1$;当 $B = 0.7\mathrm{m}$ 时,$F_S = 0.8$。如表 5.2 所示,在退水期近岸河床小幅度进一步冲刷,则会使 F_S 小于 1,河岸发生崩塌,故退水期的崩岸仍然会较严重,其为崩岸强烈阶段。

应当指出,上述关于不同时期河岸稳定性的计算结果与过去三峡水库运用前荆江河段崩岸的分析结果略有差异。以往分析结果认为洪水期崩岸最为强烈,退水期为崩岸次强烈阶段(余文畴和卢金友,2008)。三峡工程运用后,由于汛期水库采用削峰防洪调度,下泄的洪峰流量调平,减弱了近岸水流对二元结构河岸下部沙土层的冲刷,降低了洪水期的崩岸强度;另外,三峡工程运用后荆江河段的退水速率较蓄水前大(宗全利等,2014a),河岸上部黏性土体内水分不能及时排出,进一步降低了河岸的稳定性。故三峡水库运用后,下荆江河段在退水期的崩岸最为强烈。

表 5.2　不同时期荆 133 断面的左岸稳定性计算结果

参数	变量	单位	2007 水文年的不同时期			
			枯水期 (12 中旬～3 月底)	涨水期 (4 月～5 月底)	洪水期 (6 月～10 月底)	退水期 (11 月～12 月半)
平均水位		m	23.3	25.1	30.3	24.7
非黏性 土层	H	m	3.1	3.9	6.5	3.7
	U	m/s	0.54	0.66	1.03	0.67
	U_c	m/s	0.37	0.39	0.42	0.38
黏性土层	ω	%	15	21	40	32
	c	kN/m²	32.0	44.0	10.0	17
	φ	°	33.0	29.0	21.0	23.2
	γ_1	kN/m³	15.7	16.5	8.6	18.0
	σ_t	kN/m²	6.0	6.0	6.0	6.0
悬空土块宽度	B	m	0.2	0.3	0.6	0.6
安全系数	F_S	—	15.1	6.0	2.2	1.1

注:计算中取河岸上部黏性土层厚度 $H_1 = 3.0\mathrm{m}$;下部沙土层厚度 $H_2 = 12.9 \mathrm{~m}$;张拉裂隙深度 H_t 为 0.2～0.6m;悬空土块宽度 B 为 0.2～0.6m。

5.4　河道内水位变化对上荆江河岸稳定性影响的定量分析

鉴于近期上荆江局部河段崩岸发生较为频繁的现状,有必要建立岸坡稳定性模型来分析各因素对上荆江河岸稳定性的影响。如上所述,河道内水位变化是影响河岸稳定性的重要因素之一,尤其在退水期内,该因素的作用更为明显。而且三峡水库蓄水运用在一定程度上改变了上荆江河道内水位过程,使得该河段汛前涨水速率有所减小,汛后退水速率明显增加(宗全利等,2014a)。因此需要定量分析河道内水位变化,特别是退水期水位下降速率对该河段岸坡稳定性的影响。本研究以 Darby 和 Thorne(1996) 提出的黏性土河岸稳定性计算方法为基础,结合河岸一维非稳定渗流计算,建立考虑潜水位变化时河岸稳定性的计算模型。对于下荆江河岸,因上部黏性土层厚度相对较薄,潜水位变化对河岸稳定性的影响没有在上荆江河岸中那样突出。故此处仅以上荆江两个典型断面的河岸为研究对象,利用该模型计算河道内水位涨落过程中上荆江河岸稳定性的变化。

5.4.1　考虑潜水位变化的河岸稳定性计算模型

河道内水位变化会通过渗流过程引起河岸土体内部潜水位的改变,导致河岸土体的物理力学特性相应发生变化,进而影响河岸稳定性。因此需要将渗流计算与河岸稳定性计算相结合,在考虑潜水位变化的基础上,研究河道内水位变化时河岸稳定性的调整特点。此处首先对一维非稳定渗流计算进行简要介绍,包括渗流控制方程及其求解过程等;然后以 Darby 和 Thorne(1996)提出的河岸稳定性计算方法为基础,建立考虑潜水位变化的河岸稳定性计算模型。

1. 一维非稳定渗流计算

上荆江河岸土体垂向结构多为沙土及黏性土组成的二元结构,上部黏土层较厚(一般为 8~16m),下部沙土层较薄,其顶板高程一般在枯水位以下。因此沙土层一般都处于饱和状态,可以认为潜水位变化仅限于黏土层内。这样可将潜水位变化过程的计算简化为均质土体内具有自由水面的一维非稳定渗流问题来求解(顾慰慈,2000),相应控制方程为

$$\frac{\mu}{z_g}\frac{\partial z_g}{\partial t} = k\frac{\partial^2 z_g}{\partial x^2} + I \tag{5.14}$$

式中,z_g 是潜水位高程,m;k 是土的渗透系数,m/s;μ 是给水度,$\mu = 0.117\sqrt{k}$;t 是时间,s;x 是水平距离,m;I 是含水层表面入渗流量,m/s,此处暂取 $I = 0$。该控制方程求解采用以下边界条件:①河岸边缘的潜水位与河道内水位齐平;②计算范围内距离河岸边缘最远处的 $\frac{\partial z_g}{\partial x}$ 为 0。由于以往解析法求解式(5.14)仅适用于具有简单边界条件的渗流问题,所以此处采用隐式差分方法,式(5.14)可离散为

$$\frac{\mu}{z_{g,i}^{n}} \frac{z_{g,i}^{n+1} - z_{g,i}^{n}}{\Delta t} = k \frac{z_{g,i+1}^{n+1} - 2z_{g,i}^{n+1} + z_{g,i-1}^{n+1}}{\Delta x^2} + I_i^{n+1} \tag{5.15}$$

根据式(5.15)可以计算得到不同时刻的潜水位,但是无法得到孔隙水压力分布。此处采用 Rinaldi 和 Casagli(1999)的解决方法,即假设孔隙水压力沿滑动面呈线性分布。

2. 河岸稳定性计算

Osman 和 Thorne(1988)较早建立了黏性河岸稳定性计算模型,并将河岸崩退过程分为初次崩塌及二次崩塌,但该模型不考虑河道侧向水压力及孔隙水压力的作用。Darby 和 Thorne(1996)在改进后的河岸稳定性计算模型中考虑了这两个力的作用,但忽略了基质吸力的影响。基质吸力是描述非饱和土体力学特性的参数,能通过影响土体含水率而改变其抗剪强度。后者是维持河岸稳定的重要参数,故在分析河岸稳定性时需要考虑基质吸力的影响。

在 Darby 和 Thorne(1996)的河岸稳定性计算模型基础上,考虑基质吸力的作用,分析上荆江河段的河岸稳定性。若考虑上荆江河岸的崩塌形式为平面滑动,且河岸前期已发生过初次崩塌,则后续崩塌属于二次崩塌(即平行后退),滑动面通过坡脚(图 5.11)。河岸稳定性可由安全系数 F_S 来定义,此处取该临界值为 1.0。

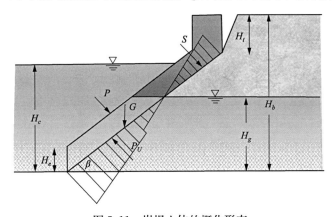

图 5.11　崩塌土体的概化形态

滑动力 F_D 主要由重力的下滑分力组成,但也包括河道侧向水压力和孔隙水压力的分量,可表示为

$$F_D = G\sin\beta + P_V\cos\beta - P\sin\alpha \tag{5.16}$$

式中,G 为滑动土体的重力,kN/m;P_V 为作用在拉伸裂缝面上的孔隙水压力,kN/m;P 为河道侧向水压力,kN/m;β 为岸坡角度,(°);α 为 P 与滑动面法线方向的夹角,(°)。

抗滑力 F_R 是土体黏聚力、内摩擦角以及滑动面法向合力的函数,可表示为

$$F_R = c'L + S\tan\phi^b + (N-U)\tan\phi' \tag{5.17}$$

式中, c' 为有效黏聚力, kN/m^2; ϕ' 为有效内摩擦角,(°); $\tan\phi^b$ 为抗剪强度随基质吸力增加的速率; L 为滑动面的长度,m, $L = (H_b - H_t)/\sin\beta$,其中 H_b 为河岸高度,m, H_t 为拉伸裂缝深度,m; S 为总基质吸力,kN/m; N 为滑动面法线方向的总压力,kN/m, $N = (G+P)\cos\beta$; U 为滑动面法线方向的总上举力,kN/m, $U = P_U + P_V\sin\beta$,其中 P_U 为作用在滑动面上的孔隙水压力,kN/m。

1) 重力计算

潜水位以上、以下的土体容重分别按天然容重与饱和容重进行计算,重力 G 可表示为

$$G = \frac{\gamma(H_b - H_g)H_e + \gamma_{sat}\left[(H_g - H_e)H_e + 0.5H_e{}^2\right]}{\tan\beta} \tag{5.18}$$

式中, γ 为天然容重, kN/m^3; γ_{sat} 为饱和容重, kN/m^3; H_g 为以坡脚所在水平面为基准面时地下水的水深,m; H_e 为坡脚冲刷高度,m,与相应的坡脚冲刷宽度有关。

2) 孔隙水压力计算

河岸土体内任意点的孔隙水压力 u_w (kN/m^2)为

$$u_w = \gamma_w(h_w + h') \tag{5.19}$$

式中, γ_w 为水的容重, kN/m^3; h_w 为地下水头,m; h' 为地面水头,m。

将 u_w 沿潜水位以下滑动面积分可得孔隙水压力 P_U。当潜水位低于拉伸裂缝底部时,拉伸裂缝上的孔隙水压力 P_V 为零;反之将 u_w 沿拉伸裂缝积分可得 P_V。 P_U 与 P_V 的具体表达式为

$$P_U = \sum_0^{L^{low}} u_w dl^{low}, P_V = \sum_0^{L'} u_w dl' \tag{5.20}$$

式中, L^{low} 是潜水位以下滑动面的长度,m; L' 是有孔隙水压力作用的拉伸裂缝长度,m。

3) 基质吸力计算

非饱和土体内任意点的基质吸力 s (kN/m^2)为

$$s = u_a - u_w \tag{5.21}$$

式中, u_a 为孔隙气压, kN/m^2,计算中认为 u_a 与相对大气压相同,即取 $u_a = 0$。将 s 沿潜水位以上的滑动面积分便可得到总基质吸力 S,即 $S = \sum_0^{L^{up}} s dl^{up}$, L^{up} 是潜水位以上滑动面长度,m。

4）河道侧向水压力计算

$$P = \sqrt{P_x^2 + P_y^2} \tag{5.22}$$

式中，P 为河道水压力，kN/m；P_x、P_y 为 P 沿 x、y 方向的分量，kN/m。

5.4.2　河道及地下水位共同作用时上荆江河岸稳定性变化

在此简要介绍上荆江河段概况、河岸土体特性及近期崩岸特点。然后以荆 34 及公 2 断面为例，利用上述模型计算 2009 年实测河道水位过程下各断面的河岸稳定安全系数，并研究其变化规律。同时分析了河岸稳定性计算结果对模型中关键参数的敏感性。

1. 上荆江河段概况及河岸土体特性

上荆江河段为微弯分汊型河道，由江口、沙市、公安等 6 个弯曲段组成，该河段江口以下河道位于冲积平原，两岸为二元结构河岸。下部非黏性土层主要由中值粒径为 0.06～0.14mm 的细沙组成，上部黏性土层主要由低液限黏土、粉土及壤土组成（宗全利等，2014a），中值粒径介于 0.008～0.050mm。部分断面河岸上部黏性土层中又呈现出粉土、黏土相互交错的分层结构，但粉土层厚度通常较小，如荆 34 断面右侧河岸的粉土层厚度仅占上部黏性土层总厚度（约 17.6m）的 3％；其他断面河岸上部黏性土体的组成则较为均匀，如公 2 断面左侧河岸主要由低液限黏土组成。

上荆江河岸上、下层土体的组成不同，使得其力学特性也存在明显差异：下部非黏性土体抗冲性弱，起动流速不超过 0.5m/s（夏军强等，2013）；上部黏性土体抗冲性相对较强，起动拖曳力介于 0.2～0.5N/m²。河岸稳定性与上部黏性土体的抗剪强度（通常用黏聚力和内摩擦角表示）密切相关。根据剪切实验结果，上荆江河段黏性河岸土体的黏聚力和内摩擦角分别介于 11.6～27.3kN/m² 及 15.0°～31.0°；而且这两个参数的大小均与含水率有关。随含水率的增加，黏聚力呈先增后减的趋势，内摩擦角呈单向减小的趋势。因此，上荆江河岸黏性土体的抗剪强度在一个水文周期内将随含水率而变化，通常在枯水期较大，洪峰期和退水期较小。

2. 典型河岸稳定性计算的参数选取

计算所需参数包括河岸形态及土体力学参数，前者可由实测断面地形确定，后者来自土工实验资料（表 5.3），本研究以荆 34 断面右侧河岸和公 2 断面左侧河岸为例来研究典型岸坡的稳定性变化。荆 34 断面位于沙市水文站上游 7.9km 处，河道内有江心洲，使得其断面形态为"W"型，平滩河槽宽度在 1.4～1.6km。如图 5.12(a)所示，该断面右侧河岸较高，黏土层顶部高程为 40.4m，而深槽最低高程仅 18m。公 2 断面位于沙市水文站下游 64.6km 处，断面形态为偏"V"型，平滩河槽宽度约 1.2km。该断面深槽靠近左岸，且最低点高程约 11m，而左侧河岸的黏土层顶部高程为 36.9m，如图 5.12(b)所示。

表 5.3　荆 34、公 2 断面土体参数

断面	天然容重 $\gamma/(kN/m^3)$	饱和容重 $\gamma_{sat}/(kN/m^3)$	渗透系数 $k/(cm/s)$	实验值		有效值		
				c/kPa	$\varphi/(°)$	c'/kPa	$\varphi'/(°)$	Φ_b
荆 34	18.46	18.85	$0.90×10^{-4}$	8.8	27.9	6.2	25.1	15
公 2	18.09	18.38	$0.58×10^{-5}$	11.6	28.6	8.1	25.74	15

注：表中有效凝聚力 c' 为实验值的 0.7 倍；有效内摩擦角 φ' 为实验值的 0.9（冉冉和刘艳峰，2011）。

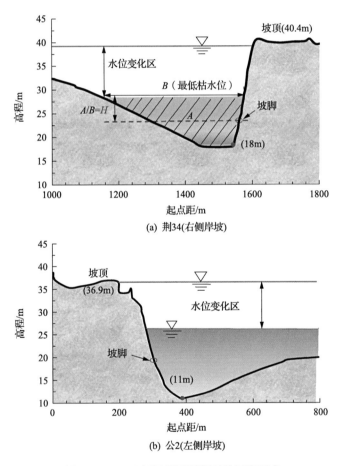

(a) 荆34(右侧岸坡)

(b) 公2(左侧岸坡)

图 5.12　2008 年汛后不同断面的河岸形态

此处以荆 34 断面 2008 年 10 月实测地形为例，说明河岸形态参数的确定过程。首先需要确定河岸的坡顶及坡脚。坡顶选取较为明确，一般取黏土层顶面；坡脚位置通常位于枯水位以下，不易观测。故本研究采用宗全利等(2014a)提出的确

定方法,即坡脚由最低枯水位与近岸河槽形态共同决定。如图 5.12(a)所示,枯水位以下近岸河槽面积 A 与水面宽度 B 的比值作为枯水位时的平均水深 H,而将枯水位降低 H 高度后所在平面与河岸交点作为坡脚。H_b 与 β 分别为坡顶到坡脚的垂直距离和平均坡度。此外暂不考虑坡脚冲刷的具体过程,故在计算中假设坡脚横向冲刷宽度为 5m,从而可得相应河岸冲刷高度 H_e。

3. 2009 年实测水位下典型断面的河岸稳定性变化

三峡水库蓄水运用后,荆江段河道内水位变化过程发生调整:蓄水前通常 10 月份开始退水,而蓄水后提前到 9 月份。图 5.13(a)和图 5.13(b)分别给出了荆 34 及公 2 断面 2009 年河道内水位从涨水期初到退水期末的变化过程。荆 34 断面位于陈家湾水位站与沙市水文站之间,故其水位过程可利用这两站实测水位过程插值求出。公 2 断面处设有新厂水位站,该断面水位直接采用新厂站实测资料。从

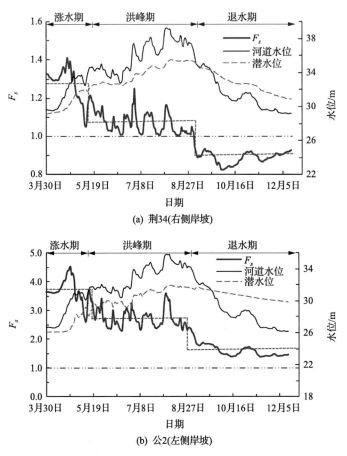

(a) 荆34(右侧岸坡)

(b) 公2(左侧岸坡)

图 5.13　河道水位、潜水位水位和安全系数 F_S 的变化过程

图 5.13(b)中可以看出,新厂站河道内水位在 2009 年 4 月初由 26.66m 开始上涨,大约在 5 月中旬进入洪峰期,期间最高水位达 35.80m;9 月初到 10 月中旬,水位由 34.25m 迅速回落到 28.00m;到 12 月中旬退水期结束时水位仅 26.22m。

　　已知荆 34 及公 2 断面在 2009 年涨水前的河岸形态,结合这两断面 2009 年河道内水位变化过程,可以采用一维非稳定渗流模型确定相应河岸土体内潜水位的变化过程,然后利用建立的河岸稳定性分析模型计算河岸稳定安全系数 F_S 的变化过程。渗流计算结果表明:对滑动土体,因其直接受河道水位影响,故其内部潜水位变化相对较快。本研究在计算河岸稳定安全系数时采用滑动土体内潜水位的平均值。

　　图 5.13(a)和(b)分别给出了荆 34 断面右侧河岸、公 2 断面左侧河岸的潜水位变化及河岸稳定安全系数 F_S 的调整过程,按不同时期分述如下。

　　(1) 在涨水期,河道内水位上涨,侧向水压力增加;潜水位逐渐上升,但仍相对较低,使得孔隙水压力较小,基质吸力较大,故河岸稳定程度较高,发生崩岸的概率较小。这两河岸的平均稳定安全系数 $\bar{F}_S$ 分别为 1.27 和 3.70。

　　(2) 在洪峰期,河道内水位时涨时落,侧向水压力随之波动;潜水位继续上升,并达到一定高度,使得孔隙水压力较大,基质吸力较小。从总体上看,该时期河岸稳定性与涨水期相比有所降低,两岸坡的 $\bar{F}_S$ 值分别降到 1.07 和 2.70。河岸稳定安全系数呈时升时降的调整特点,尤其是河道内水位迅速下降时,F_S 随之降低,其中荆 34 断面右岸 F_S 下降到仅略大于 1.0,此时可认为河岸已发生崩塌。

　　(3) 在退水期,潜水位逐渐降低,但滞后于河道内水位,使得孔隙水压力较大,基质吸力较小,而河道侧向水压力逐渐消失,导致河岸稳定性进一步降低。两岸坡的 $\bar{F}_S$ 值分别降到 0.89、1.60,最小稳定安全系数 $F_S^{\min}$ 分别为 0.83 及 1.39。因此可以认为该时期荆 34 断面右侧河岸已发生崩塌,而公 2 断面左侧河岸发生崩塌的可能性较小。此外荆 34 断面右侧河岸在退水期末 F_S 略有增加(图 5.13(a)),其原因在于:该河岸土体的渗透系数较大(表 5.3),滑动土体内潜水位变化较快,故在退水期末河道内水位变化较小时,潜水位下降仍较快,从而增强了河岸稳定性。

　　上述计算结果表明:在假定河岸形态不变的条件下(即坡脚冲刷宽度不变),上荆江典型断面河岸在退水期稳定安全系数最小,极易发生崩塌;而在洪峰期,当某时段内水位迅速下降时,也易发生崩岸。荆 34 断面右侧河岸在洪水期水位突然下降时,F_S 接近临界值 1.0,到退水期初 F_S 小于 1.0,即存在崩岸现象;公 2 断面左侧河岸的稳定性在洪峰期及退水期均有所降低,但 F_S 大于 1,故发生崩岸的可能性不大。根据上荆江历年汛后实测地形,荆 34 断面右岸在 2009 水文年内崩退 20 多米,公 2 断面左岸未有明显崩退现象,故本研究计算结果与实际情况较为符合。

应当指出,上述计算中仅考虑了河道内水位变化对河岸稳定性的影响,未考虑真实的坡脚冲刷过程,而实际情况下洪峰期坡脚受水流冲刷较为剧烈,容易导致崩岸发生。

4. 关键参数的敏感性分析

潜水位计算模型中渗透系数 k 是决定潜水位高低的关键参数,而河岸稳定性计算模型的重要参数包括有效黏聚力 c' 和有效内摩擦角 Φ'。此处依据实测资料,分析当这些参数在一定范围内变动时河岸稳定性的变化趋势。

渗透系数 k 的改变会引起两方面的变化。以 k 值增大为例,首先会导致涨水期及洪峰期内潜水位增幅加大,使得退水开始时潜水位较高;其次会增加退水期潜水位的下降速率。前者不利于河岸稳定,而后者相反,故河岸稳定性的变化趋势将取决于这两方面的共同影响。表 5.4 给出了在实测 k 值增减 50% 后,荆 34 及公 2 断面河岸不同时段内的平均稳定安全系数 $\bar{F}_S$。由表 5.4 可知, k 值在一定范围内变化时,稳定安全系数的变化幅度($\Delta \bar{F}_S$)较小,最大值仅 0.21。涨水期和洪峰期内, $\bar{F}_S$ 均随 k 增大而减小;而退水期内,不同断面 $\bar{F}_S$ 的变化有所不同,其中荆 34 断面 $\bar{F}_S$ 随 k 值增大而减小,而公 2 断面先增后减。表明由于 k 值的增加,荆 34 断面退水开始时潜水位的升高对其退水期河岸稳定性的影响较大;公 2 断面退水期河岸稳定性在 k 值仍较小时受潜水位下降速率增加的影响较大,而当 k 增长到一定值时,转为受退水开始时潜水位升高的影响较大。

表 5.4　不同渗透系数时各时段内的平均稳定安全系数

荆 34 断面河岸安全系数				公 2 断面河岸安全系数			
k/(cm/s)	涨水期	洪峰期	退水期	k/(cm/s)	涨水期	洪峰期	退水期
0.45×10^{-4}	1.31	1.12	0.91	0.29×10^{-5}	3.73	2.77	1.39
0.90×10^{-4}	1.27	1.07	0.89	0.58×10^{-5}	3.69	2.72	1.60
1.35×10^{-4}	1.25	1.04	0.86	0.87×10^{-5}	3.66	2.68	1.52

有效黏聚力 c' 和有效内摩擦角 φ' 的增加将加大河岸土体的抗剪强度,故河岸稳定性随着这两参数值的增大而增加。参数敏感性计算结果表明,当 c' 在增减 50% 后(以表 5.3 中的取值为基准),各时段的 $\Delta \bar{F}_S$ 在荆 34 断面小于 0.1,在公 2 断面小于 0.23。本次室内土工试验资料结果表明:两断面河岸土体内摩擦角的变化幅度不超过 10°,故取 φ' 在增减 5° 范围内变化(同样以表 5.3 中取值为基准),则 $\Delta \bar{F}_S$ 在荆 34 断面小于 0.23,在公 2 断面小于 0.58。此外,上述参数发生变动时,荆 34 断面退水期 $\bar{F}_S$ 的最大值仅略大于 1.0(为 1.06),且发生在 φ' 增加到 30.1° 时;公 2

断面退水期 $\overline{F}_S$ 最小值为 1.20。因此当模型中渗透系数、有效黏聚力及内摩擦角在一定范围内变动时，荆 34 断面河岸仍极易发生崩塌，而公 2 断面河岸仍维持稳定。

5.4.3　不同河道内水位升降速率对上荆江河岸稳定性的影响

不同的河道内水位升降速率会影响潜水位的变化，改变河岸滑动土体的物理力学性质及受力条件，从而影响河岸稳定性。本研究以荆 34 断面右侧河岸为例，计算了不同河道水位过程下该断面河岸稳定安全系数的变化过程，分析河道内水位升降速率对河岸稳定性的具体影响。

假设河道内水位变化过程可分为涨水、恒定及退水 3 个阶段；最高和最低水位分别为 25m 和 35m(图 5.14)。由于河道内涨水速率及退水速率对河岸稳定性的影响程度不同，所以本研究分别对这两种情况进行研究。

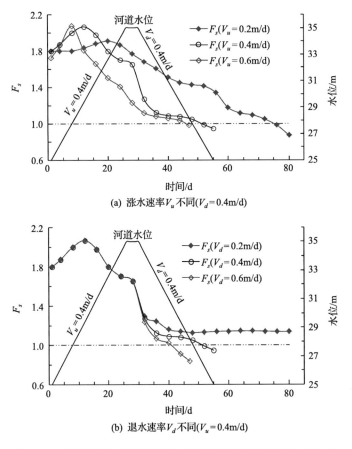

(a) 涨水速率 V_u 不同$(V_d=0.4\mathrm{m/d})$

(b) 退水速率 V_d 不同$(V_u=0.4\mathrm{m/d})$

图 5.14　不同河道水位过程下荆 34 断面右侧河岸的安全系数 F_S

图 5.14(a)和图 5.14(b)分别给出了荆 34 断面当涨水速率 V_u 不同和退水速

率 V_d 不同时河岸稳定安全系数 F_S 的调整过程。从图中可以看出:河岸稳定最大稳定安全系数 F_S^{max} 出现在涨水期,且发生在最高水位之前。这与潜水位和河道内水位的差值在该时刻达到最大值有关。当河道涨水速率增加时,F_S 变大;而退水速率增加时,F_S 变小。如图 5.14(a)所示,当 V_d 不变,V_u 分别为 0.2m/d、0.4m/d 和 0.6m/d 时,F_S^{max} 分别为 1.90、2.06 及 2.07,而 F_S^{min} 分别为 0.87、0.94、及 0.98 时,F_S^{max} 和 F_S^{min} 均随涨水速率增加而增大。从图 5.14(b)中可知,当 V_u 不变,V_d 分别为 0.2m/d、0.4m/d 和 0.6m/d 时,F_S^{min} 分别为 1.14、0.95 及 0.84,表现为随退水速率增加而减小的趋势。

上述计算表明,河道涨水过程变缓或退水过程加快均不利于河岸稳定,但由于退水阶段河岸稳定性低,所以后者更易加剧崩岸的发生。自 2003 年三峡水库蓄水后,上荆江河段崩岸加剧,其中沙市段崩岸频率及年均崩岸长度分别是蓄水前的 3 倍、4 倍(荆江水文水资源勘测局,2008)。尽管蓄水后上荆江河段来沙量减少,河床冲刷加剧是造成其崩岸频繁发生的主要原因,但该河段退水速率明显增加,也是导致退水期河岸崩退较为剧烈的重要因素(宗全利等,2014a)。

5.4.4 三峡水库运用后上荆江河岸稳定性变化特点

采用一维非稳定渗流计算与黏性河岸的河岸稳定性计算相结合的方法,构建了考虑潜水位变化的河岸稳定性计算模型。采用该模型计算了上荆江典型断面(荆 34 与公 2)河岸在 2009 年实测河道水位过程下河岸稳定的安全系数,并分析了不同时期河岸稳定性的调整特点;此外,还利用该模型计算了不同河道水位升降速率下河岸稳定安全系数变化。本研究得出如下结论。

(1) 在仅分析河道内水位变化对河岸稳定影响的前提下,即在计算中假定河岸形态不变,则涨水期内的河岸稳定性较高,洪峰期内次之,而退水期内最低(最易发生崩岸)。

(2) 在 2009 年实测河道水位过程中,上荆江荆 34 断面的右侧河岸在退水期内的平均安全系数小于 1.0,会发生崩塌;公 2 断面左侧河岸的最小安全系数大于1.0,不会发生崩塌。该计算结果与实际情况较为符合。

(3) 河道内水位不同升降速率对河岸稳定有影响。涨水速率的减小或是退水速率的增加将会降低河岸的稳定性,反之则增强河岸稳定性;三峡工程运用后,上荆江河段崩岸现象加剧一定程度上与工程运用后荆江河道退水过程加快密切相关。

5.5 本 章 小 结

结合上、下荆江河岸实际崩塌特点,根据崩岸过程概化水槽试验结果,分别提出了上、下荆江二元结构河岸稳定性的计算方法,并结合典型断面对不同时期的河岸稳定安全系数进行了计算,得到了河岸稳定性在一个水文年内的变化过程等,主要研究结论如下。

(1) 综合考虑水流冲刷作用、河道水位和地下水位变化以及河岸土体物理力学特性变化等条件,提出了上荆江河岸不同水位时期下河岸稳定性计算方法,并对不同条件下的河岸稳定安全系数进行了计算。结果表明,枯水期河岸稳定性较好,在横向冲刷宽度达到一定程度时,洪水期安全系数一般小于枯水期,说明崩岸在汛期比在枯水期更容易发生;退水期安全系数明显低于相同条件下枯水期和洪水期,这也是实际中崩岸在退水期发生频率较高的重要原因之一。

(2) 考虑上部黏性土层中张拉裂隙的存在以及断裂面上的抗拉和抗压应力均为三角形分布,提出了下荆江二元结构河岸绕轴崩塌发生的力学条件;并以河岸土体力学性能试验及近岸水动力条件计算结果为基础,计算了下荆江河岸稳定性在一个水文年内的变化过程,结果表明洪水期及退水期河岸稳定性很小,但退水期河岸稳定性最小,崩岸最为强烈,这与三峡水库蓄水后下泄的洪峰流量调平及汛后退水期退水速率较蓄水前大等有关。

(3) 将一维非稳定渗流模型及黏性土河岸稳定性计算模型相结合,构建了考虑地下潜水位变化的河岸稳定性计算模型。采用该模型对上荆江荆 34 和公 2 断面的河岸稳定安全系数进行了计算,结果表明:涨水期河岸稳定性较高,洪峰期有所降低,退水期更低。此外,计算了不同河道内水位变化速率下河岸稳定安全系数,结果表明:当涨水速率增加时,河岸稳定性略有增强;当退水速率增加时,河岸稳定性降低越快且越小。由此可知,三峡水库蓄水后,退水加快是导致上荆江河段崩岸加剧的重要原因之一。

第6章 二元结构河岸崩退过程的概化数值模拟

以荆江二元结构河岸土体特性分析与河岸崩退过程的概化水槽试验结果为基础,综合考虑坡脚冲刷、地下水位变化及崩塌后土体的堆积形式等因素,采用改进后的 BSTEM(bank stability and toe erosion model)对上、下荆江典型断面二元结构河岸的崩退过程进行了概化模拟,同时计算了这些典型断面河岸在不同水位下河岸稳定安全系数的变化过程。计算结果表明:无论上荆江还是下荆江,枯水期和涨水期河岸稳定程度较高,其为崩岸较弱阶段;洪水期和退水期河岸稳定性较低,并伴随持续崩塌,属崩岸强烈阶段。此外,结合模拟结果还定量分析了坡脚冲刷和地下水位变化等因素对河岸崩退过程的影响,得出这两个因素分别是引起洪水期和退水期崩岸强度较大的重要原因。因此,在模拟二元结构河岸崩退过程时,必须同时考虑坡脚冲刷、地下水位变化以及崩塌后土体部分堆积于坡脚等因素的影响。

6.1 崩岸过程的概化数学模型

由美国国家泥沙实验室建立的崩岸过程概化数学模型,包括河岸稳定和坡脚冲刷两个计算模块,简称 BSTEM。该模型在计算河岸稳定安全系数时,可以同时考虑坡脚冲刷及河岸土体不同组成等因素。但 BSTEM 在计算坡脚冲刷时,假定所有崩塌土体能被近岸水流立刻冲走而没有堆积在坡脚,而实际河岸崩塌后一部分土体会在坡脚处形成局部堆积,对覆盖的近岸河床起着掩护作用(余文畴和卢金友,2008)。本书研究(4.4 节)的崩岸概化水槽试验结果也表明:二元结构河岸黏性土层崩塌后将暂时堆积在坡脚处的河床上,对近岸河床起着一定的掩护作用,这表明 BSTEM 的这种计算假设与实际情况不符。

为此本章将选取荆江河段典型二元结构河岸(上荆江沙市段荆 34 断面和下荆江石首段荆 98 断面),同时考虑坡脚冲刷、地下水位变化以及崩塌后土体在坡脚的局部堆积等因素,采用改进后的 BSTEM 对典型二元结构河岸的崩退过程进行概化数值模拟。

6.1.1 河岸稳定性计算模块

BSTEM 基于 EXCEL 宏命令运行,目前最新版本是 BSTEM5.4(USDA,2014)。该模型主要由两个不同模块组成:河岸稳定性计算模块(bank stability module,BSM)和坡脚冲刷计算模块(toe erosion module,TEM)。BSM 主要基于极限平衡法计算边坡最小安全系数,分析河岸稳定性;TEM用来计算坡脚横向冲刷速率及冲刷量,并研究坡脚冲刷可能对河岸稳定性带来的影响,为制定河岸及坡脚防护措施提供理论依据。

BSTEM 主要采用三种极限平衡法(水平层法、垂直切片法及悬臂剪切崩塌法)计算河岸稳定性,即边坡最小安全系数。模型首先通过输入边坡形态(input geometry)参数运行宏命令生成河岸剖面,然后结合河岸土体(bank material)组成特征参数、植被覆盖(bank vegetation and Protection)、地下水位(water table)及孔隙水压力(pore pressure)等计算得到河岸稳定安全系数 F_S。

水平层法可将河岸土体最多分为 5 层,如图 6.1 所示,每层均可定义土体的物理力学性质指标。安全系数 F_S 的计算公式为

$$F_S = \frac{\sum\limits_{i=1}^{i_{max}} (c'_i L_i + (\mu_{ai} - \mu_{ui}) L_i \tan\phi_i^b + [W_i \cos\beta - \mu_{ai} L_i + P_i \cos(\alpha - \beta)] \tan\phi'_i)}{\sum\limits_{i=1}^{i_{max}} (W_i \sin\beta - P_i \sin[\alpha - \beta])}$$

(6.1)

式中,L_i 为第 i 层土体中崩塌破坏面长度,m;u_{ai} 为土体孔隙气压力,kN/m²,u_{ui} 为土体孔隙水压力,kN/m²;P_i 为由外界水流施加给土体的静水压力,kN/m²;W_i 为土体单位重量,kN/m;c'_i 为土体有效凝聚力,kN/m²;ϕ'_i 为土体有效内摩擦角,(°);ϕ_i^b 为土体表观凝聚力随基质吸力增加而增加的快慢程度,(°);α 为河岸坡度,(°);β 为崩塌面角度,(°);i_{max} 为河岸崩塌体总层数。

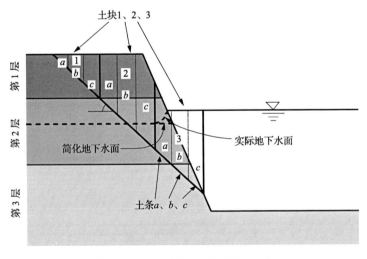

图 6.1　河岸水平和垂直土层划分

　　垂直切片法通过 CONCEPTS 模型发展而来(Langendoen,2000),将水平层法中分为 5 层的河岸崩塌体又分为相同数目的土块,为了提高计算精度,将每个土块又分成 3 个土条(图 6.1),最后 F_s 的精确值需要通过 4 次迭代得到,计算公式为

$$F_s = \frac{\cos\beta\sum\limits_{i=1}^{i_{max}}(c'_iL_i + (\mu_{ai} - \mu_{ui})L_i\tan\phi_i^b + [N_i - \mu_{ai}L_i]\tan\varphi'_i)}{\sin\beta\sum\limits_{i=1}^{i_{max}}(N_i) - P_i} \quad (6.2)$$

式中,N_i 为作用在第 i 个土块的单位法向作用力,kN/m。

6.1.2　坡脚冲刷计算模块

　　作用在河岸土体的水流切应力,主要通过式(6.3)计算得到,即

$$\tau_f = \gamma_w R J \quad (6.3)$$

式中,τ_f 为水流切应力,N/m²;γ_w 为水的容重,9807N/m³;R 为水力半径,m;J 为水面比降。

　　河岸横向冲刷宽度与冲刷系数、冲刷时间以及水流切应力与土体起动切应力之差有关,计算公式为

$$E = k_d \Delta t (\tau_f - \tau_c) \quad (6.4)$$

式中,E 为河岸横向冲刷宽度,m;k_d 为冲刷系数,m³/(N·s);Δt 为时间,s;τ_c 为河岸土体的起动切应力,N/m²,一般通过土体冲刷试验获得,或根据粒径大小按照经验公式计算得到,实际计算中,按照 3.2.2 节的试验结果进行取值。

6.1.3　模型运行步骤

　　BSTEM 运行具体步骤,如图 6.2 所示,包括河岸形态输入、运行 TEM、生成新的河岸形态、运行 BSM、计算河岸 F_s 值等。该模型运行的具体步骤如下。

　　(1) 输入初始河岸形态、各土层厚度、河岸计算长度(假设单位长度 1m)、水面坡降、河道水位高程、水流持续时间以及每层土体的物理力学性质指标和相应起动切应力 τ_c、冲刷系数 k 等参数,运行 TEM 计算坡脚冲刷的土体体积,并输出坡脚冲刷后新的河岸形态。

　　(2) 在输出新河岸形态的基础上,输入河岸地下水位高程,运行 BSM,计算河岸 F_s 值,可分如下三种情况。

　　① 若 $F_s > 1.3$,则说明河岸稳定,河岸边坡形态不会改变,直接进入下一个时段计算,如图 6.3(a)所示。

　　② 若 $F_s < 1.0$,则说明河岸不稳定,会发生崩塌,此时需要输出河岸边坡的新

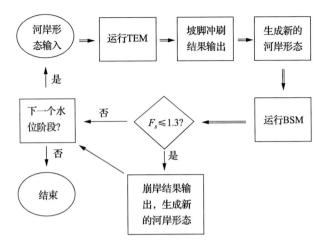

图 6.2　BSTEM 运行的具体步骤

形态,并以此为基础进入下一时段计算,如图 6.3(b)所示。

　　③ 若 $1.0 \leqslant F_s \leqslant 1.3$,则说明河岸为条件稳定,此时河岸仍存在发生崩塌的可能性。考虑到实际河道水位变化及近岸水动力学条件等因素对河岸不稳定性的影响,该条件下发生崩岸的可能性仍比较大,因此在此认为该条件下河岸也会发生崩塌。

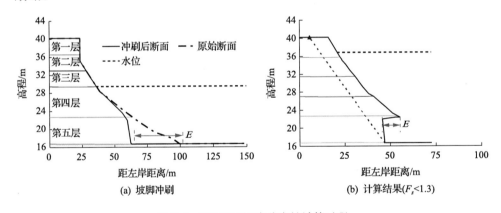

图 6.3　BSTEM 河岸稳定性计算过程

6.2　上荆江典型断面河岸崩退过程的概化模拟

　　崩岸过程的概化模拟通常以水文年为计算周期,分别运行 BSTEM 的 TEM 和 BSM,即可计算出不同水位及近岸水动力条件下的河岸稳定安全系数,就可以对河岸是否崩塌进行判断。若河岸稳定,则河岸边坡形态不会改变,直接进入下一个时段计算;若河岸发生崩塌,则此时会得到河岸崩塌后新的河岸形态,并以此作为初始岸坡进入下一时段计算。这样就可以获得一个水文年内不同时段的岸坡形态变化过程,从而对典型断面的河岸崩退过程进行模拟。

6.2.1　上荆江崩岸计算条件

1. 河岸土体分层及边坡形态

根据 3.1 节的试验结果,得到相应土体物理及力学性质指标,用于河岸崩退过程模拟的数据输入资料。根据 BSTEM 输入要求,河岸计算土层最多可划分为 5层,划分原则一般将不同土层分界面作为分层面,由于枯水位以下土体长期处于饱和状态,与上部土体的物理及力学指标不同,所以枯水位所在位置自然也为分层面。由于地下水面以下土体处于饱和状态,所以地下水面也应为土层分界面。除了上述确定的分层面,其他同一类型的土体可根据厚度均匀分层。

图 6.4 给出了上荆江荆 34 断面二元结构河岸土体分层的结果。从图中可以看出:荆 34 断面地下水位以上黏土层为第 1 层,枯水位与地下水位为第 2~3 层,枯水位与沙土层分界面为第 4 层,下部沙土层为第 5 层。为了使计算中所用的河岸边坡形态与实测断面岸坡形态一致,采用输入坐标方法确定 BSTEM 中的详细岸坡形态。

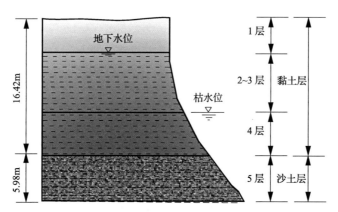

图 6.4　上荆江荆 34 断面河岸土体分层示意图

根据河岸土体力学性质试验结果(宗全利等,2014a;夏军强等,2013),黏性土抗剪强度指标总体上随土体含水率的增大而减小,所以地下水面以上和以下土体由于含水率不同,其强度指标也不同。为此,将地下水面以下土体看成饱和土体,地下水面以上土体看成非饱和土体。饱和土体含水率将达到最大值,对应黏性土抗剪强度指标 φ 和 c 最小。同时根据河岸土体特性试验结果:荆江河岸上层黏性土渗透性较小(渗透系数为 $2.9 \times 10^{-7} \sim 5.8 \times 10^{-6}$ m/s),所以水面以下土体容重

采用饱和容重 γ_{sat}；下层沙土由于透水性强，其水下容重采用浮容重 γ'。表 6.1 给出了上荆江荆 34 断面河岸土体的相关物理及力学性质指标。由于 BSTEM 要求输入土体有效应力强度指标，所以参考已有文献中采用的方法（冉冉和刘艳峰，2011），表中强度指标 φ 和 c 采用值分别取为试验值的 0.9 和 0.7 倍（宗全利等，2013）。

表 6.1　上荆江荆 34 断面右岸不同土层土体物理及力学性质指标

层数	厚度/m		$\gamma/(kN/m^3)$		$\varphi_b/(°)$	$\varphi/(°)$		$c/(kN/m^2)$		备注
	2009 年	2010 年	试验值	采用值		试验值	采用值	试验值	采用值	
1			18.5	18.5	15	30.9	27.8	25	17.5	非饱和黏土
2	10.43	10.74	18.5	18.9	15	27.9	25.1	8.8	6.2	饱和黏土
3			18.5	18.9	15	27.9	25.1	8.8	6.2	饱和黏土
4	5.99	6.76	18.5	18.9	15	27.9	25.1	8.8	6.2	饱和黏土
5	5.98	5.98	14.9	8.1	15	39	35.1	0	0	饱和细沙

2. 近岸水动力条件

随着河道内流量变化及水位涨落，荆江段河岸土体特性及近岸水动力条件在一个水文年内表现为周期性变化，从而使得河岸稳定性也随之发生变化。首先将一个水文年划分为若干时段，然后将水位过程线概化为由若干时段组成的梯级平均水位过程，并以此梯级平均水位作为计算河岸稳定安全系数的水位值。

图 6.5 为荆 34 断面 2009 和 2010 水文年实际水位概化后的梯级水位过程。根据水位变化，将一个水文年划分为四个不同时期：枯水期（12 中旬～3 月底）、涨水期（4 月～5 月底）、洪水期（6 月～10 月底）和退水期（11 月～12 月半）（余文畴和卢金友，2008）。从图中可以看出，该断面 2009 和 2010 水文年水位过程分别概化为 15 个和 17 个水位时段。在不同水位时期，得出平均水位的上升和下降过程与逐日平均水位变化过程基本一致，所以概化的梯级平均水位变化过程与该水文年内逐日水位的变化过程一致。

图 6.5 还给出了不同水位时期的最大流量和平均流量值。例如，2009 水文年，枯水期流量相对较小，通过该断面的平均流量为 5200m³/s（2010 水文年为 6100m³/s），所以近岸水流切应力也较小（τ_f 为 1.1～1.4N/m²）；汛前涨水期流量增大至 10300m³/s（2010 水文年为 11000m³/s），近岸水流切应力增大，τ_f 为 1.5～1.8 N/m²；洪水期最大流量为 33800m³/s（2010 水文年为 32800m³/s），平均流量为 18400m³/s（2010 水文年为 17200m³/s），且高水位持续时间长，该阶段 τ_f 最大值达到 2.5N/m²；汛后退水期，因来流流量减小，平均流量减小到 11300m³/s（2010 水文年为 6700m³/s），河道内水位急剧回落。

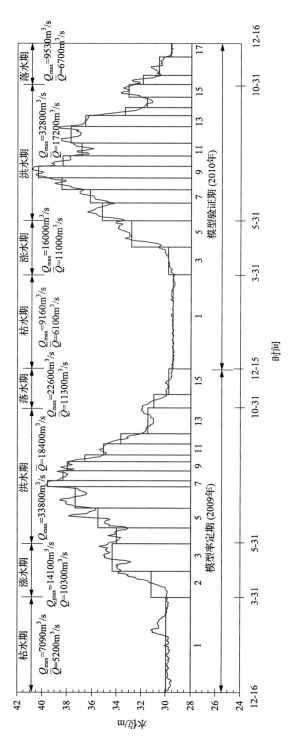

图 6.5　上荆江荆 34 断面 2009 和 2010 水文年水位过程概化

6.2.2　上荆江河岸崩退过程中的稳定性分析

采用 BSTEM 分别计算沙市河段荆 34 断面河岸崩退过程中 2009 和 2010 水文年的 15 个和 17 个时段的岸坡稳定性,可以获得水文年内不同时段岸坡稳定性的连续变化过程。图 6.6 为荆 34 断面不同时期河岸稳定安全系数 F_S 的计算结果。

不同时期近岸水动力条件及河岸稳定安全系数的计算结果分述如下。

(1) 枯水期,三峡水库下泄流量相对较小且平稳,故上荆江河段水位变化不大,且幅度较小。例如,荆 34 断面近岸水流切应力较小(τ_f 为 1.1~1.4 N/m²),但仍大于下部沙土层的起动切应力(τ_c =0.06 N/m²),此时二元结构河岸下部沙土层存在一定的冲刷,经计算 2009 年和 2010 年该时期坡脚冲刷量分别为 63.8m³/m 和 129.4m³/m;但由于该时期河道水位和河岸土体地下水位均较低,所以河岸稳定性较强,F_S 值相应较大,2009 年及 2010 年枯水期 F_S 值基本都在 2.0 以上,故该时期崩岸发生可能性很小,其为崩岸最弱阶段。

(2) 汛前涨水期,河道内流量增大,水位上升,近岸水流切应力增大(τ_f 为 1.5~1.8 N/m²),河岸坡脚进一步冲刷(2009 年和 2010 年荆 34 断面坡脚冲刷量分别为 25.3m³/m 和 61.8m³/m;同时河道内水位和河岸土体地下水位也均升高,河岸稳定性降低,此时 F_S 值最低已降到 1.7 左右,但仍大于 1.3,故该时期崩岸发生可能性也不大,仍属崩岸强度较弱阶段。

(3) 洪水期,不仅洪峰流量大,而且高水位持续时间长。2009 年和 2010 年汛期通过荆 34 断面的最大流量分别为 33800m³/s 和 32800m³/s,平均流量分别为 18400m³/s 和 17200m³/s。在该阶段,τ_f 最大达到 2.5N/m²,远大于河岸下部沙土层的起动切应力,故该时期近岸水流对河岸下部沙土层的冲刷作用最为强烈,2009 年和 2010 年整个洪水期坡脚冲刷量分别为 156.9m³/m 和 182.2m³/m。同时由于河岸土体长时期受高水位浸泡,土体内地下水位也将达到最高值(接近最高洪水位),导致土体强度指标降低。如图 6.6 所示该阶段岸坡 F_S 值为 0.5~2.5,其中 2009 年 F_S<1.3 为 3 次,2010 年 F_S<1.3 为 6 次,即 2009 年和 2010 年河岸分别发生了 3 次和 6 次崩塌。同时每次崩塌后 F_S 值均会增大,并随着坡脚冲刷和水位持续下降,F_S 值继续减小直至小于 1.3 后再次崩塌,整个洪水期河岸基本表现为此周期性的崩塌。总体来说,洪水期坡脚冲刷最剧烈,河岸稳定性较差,并伴随持续崩塌,其为崩岸强烈阶段。

(4) 汛后退水期,河道内水位急剧回落。一方面,随着河道内水位的下降,作用于河岸外侧的水压力急剧消失,但由于黏性土体渗透性较低,此时河岸黏性土体内水分来不及排出而对河岸产生额外渗透压力;另一方面,由于洪水期对河岸土体长时间的浸泡,黏性土体的抗剪强度指标降低,这两方面因素都会促使河岸土体失

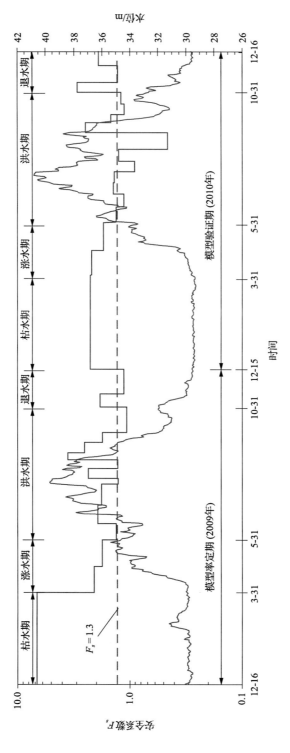

图 6.6　上荆江荆 34 断面不同时期河岸稳定安全系数的计算结果

稳而发生崩岸。如图 6.6 所示,荆 34 断面 2009 年和 2010 年退水期均发生了 1 次崩塌,但崩塌强度大于洪水期(2009 年和 2010 年退水期每次崩塌宽度分别为 4.16m 和 6.18m,约为洪水期的 1.4～2.4 倍),所以退水期崩岸仍然比较严重,属崩岸强烈阶段。

6.2.3　河岸崩退过程的主要影响因素分析

1. 坡脚冲刷对河岸崩退过程的影响

在河岸崩塌主导因素(水流动力条件)中水流对近岸河床的冲刷作用占主要地位,特别是汛期水流对坡脚大量冲刷使岸坡变陡导致河岸稳定性降低,所以崩岸一般多发生在汛期;同时坡脚冲刷使岸坡变陡是累积性过程,所以崩岸更多发生在汛末。从不同水位时期河岸稳定性计算结果(图 6.6)可以得出,2009 年和 2010 年荆 34 断面汛末右岸分别发生了 3 次和 6 次崩塌,占河岸总崩塌次数的 75.0% 和 85.7%,充分说明坡脚冲刷对河岸稳定性的重要影响。

利用 BSTEM 中的 TEM,对坡脚冲刷进行计算,并获得坡脚冲刷量以及平均水流切应力和最大冲刷宽度等参数。在每次运行 BSM 计算河岸稳定性之前,首先运行 TEM 计算坡脚冲刷,并将冲刷后坡脚新形态输出作为河岸稳定性计算的初始形态。分别对 2009 年和 2010 年荆 34 断面各水位下坡脚冲刷和河岸稳定性结果进行统计,表 6.2 给出了 2010 年的计算结果。冲刷计算中,河岸土体临界切应力根据 3.2 节的试验结果获得,分别为黏性土 $\tau_c = 0.5 \text{N/m}^2$,非黏性土(细沙) $\tau_c = 0.06 \text{N/m}^2$。但由于 3.2 节的试验土体为扰动土体,测得的冲刷系数与实际河岸冲刷系数会差别较大,所以计算中采用 BSTEM 中的公式 $k_d = 2 \times 10^{-7} \tau_c^{-0.5}$ 进行估算,分别得到黏性土 $k_d = 0.1 \text{cm}^3/(\text{N} \cdot \text{s})$,非黏性土 $k_d = 0.4 \text{cm}^3/(\text{N} \cdot \text{s})$;计算坡脚冲刷时,考虑施加在土体上的有效应力,计算中取平均曼宁糙率系数为 0.02～0.03。冲刷时间根据水流实际冲刷时间确定,水面比降按照该断面上下游水位差计算得到。

从表 6.2 可以看出,2010 年荆 34 断面横向冲刷和崩塌总土方量为 896.7m³/m,坡脚冲刷和河岸崩塌分别占总土方量的 47.7% 和 52.3%。由于坡脚为细沙,一方面最小的近岸水流切应力远大于土体起动切应力,另一方面枯水期持续时间较长(105d),所以在枯水期仍有一定程度的坡脚冲刷,占总冲刷量的 30.3%,但坡脚冲刷仍以洪水期最多(42.6%),涨水期和退水期仅为 14.4% 和 12.7%,这也与洪水期为河岸崩退强烈阶段相对应,进一步表明坡脚冲刷对不同时期河岸稳定性的影响。尤其在冲刷量较大的洪水期,坡脚冲刷是导致河岸稳定性降低的主要原因。

表 6.2　2010 年荆 34 断面右岸稳定性及坡脚冲刷计算结果

序号	河道水位/m	河岸地下水位/m	坡脚冲刷			河岸稳定性				计算剪切面		总土方量/(m³/m)
			水流切应力/(N/m²)	冲刷量/(m³/m)	最大冲刷宽度/m	F_s	是否崩塌	崩塌宽度/m	崩塌量/(m³/m)	剪切面位置/m	破坏角/(°)	
1	29.44	29.44	1.38	129.41	5.31	2.27	否	0.00	0.00	35.18	50.94	129.41
2	29.84	29.84	1.50	29.01	5.59	2.20	否	0.00	0.00	35.18	51.26	29.01
3	32.82	32.82	1.58	32.77	5.30	1.73	否	0.00	0.00	16.72	59.56	32.77
4	35.20	34.01	1.15	11.38	1.46	1.33	否	0.00	0.00	35.18	52.00	11.38
5	36.17	35.69	1.25	8.48	1.03	1.13	是	2.55	8.00	35.18	54.00	16.48
6	38.44	37.31	1.08	5.44	0.63	1.40	否	0.00	0.00	16.70	63.70	5.44
7	40.37	40.37	1.64	9.64	0.88	1.38	否	0.00	0.00	16.89	63.62	9.64
8	38.36	40.37	1.92	10.16	0.91	0.91	是	4.96	11.00	35.12	34.22	21.16
9	36.84	40.37	1.37	8.60	0.83	1.26	是	3.07	226.00	16.70	29.50	234.60
10	37.72	40.37	2.07	58.22	9.62	0.46	是	4.15	4.00	37.25	45.01	62.22
11	36.58	40.37	2.41	30.44	0.63	2.50	否	0.00	0.00	24.10	25.10	30.44
12	33.36	38.36	2.47	18.84	1.03	1.48	否	0.00	0.00	23.93	25.40	18.84
13	31.56	37.72	1.45	11.12	1.04	1.12	是	4.26	70.00	23.86	25.51	81.12
14	33.09	37.72	1.35	9.86	2.41	1.20	是	2.74	6.00	36.02	56.61	15.86
15	31.92	36.58	1.20	5.22	1.76	2.93	否	0.00	0.00	36.02	33.38	5.22
16	30.62	34.97	1.78	7.31	3.14	1.29	是	6.18	144.00	20.50	25.00	151.31
17	29.65	33.36	1.50	41.78	7.08	1.90	否	0.00	0.00	37.56	52.79	41.78
合计				427.68			7	27.91	469.00			896.68

2. 地下水位变化对河岸崩退过程的影响

河岸土体地下水位实际应该是河岸土体浸润线所在位置,根据河岸土体地下水位与河道水位的变化关系,可以将河道水位变化分为 5 种情况:水位快涨期(河水位上涨速度远大于地下水位上涨速度)、水位缓涨期(河水位和地下水位同步上涨)、水位平滩期(河水位平于或高于平滩高程)、水位快退期(河水位下降速度远大于地下水位下降速度)和水位缓落期(河水位和地下水位同步下降)(余文畴和卢金友,2008)。

当水位上涨时,水流对河岸外侧产生侧向水压力,对岸坡有一支撑作用,使河岸稳定性增强,并且涨速快比涨速缓的河岸稳定性强,说明快涨时地下水位涨速远小于河水位涨速,河岸土体力学性质受到浸泡影响较小,其强度指标变化不大,河岸稳定性主要受水位上涨时水体压力作用影响;当水位平滩或高于河漫滩时,河岸稳定性变化不大,基本上与水位涨落无关;当水位下降时,作用于河岸外侧的水压力消失,使河岸稳定性降低,并且降水快比降水缓的河岸稳定性低,说明快退时地下水位下降速度远小于河道水位下降速度,河岸土体仍处于饱和状态,其强度指标受水流浸泡影响较大,河岸稳定性较低,这也是在退水期水位下降较快时崩岸强烈的重要原因。上述地下水位变化规律一般发生在黏性土河岸中,非黏性土由于渗透性大,地下水位滞后河道水位变化时间很短,可以忽略这种滞后效应,即认为河道水位和地下水位同步变化。

BSTEM 计算中认为地下水位是水平的(图 6.1),并且产生的孔隙水压力按静水压力计算。实际土体中地下水位随着河道水位的变化而变化,由于土体渗透性影响,地下水位变化都会滞后于河道水位的变化,并且土体渗透性越小,滞后越明显。荆江河岸上部黏性土体渗透性较小,地下水位滞后河道水位时间较长,一般不能忽略,因此水位在荆江黏性土体中的涨落属于水位快涨期和快退期。

为了反映地下水位变化对河岸稳定性影响,针对地下水位滞后于河道水位变化(滞后)以及地下水位与河道水位同步变化(同步)两种情况,分别对 2009 年和 2010 年荆 34 断面河岸稳定性进行计算,统计得到不同时期河岸崩塌宽度和崩塌次数,具体如表 6.3 所示,其中枯水期和涨水期均没有河岸崩塌,表中未列出。具体计算地下水位高度时,根据黏性土渗透系数大小估算地下水位滞后时间,若计算的地下水位滞后时间小于河道水位平均时间,则认为河道水位与地下水位一致,否则根据滞后时间和河道水位变化高度按照线性差值确定地下水位高度。

表 6.3　2009 和 2010 年荆 34 断面右岸崩塌宽度和崩塌次数(地下水位变化时)

时间	水位	地下水位(同步/滞后)	河岸崩塌宽度/m	河岸崩塌次数/次
2009 年	洪水期	同步	2.30	2
		滞后	7.24	3
	退水期	同步	0.00	0
		滞后	4.16	1
2010 年	洪水期	同步	13.48	3
		滞后	21.73	6
	退水期	同步	3.00	1
		滞后	6.18	1

注:地下水位"同步"指地下水位高度始终等于河道水位高度,"滞后"指地下水位变化滞后于河道水位。

从表 6.3 可以看出,无论河岸崩塌宽度还是崩塌次数,地下水位滞后变化对应数值均大于相同条件下同步变化值。2009 年和 2010 年洪水期(快退期)对应河岸崩塌宽度,地下水位滞后变化分别是同步变化的 3.1 和 1.6 倍,退水期(快退期)分别为 4.2 和 2.2 倍;同样从河岸崩塌次数角度看,各时期地下水位滞后变化均大于相同条件同步变化对应数值。所以无论从河岸崩塌宽度还是崩塌次数角度,计算结果都充分说明土体中地下水位变化对河岸稳定性具有重要影响,尤其在河道水位下降较快的退水期,地下水位的滞后变化是引起崩岸强烈的重要原因,实际计算中应予以充分重视。

应该指出,上述地下水位滞后变化计算高度的确定只是根据土体渗透系数大小按照线性规律进行差值得到的,实际地下水位变化并非与渗透系数呈线性关系,而应按照土体浸润线计算方法得到,或者通过现场孔隙水压力测试得到。但上述方法确定的地下水位滞后变化过程与实际变化过程近似,因此计算结果也能较好地反映地下水位变化对河岸稳定性的重要影响。

6.2.4　上荆江典型断面岸坡形态变化过程

以一个水文年为计算周期,综合考虑坡脚冲刷、地下水位滞后变化、崩塌后土体的堆积等因素,计算得到不同水位时期下的河岸稳定安全系数,就可以对河岸是否崩塌进行判断,从而对一个水文年的河岸崩塌过程进行概化模拟,得到岸坡形态的变化过程。

需要指出 BSTEM 计算时认为河岸崩塌后所有土体均被水流立刻冲走而没有堆积在坡脚,这与实际坡脚冲刷情况不符,所以在应用 BSTEM 对河岸崩塌进行模拟时,必须考虑崩塌后土体在坡脚的堆积。但由于崩塌后土体在坡脚的堆积形式及随后被水流分解、冲刷模式等较复杂,很难用统一形式表达,国内外也未见相关研究成果。根据 4.4 节的试验结果,崩塌后土体基本呈三角形堆积在坡脚,且堆积土体占崩塌体积的比例:上荆江为 0.27～0.89,平均值为 0.74;下荆江为 0.27～0.58,平均值为 0.38。因此,为简化计算,模拟时认为崩塌后土体呈三角形堆积在坡脚,并且假设仅有一半崩塌土体堆积在坡脚,其余土体在崩塌后被水流在较短时间内冲走,不考虑其在坡脚的堆积;同时也不考虑上游崩塌土体对该计算断面的影响等。

根据以上方法,首先以荆 34 断面 2008 年 10 月实测边坡形态为初始岸坡,对 2009 水文年的河岸崩塌过程进行模拟,并与 2009 年 10 月实测边坡形态进行对比,以率定坡脚冲刷、地下水位变化等参数的设定是否合理。图 6.7 为荆 34 断面 2009 水文年岸坡形态模拟和实测结果对比。从图中可以看出,荆 34 断面 2009 水文年共发生了 4 次崩塌(崩塌标准为 $F_s \leqslant 1.3$),其中较大的河岸崩塌共 3 次,河岸崩塌宽度分别为 3.06m、4.18m 和 4.06m,崩塌总宽度为 11.4m,实测 2009 水文年河岸崩塌宽度为 10.7m,相对误差 6.5%;另外,河岸经过 4 次崩塌后得到的边坡形态与 2009 年 10 月实测边坡形态基本一致,这充分说明上述所确定的坡脚冲刷、地下水位变化以及崩塌后土体堆积等方法,完全可以用于下一水文年的河岸崩退过程模拟。

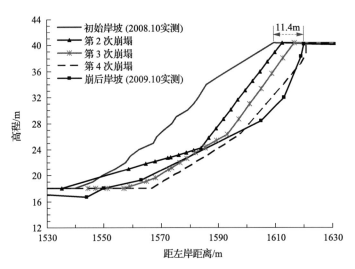

图 6.7   2009 年荆 34 断面岸坡形态计算结果与实测结果对比

根据 2009 水文年河岸崩退模拟中参数的率定结果,对 2010 水文年的河岸崩退过程进行模拟,并用 2010 年 10 月实测河岸边坡形态对模拟结果进行验证,结果如图 6.8 所示。从图中可以看出:2010 水文年共模拟发生了 7 次崩塌,其中较大的河岸崩塌共 3 次,崩塌宽度分别为 3.07m、4.26m 和 6.18m,7 次崩塌总宽度为

27.9m,实测 2010 水文年崩塌宽度为 28.1m,相对误差为 0.7%。河岸经过 7 次崩塌后边坡形态与 2010 年 10 月实测岸坡符合较好,表明了改进后模拟方法的可行性。

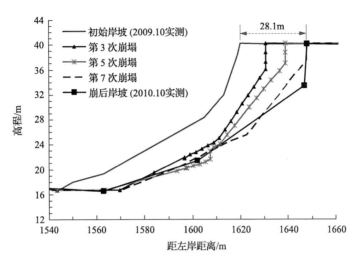

图 6.8　2010 年荆 34 断面岸坡形态计算结果与实测结果对比

应当指出,每次河岸崩塌宽度的大小与河道内水位过程概化时段长度、地下水位变化等因素有关,荆 34 断面模拟河岸每次崩塌宽度多数在 2.5～5.0m,只有 2010 水文年最后一次崩塌为 6.18m,这主要与该次水位概化时段长度和地下水位变化有关。通过以上分析可知,模拟得到河岸崩塌总宽度与实测河岸崩塌宽度差别较小,并且崩塌后岸坡形态与实测岸坡形态也基本一致。因此,采用 BSTEM 模拟二元结构河岸崩退过程时,必须同时考虑坡脚冲刷、地下水位变化和崩塌后土体在坡脚的堆积等因素的影响。

6.3　下荆江典型断面河岸崩退过程的概化模拟

6.3.1　下荆江崩岸计算条件

1. 河岸土体分层及边坡形态

下荆江典型断面河岸土体分层原则与上荆江一致,以荆 98 断面为例,厚度 2.5m 的黏土层为第一层,由于枯水期时间长且沙土渗透性强,此时认为地下水位与枯水位齐平,所以把枯水位(地下水位)至黏土层底部的沙土层平均分为两层;枯水位(地下水位)以下的沙土层平均分为两层,具体如图 6.9 所示。

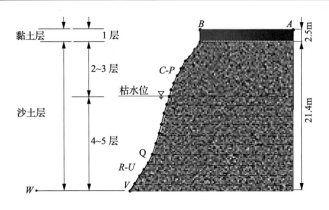

图 6.9　下荆江荆 98 断面河岸土体分层示意图

荆 98 断面不同土层土体物理及力学性质指标如表 6.4 所示。与上荆江崩岸计算条件类似,表中土体抗剪强度指标 φ 和 c 的有效值也取为试验值的 0.9 和 0.7 倍。

表 6.4　下荆江荆 98 断面右岸不同土层的物理及力学性质指标

年份	分层	厚度/m	饱和容重 $\gamma/(kN/m^3)$	试验值		有效值	
				$c/(kN/m^2)$	$\varphi/(°)$	$c'/(kN/m^2)$	$\varphi'/(°)$
2007	黏土层	2.5	18.3	9.3	31.0	6.5	27.9
	沙土层	21.4	17.9	0.0	39.0	0.0	35.0
2010	黏土层	2.5	18.3	9.3	31.0	6.5	27.9
	沙土层	22.6	17.9	0.0	39.0	0.0	35.0

2. 近岸水动力条件

图 6.10 为概化得到的荆 98 断面 2007 和 2010 水文年梯级水位过程,从图中可以看出,荆 98 断面 2007 和 2010 水文年水位过程分别概化出 17 个和 15 个水位段。与上荆江类似,得出的下荆江两个水文年平均水位的上升和下降过程与逐日平均水位变化过程也基本一致,完全可以表示该水文年内逐日水位的变化过程。

图 6.10 同样给出了不同水位时期的最大流量和平均流量值。例如,2007 水文年,枯水期平均流量和近岸水流切应力均较小,分别为 4895m³/s 和 1.09N/m²;汛前涨水期平均流量增大至 7675m³/s,近岸水流切应力增大,τ_f 为 1.23～1.41N/m²;洪水期流量增大,平均流量为 19009m³/s,τ_f 最大达到 3.09N/m²;汛后退水期流量减小,平均流量减小为 7177m³/s。

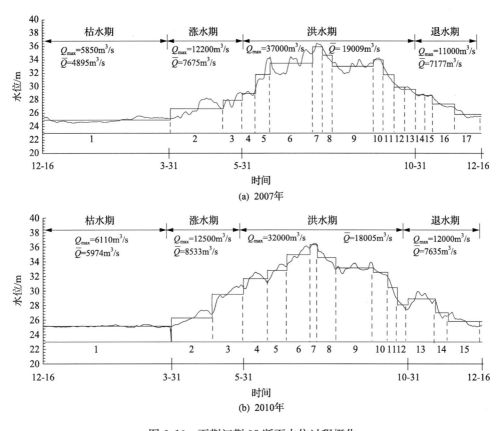

图 6.10　下荆江荆 98 断面水位过程概化

6.3.2　下荆江河岸崩退过程中的稳定性分析

分别对 2007 和 2010 水文年荆 98 断面河岸崩退过程中的岸坡稳定性进行计算,得到不同时期安全系数 F_S 计算结果分别如表 6.5 和表 6.6 所示,具体分述如下。

表 6.5　2007 年荆 98 断面右岸崩退过程计算结果

时段	时间 /d	河道 水位 /m	坡脚冲刷		河岸稳定性			
			水流切应力 /(N/m²)	冲刷量 /(m³/m)	F_S	是否 崩塌	崩塌宽 度/m	崩塌量 /(m³/m)
枯水期 (时段 1)	107	25.0	1.09	217.0	2.31	否		
涨水期 (时段 2~3)	44	26.7	1.23	81.8	1.37	否		
	16	27.9	1.41	40.8	1.49	否		

时段	时间 /d	河道水位 /m	坡脚冲刷		河岸稳定性			
			水流切应力 /(N/m²)	冲刷量 /(m³/m)	F_S	是否崩塌	崩塌宽度/m	崩塌量 /(m³/m)
	11	29.0	1.37	25.3	1.10	是	8.8	139
	12	31.8	1.92	49.7	3.88	否		
	35	33.5	2.14	138.0	1.28	是	7.2	26
	8	35.9	1.97	31.1	3.29	否		
洪水期(时段4~13)	8	34.7	2.17	29.0	5.38	否		
	34	33.0	2.15	122.5	0.85	是	8.4	97
	8	34.0	3.09	40.2	3.45	否		
	9	31.8	2.53	38.0	0.76	是	8.0	91
	9	29.9	2.51	36.9	1.25	是	8.1	107
	9	29.6	2.69	46.8	0.76	是	8.7	72
	7	28.8	2.16	22.0	1.23	是	8.4	57
退水期(时段14~17)	7	28.7	2.11	23.1	8.86	否		
	19	27.4	1.72	40.9	1.16	是	8.0	116
	22	25.8	1.65	59.5	1.30	是	7.0	49
合计					9		72.6	

表 6.6　2010 年荆 98 断面右岸崩退过程计算结果

时段	时间 /d	河道水位 /m	坡脚冲刷		河岸稳定性			
			水流切应力 /(N/m²)	冲刷量 /(m³/m)	F_S	是否崩塌	崩塌宽度/m	崩塌量 /(m³/m)
枯水期(时段1)	107	25.1	0.80	225.8	4.31	否		
涨水期(时段2~3)	34	26.3	0.83	66.3	2.94	否		
	26	29.5	1.10	81.8	2.57	否		
	20	31.7	1.61	94.0	1.05	是	5.0	17
	15	32.8	1.30	67.9	3.38	否		
	19	34.9	2.09	130.0	4.54	否		
	6	36.3	2.45	48.0	3.15	否		
洪水期(时段4~12)	15	34.5	1.98	79.0	1.55	否		
	31	33.2	2.34	161.6	0.47	是	5.4	24
	12	32.5	2.11	49.3	0.95	是	5.3	36
	8	30.5	1.93	25.3	0.98	是	4.3	20
	9	28.1	1.11	16.5	0.98	是	6.8	100

续表

时段	时间 /d	河道 水位 /m	坡脚冲刷		河岸稳定性			
			水流切应力 /(N/m²)	冲刷量 /(m³/m)	F_S	是否 崩塌	崩塌宽 度/m	崩塌量 /(m³/m)
退水期(时 段 13~15)	23	28.9	2.29	73.0	1.40	否		
	11	27.0	1.94	26.8	1.08	是	7.0	85
	29	25.8	1.34	78.0	1.30	是	7.7	95
合计					7		41.5	

1. 荆 98 断面 2007 水文年计算结果

(1) 枯水期(时段 1)历时 107 天,河道流量及近岸流速均很小,近岸床沙处于未起动或少量起动状态。模型计算的近岸水流切应力 τ_f(1.09N/m²)较小,但仍大于近岸沙土层的起动切应力 τ_c(0.06N/m²),此时河岸下层的沙土层处于冲刷状态。枯水期计算的坡脚冲刷量为 217m³/m,河岸稳定安全系数 $F_S=2.31>1.30$,故河岸处于稳定状态。

(2) 涨水期(时段 2~3)历时 60 天,流量增加较快,近岸水流切应力增加到 1.23~1.41N/m²,水流持续淘刷坡脚使岸坡逐渐变陡。该时期计算的坡脚冲刷量为 122.6m³/m,F_S 计算值分别为 1.37 和 1.49,故该时期河岸仍处于稳定状态,无崩岸发生。

(3) 洪水期(时段 4~13)历时 143 天,河道内流量较大,平均值为枯水期的 5 倍,近岸流速也随之增大,水流对河岸坡脚冲刷作用增强。该时段计算的 τ_f 最大值达到 3.09N/m²,远大于下层沙土的起动切应力,故河岸土体受到近岸水流的强烈冲刷。坡脚处的冲刷使得河岸高度及相应坡度增加,增大了河岸在重力作用下发生崩塌的可能性。当河道内水位较高时,侧向水压力对河岸土体有一个支撑作用,即使在岸坡变陡的情况下也可能保持暂时稳定;但在洪水期的某些时段河道内水位降低,侧向水压力减小,对河岸土体的支撑作用变弱,将促进崩岸发生。计算结果表明洪水期该断面右岸共发生 6 次崩塌,最大的一次崩塌宽度达 8.8m。

(4) 退水期(时段 14~17)历时 55 天,虽流量较洪水期有所降低,但退水期平均流量为 7177m³/s,仍大于枯水期和涨水期,水流对近岸河床仍有持续冲刷作用,退水期坡脚总冲刷量为 145.4m³/m。另外,该时期河道内水位大幅降低将使河岸失去侧向水压力的支撑作用,加之洪水期长时间浸泡的河岸土体抗剪强度下降,都可促使河岸土体失稳而发生崩岸。退水期该断面右岸共发生了 3 次崩岸,崩岸宽度分别为 8.4m、8.0m 和 7.0m。应当指出,当河道内流量较小时,崩塌下来的土体在短时间内不会完全被水流冲刷带走,这些土块将在坡脚处形成局部堆积,对覆盖的近岸河床起着掩护作用。退水期时段 16 和 17 的平均水位分别为 27.4m 和 25.8m,这两个时段水位较低且均发生崩岸,故考虑崩塌的土块有一半在坡脚处呈三角形堆积,对崩岸后的河岸形态进行人为修正,图 6.11 中的时段 17 为修正后的河岸形态。

综上所述,2007 年的枯水期和涨水期河岸虽受到一定程度冲刷,但仍处于稳定状态,属崩岸较弱阶段;洪水期河岸崩塌宽度为 49.2m,占整个水文年崩岸总宽度的 67.8%,属崩岸强烈阶段;退水期崩岸总宽度为 23.4m,属崩岸较强阶段。

2. 荆 98 断面 2010 水文年计算结果

(1) 枯水期(时段 1)历时 107 天,河道内平均水位为 25.1m,平均流量为 5974m³/s,计算的近岸水流切应力 τ_f(0.80N/m²)大于下层沙土起动切应力 τ_c(0.06N/m²),故水流对河岸坡脚仍存在一定程度的冲刷。该时期坡脚累计冲刷宽度及相应冲刷量分别为 29.1m 和 225.8m³/m。计算得枯水期河岸稳定安全系数 $F_s = 4.31 > 1.30$,无崩岸发生。

(2) 涨水期(时段 2~3)历时 60 天,河道内平均流量为 8533m³/s,与枯水期相比有所增大,近岸流速随之增大,水流对河岸的冲刷作用增强使得岸坡变陡。涨水期坡脚累计冲刷宽度及相应冲刷量分别为 14m 和 148.2 m³/m。计算得 F_s 分别为 2.94 和 2.57,河岸仍处于稳定状态。

(3) 洪水期(时段 4~12)历时 135 天,该时期河道内平均流量为 18005m³/s,最大流量达 32000m³/s。该时期水流对近岸河床的冲刷作用最强,洪水期坡脚累计冲刷量达 671.6 m³/m,该断面右岸共发生 5 次崩岸,最大一次崩岸宽度达 6.8m。

(4) 退水期(时段 13~15)历时 63 天,该时期河道内流量减小,水位逐渐降低,平均流量为 7635 m³/s,平均水位为 27.2m。期间发生 2 次崩岸,崩岸宽度分别为 7.0m 和 7.7m。该时段同样考虑崩塌的土体有一半在坡脚呈三角形分布堆积,需要对河岸形态进行修正。

综上所述,不同时期的河岸崩塌过程计算表明,2010 水文年荆 98 断面右岸共发生 7 次崩岸,崩岸总宽度为 41.5m,略大于 2010 年实际崩岸宽度(40.4m)。从表 6.6 中可以看出,枯水期和涨水期河岸都处于稳定状态,属崩岸较弱阶段;洪水期累计崩岸宽度为 26.8m,占该水文年崩岸总宽度的 64.6%,属崩岸强烈阶段;而退水期崩岸宽度为 14.7m,属崩岸较强阶段。

6.3.3 下荆江典型断面岸坡形态变化过程

根据已知河岸形态及各层土体特性,结合概化得到各时段的近岸水动力学条件,采用 BSTEM 对荆 98 断面河岸崩退过程进行计算。考虑模拟时崩塌后土体呈三角形堆积在坡脚,并且假设仅有一半崩塌土体堆积在坡脚,同时也不考虑上游崩塌土体对该计算断面的影响等。首先以荆 98 断面 2006 年 10 月实测边坡形态为初始岸坡,对 2007 水文年内的河岸崩退过程进行模拟,并与 2007 年 10 月实测岸坡形态进行对比,以率定坡脚冲刷、地下水位变化等参数的设定是否合理。

图 6.11 为 2007 年荆 98 断面河岸崩退计算和实测结果对比。计算结果表明:荆 98 断面 2007 水文年共发生了 9 次崩塌(崩塌标准为 $F_s \leqslant 1.3$),河岸崩塌宽度分别为 8.8m、7.2m、8.4m、8.0m、8.1m、8.7m、8.4m、8.0m 和 7.0m,崩塌总宽度为 72.6m。实测 2007 水文年河岸崩塌宽度为 74.6m,相对误差为 2.68%。另外,河岸经过 9 次崩塌后的岸坡形态与 2007 年 10 月实测岸坡形态基本一致,这充分说明改进后的 BSTEM 完全可以用于下一水文年河岸崩退过程模拟。

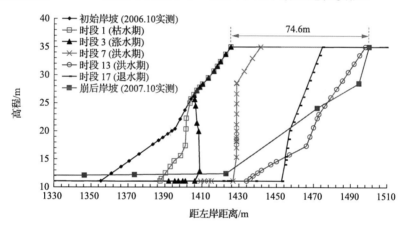

图 6.11　2007 年荆 98 断面岸坡形态计算结果与实测结果对比

2007 年率定过程中计算的河岸形态与实测值符合较好,说明模型计算中河岸土体参数的取值及河岸形态修正等处理方法合理,故将模型用于荆 98 断面 2010 水文年右岸的崩退过程模拟,并用 2010 年 10 月实测岸坡形态对模拟结果进行验证,结果如图 6.12 所示。计算结果表明:2010 水文年共发生了 7 次崩塌,崩塌宽度分别为 5.0m、5.4m、5.3m、4.3m、6.8m、7.0m 和 7.7m,7 次崩塌总宽度为41.5m。实测 2010 水文年崩塌宽度为 40.4m,相对误差为 2.72%。河岸经过 7 次崩退后岸坡形态与 2010 年 10 月实测岸坡符合较好,表明了该方法用于预测河岸崩退过程的可行性。

6.3.4　二次流及岸顶植被对下荆江河岸稳定性的影响

目前对二元结构河岸崩岸影响因素的研究多采用定性分析方法,结合具体河岸崩退过程的定量分析较少。本研究根据荆 98 断面的崩岸情况,采用 BSTEM 定量分析了弯道二次流和岸顶植被对河岸稳定性的影响。

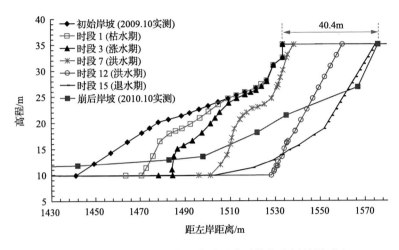

图 6.12　2010 年荆 98 断面岸坡形态计算与实测结果对比

1. 弯道二次流对河岸稳定性的影响

下荆江为典型的弯曲型河道,大部分崩岸发生在凹岸,主要表现为凹岸崩塌、凸岸淤积。弯道水流动力轴线的位置和横向环流的大小是影响弯道段河岸稳定的重要因素。弯道水流动力轴线的变化影响水流对凹岸顶冲的位置,当顶冲位置冲刷较为严重时往往发生崩岸。水流通过弯道时,在离心惯性力的作用下产生横向环流,导致凹岸冲刷下来的泥沙输移到凸岸,凹岸的冲刷导致岸坡变陡,不利于凹岸的稳定。

BSTEM 在考虑弯道二次流作用时,需要输入计算河段的弯曲半径及相应水位下的水面宽度。荆 98 断面右岸位于弯顶下游的凹岸,根据该断面及其上游荆 97 断面和下游荆 99 断面的深泓点坐标计算出该河段的弯曲半径 $R=23397$m。不同时段的河道水面宽度根据断面实测地形资料计算得到。考虑弯道二次流的影响后,采用 BSTEM 对荆 98 断面 2007 年、2010 年右岸的崩退过程进行计算,结果如图 6.13 所示。

计算中考虑弯道二次流作用后,2007 年该断面右岸共发生 11 次崩岸,累计崩岸宽度达 82.8m。其中洪水期发生 8 次,累计崩岸宽度为 60.2m;退水期发生 3 次,累计崩岸宽度为 22.6m。2010 年该断面右岸共发生 8 次崩岸,累计崩岸宽度为 54.5m。其中洪水期发生 6 次崩岸,累计崩岸宽度为 38.3m;退水期发生 2 次,累计崩岸宽度为 16.2m。考虑弯道二次流后模型计算的 2007 年、2010 年崩岸总次数均比不考虑的计算值有所增加,且累计崩岸宽度分别增大 14.1% 和 31.3%。

考虑与不考虑弯道二次流计算的岸坡形态对比结果,如图 6.13 所示。计算结果表明,考虑弯道二次流后,作用于河岸的水流切应力 τ_0 增大。例如,在 2007 年的第 1 时段,考虑弯道二次流后的计算值 τ_f（1.28N/m²）比不考虑的计算值（1.09N/m²）大 17.4%；在 2010 年的第 1 时段,考虑弯道二次流后的计算值 τ_f（0.92N/m²）

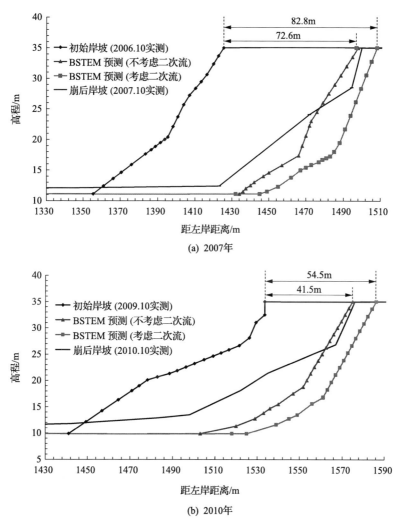

(a) 2007年

(b) 2010年

图 6.13　考虑与不考虑弯道二次流右岸岸坡计算结果对比

比不考虑的计算值(0.80N/m²)大 15.0%。因此考虑弯道二次流后,模型计算的近岸水流切应力增大,从而使水流对坡脚冲刷作用增强,河岸稳定安全系数降低。图 6.13 中 2007 年、2010 年考虑弯道二次流计算的崩岸宽度均比不考虑的计算结果大,则进一步表明了弯道二次流不利于凹岸的稳定。

2. 岸顶植被对河岸稳定性的影响

植物根系和土壤的对外部应力反应不同,土壤的抗压能力很强而抗拉能力很弱,相反植物根系有很强的抗拉强度但抗压强度弱。根系的加入不仅改变了土的抗剪强度曲线形态,而且形成了根系复合土,提高了土体的抗剪强度。黏聚力 c 和内摩擦角 φ 是决定河岸土体抗剪强度的重要指标,土体的抗剪强度与河岸稳定性紧密联系。实验表明:根系的加筋作用可使黏性土黏聚力 c 的值增加 1~3 倍,但对内摩擦角 φ 的值影响不大(黄晓乐和许文年,2010)。

上述试验结果表明:荆 98 断面岸顶植被根系影响范围内黏性土层的黏聚力被增大,取 $c=21\text{kPa}$。考虑岸顶植被影响,应用 BSTEM 分别对荆 98 断面右岸 2007 年、2010 年的崩退过程进行计算,结果如图 6.14 所示。模型中考虑岸顶植被影响后,该断面 2007 年共发生 8 次崩岸,其中洪水期 5 次,退水期 3 次,累计崩岸宽度为 60.6m;2010 年共发生 5 次崩岸,洪水期和退水期分别为 3 次和 2 次,累计崩岸

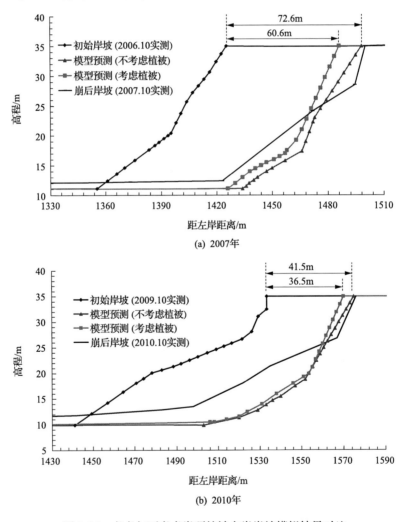

(a) 2007年

(b) 2010年

图 6.14　考虑与不考虑岸顶植被右岸岸坡模拟结果对比

宽度为 36.5m。上述计算结果表明考虑岸顶植被作用后,模型计算的崩岸次数及累计崩岸宽度都有所减小。

图 6.14 给出了考虑与不考虑岸顶植被作用计算的岸坡形态对比结果。在 2007 年第 1 时段,考虑岸顶植被作用后计算的河岸最小安全系数($F_S=2.85$)比不考虑的计算值($F_S=2.31$)提高 23.4%,全年累计崩岸宽度(60.6m)比不考虑岸顶植被作用的计算值(72.6m)降低 16.5%;在 2010 年第 1 时段,考虑岸顶植被作用后计算的河岸最小安全系数($F_S=5.84$)比不考虑的计算值($F_S=4.31$)提高 35.5%,全年累计崩岸宽度(36.5m)比不考虑岸顶植被作用时的计算值(41.5m)降低 12.0%。因此一般情况下,有岸顶植被作用的河岸稳定安全系数大于无岸顶植被作用下的安全系数,表明了岸顶植被根系与土体构成的复合体,提高了河岸上部黏性土层的抗剪强度,增强了河岸稳定性。

6.4　本 章 小 结

分别选取上、下荆江典型断面的二元结构河岸(上荆江荆 34 和下荆江荆 98),应用 BSTEM 对这些河岸的崩退过程进行了概化模拟。主要研究结论如下。

(1) 综合考虑坡脚冲刷、地下水位变化及崩塌后土体的堆积形式等因素,分别对上、下荆江典型断面二元结构河岸的崩退过程进行了概化模拟,同时计算了这些典型断面河岸在不同水位下岸坡稳定安全系数的变化过程。计算结果表明:无论上荆江还是下荆江,枯水期和涨水期河岸稳定程度较高,属崩岸较弱阶段;洪水期和退水期河岸稳定性较低,并伴随持续崩塌,属崩岸强烈阶段。同时,岸坡形态的计算与实测结果表明:无论河岸崩塌总宽度还是崩退后岸坡形态,计算结果与实测结果均符合较好。

(2) 以上荆江荆 34 断面为研究对象,对不同水位时期的坡脚冲刷进行了计算,定量分析了坡脚冲刷在不同时期的变化,结果表明:洪水期坡脚冲刷量最多,冲刷使岸坡变陡并导致河岸稳定性降低,是该时期河岸崩退强烈的主要原因;此外,从河岸崩塌宽度和崩塌次数角度分析了地下水位滞后变化对河岸稳定性的影响,认为在河道水位下降较快的退水期,地下水位的滞后变化是引起崩岸强烈的重要原因。

(3)以下荆江荆 98 断面为研究对象,分析了弯道二次流和岸顶植被对河岸崩退过程的影响,结果表明:弯道二次流作用使得河岸坡脚冲刷更为严重,不利于凹岸的稳定性;而岸顶植被增大了上部黏性土层的抗剪强度,增强了河岸的稳定性。

第7章 具有二元结构河岸的弯道演变二维模型及其应用

本章首先总结了弯道演变数学模型的研究现状。然后将仅能模拟河床纵向变形的平面二维水沙数学模型与建立在力学基础上的河岸崩退模型结合,建立了具有二元结构河岸的弯曲河道演变二维模型。该模型不仅适合计算天然河道内的洪水演进及河床纵向冲淤过程,还能模拟荆江段二元结构河岸的崩退过程。最后将该模型用于计算上、下荆江河段内典型弯道的水沙输移及河床变形过程,包括上荆江沙市微弯河段 2004 年汛期及下荆江石首急弯河段 2006 年汛期的演变过程。河段内各断面垂线平均流速及含沙量的横向分布、水位过程、河床冲淤量等计算结果与实测值总体符合,也能模拟出局部河段滩岸的冲刷与崩塌过程。

7.1 弯道演变模型的研究现状

弯曲河型是天然河道中最常见的河型之一,如长江中游荆江段、渭河下游、美国密西西比河下游,都是典型的弯曲河道。弯曲河道内的水沙输移与崩岸过程一直是河流动力学研究的重要内容之一。由于二次流的存在,弯曲河道内的水沙运动要比顺直河段内复杂得多。二次流对弯道水沙输移的影响,主要表现为通过传递水流动量,改变主流流速与床面切应力的的横向分布、泥沙输移并进一步影响床面形态。天然弯曲河道的平面演变特征为随时间推移弯顶不断向下游蠕动;横向演变特征为凹岸崩退与凸岸淤长;纵向演变特征为弯道段在洪水期冲刷与枯水期淤积,而过渡段刚好相反(钱宁等,1987;谢鉴衡等,1989)。天然弯曲河道的这些演变特性会影响到河道内的护岸工程、防洪、航运及取水等问题。因此对这类河型的研究较多,最早多采用理论分析与室内水槽试验方法研究弯道内的水沙运动规律(钱宁等,1987;张红武和吕昕,1993)。近年来二维及三维数学模型逐渐用于模拟弯道内的水沙输移及床面变形过程(Demuren,1993;Wu et al. ,2000,2004;Shimizu,2002;Olsen,2003)。随着对弯道内水沙运动与河床演变规律的进一步认识,以及计算机性能与数值计算技术的发展,数学模型模拟弯道演变的能力逐渐提高。这些模型可分为两大类:一是经验法或解析法,二是基于水沙运动力学的数值模拟方法。经验法或解析法一般仅用于研究恒定问题,而且多用于预测较长时间内的弯道演变过程。这类方法在实际应用中具有较大的局限性,故采用数值模拟方法研究弯道演变具有较大的发展空间。

　　在天然河道中,荆江河段可为弯曲河型的代表。上荆江为弯曲分汊性河道,下荆江属典型的弯曲型河道。上、下荆江弯道内的河岸多为二元结构,一般上层为黏性土,下层为沙或卵石组成(中国科学院地理研究所,1985;杨怀仁和唐日长,1999)。三峡水库蓄水运用后,受水库调蓄作用的影响,清水下泄,同时长江上游来沙量大幅度减少,导致下泄水沙条件发生较大变化。因此在水库蓄水运用初期整个荆江河段表现为普遍冲刷。由于荆江河床冲刷主要集中在枯水河槽,所以冲刷导致滩槽高差加大、岸坡变陡,必然引发崩岸险情。由于三维数学模型的计算量相对较大,通常不适合于模拟较长河段长时间的河床变形过程,所以在实际工程问题中仍广泛采用二维数学模型(Wu 和 Wang,2004)。采用二维模型模拟弯道演变,必然要涉及弯道内二次流及河岸崩塌过程的模拟。尽管已有一些二维数学模型在模拟弯道演变时考虑了崩岸过程,但这类模型一般仅能用于模拟室内小尺度弯道的演变过程(Nagata et al.,2000;Duan et al.,2001)。因此以荆江河段具有二元结构河岸的典型弯道为研究对象,在分析天然弯曲河道崩岸机理的基础上,建立能模拟二元结构河岸崩退过程的二维弯道演变模型,在现阶段对荆江段河床演变的分析及预测是十分必要的,对保证河道防洪安全也具有较为重要的意义。

　　弯道演变模拟一般包括以下三个方面:弯道内水流结构的模拟;弯道内悬移质及推移质泥沙输移过程的模拟;河岸崩退过程的模拟。过去多采用经验法或解析法模拟弯道演变,目前多采用数值方法模拟天然弯道演变。

7.1.1　弯道演变模拟的经验法与解析法

　　最早涉及弯道演变模拟的方法,多为结合室内模型试验成果,采用经验法或解析法模拟弯道内的水流结构、泥沙横向输移及床面变形过程。

　　(1)水流结构模拟,包括水面横比降、横向流速、纵向垂线平均流速的计算。弯道内最大水面横比降一般出现在弯顶附近。弯道内横向流速大小与水深及纵向垂线平均流速成正比,与水流曲率半径成反比(张红武和吕昕,1993)。纵向垂线平均流速在平面上的分布是不均匀的,水流进入弯道后,主流线逐渐由凸岸一侧向凹岸转移。弯道内螺旋流是由纵向水流与横向水流结合产生的,其对主流及床面切应力的横向分布有重要影响。许多研究者采用不同的纵向流速分布公式、边界条件及水流连续条件,给出了纵向垂线平均流速及横向流速在平面上分布的解析解(张红武和吕昕,1993;De Vriend 和 Koch,1977)。例如,De Vriend 和 Koch(1977)采用扰动方法得出了上述流速的解析解,其垂线分布分别可用对数及非线性分布近似。张红武和吕昕(1993)利用概化弯道模型的试验资料,提出了形式较为简单的横向流速沿水深的分布公式。

　　(2)横向输沙模拟,包括悬移质及推移质泥沙的横向输移计算。这对研究弯道横向变形规律具有较大的意义。在天然弯道内,垂线平均悬移质含沙量在平面上分布不均匀,凹岸一侧较小,靠近凸岸边滩最大,这种分布规律与二次流的存在有关。张红武和吕昕(1993)以环流流速在垂线上为零流速点为界,提出悬移质横向输沙率应分两部分进行计算。推移质泥沙在螺旋流的作用下,在弯道内存在同岸输移与异岸输移现象。张瑞瑾等(1989)通过水槽模型试验,认为推移质泥沙同岸输移的量远大于异岸输移。Johannesson 和 Parker(1989)认为在计算弯道中推移质横向输移时,除了考虑床面横比降,还应考虑环流的影响,并提出推移质横向输移的通用方程。

(3) 演变过程模拟,包括弯道内床面冲淤以及河湾蠕动的计算。早前研究者多采用解析法预测弯道内的床面变形(Odgaard,1986)。例如,Odgaard(1986)采用解析法模拟弯道内的水流结构及床面形态。在该模型中纵向流速沿水深按常见的幂函数分布,而横向流速沿水深按线性分布。由于模型采用较多的假设,所以仅适用于模拟相对简单的弯道。近年来 Sun 等(2001)采用弯道动态学线性原理以及弯道内推移质泥沙输移与分选的原理,建立了一个能考虑水流结构、地形变化及泥沙分选的弯道演变模型,用于模拟较长时期内自由弯道的演变过程。Chen 和 Duan(2006)提出了能模拟弯道演变中河宽调整过程的解析模型,该模型假设弯道断面形态为梯形,并考虑非黏性土河岸的变形过程。上述分析表明,经验法或解析法在模拟弯道演变时,由于采用过多假设,所以其适用范围有限。采用数值方法模拟天然弯曲河道的演变过程。

7.1.2　弯道演变的数值模拟方法

随着计算机技术及数值模拟方法的发展,更多研究者以二维或三维水沙运动控制方程为基础,采用数值方法模拟弯道内的水沙输移及床面变形过程。在急剧弯曲河段或复杂床面地形下,天然弯道内的水沙运动具有很强的三维特性并伴随有各种副流,采用三维模型模拟弯道变形比较符合实际(Wu,2000;Olsen,2003)。但由于三维模型的计算量比较大,且数值计算过程复杂,故在实际工程问题中仍广泛采用二维模型,不过应考虑弯道内二次流的影响(Wu,2004)。为了较好地预测弯道演变过程,在二维数学模型的控制方程中必须考虑以下三方面:①一个能够考虑二次流影响的二维水流模型;②弯道内悬移质及推移质泥沙输移的模型;③基于土力学与近岸水动力学为基础的崩岸力学模型。

1. 二维模拟方法

在实际工程问题中,水深平均的二维模型经常被用于模拟较长河段内弯道长时间的演变过程。由于二次流的存在,弯道内水沙运动特点要比顺直河道内复杂得多。现有部分二维模型通过在水沙控制方程中添加附加应力项来考虑二次流的影响,该应力项可通过平均流速与实际流速之差沿水深积分得到。目前主要由两类方法计算该附加应力项：一是通过引入二次流计算的解析方法（Wu 和 Wang，2004；Mosselman，1998；Darby et al.，2002）；二是采用动量矩方程（Jin 和 Steffler，1993）。第二种方法通过求解两个额外的动量矩方程来确定附加应力项，因此计算相对复杂，且计算量较大。故实际中多采用第一种方法来计算二维弯道模型中的附加应力项，这种处理既保持了二维数学模型计算量相对较小的优点，又能使计算结果具有一定的三维特性。例如，Wu 和 Wang（2004）在常见的二维水沙控制方程中添加二次流引起的附加应力项，较好地模拟了室内与天然急弯河段的水位、流速及含沙量的平面分布。

天然弯曲河段演变的一个重要特点是存在凹岸崩退与凸岸淤积。现有数学模型模拟天然弯道内的河床变形时，只要二次流运动及泥沙输移模拟正确，一般能够模拟凸岸淤积现象。对于凹岸崩退过程，需要补充其他模型才能模拟。在已有模拟弯道演变的二维模型中，大部分仅考虑均匀推移质泥沙输移引起的床面变形过程，仅有个别模型能同时考虑床面与河岸的变形过程。Shimizu 和 Itakura（1989）较早采用二维恒定模型计算弯道内由推移质输移引起的床面变形，但该模型既没有考虑二次流的影响，又没有考虑河岸变形。Mosselman（1998）将非黏性土河岸冲刷模型与二维恒定水沙模型结合用于模拟弯道演变，并考虑了二次流的影响。Nagata 等（2000）采用二维动边界贴体坐标系下的控制方程求解流场，结合非黏性土河岸崩退模型，模拟了室内弯道的发展过程。该模型考虑了水流对非黏性土河岸坡脚的冲刷以及水面以上河岸土体的崩塌过程。Duan 等（2001）采用准三维模型计算流场，结合非黏性土河岸冲刷模型，模拟了室内弯道中非黏性土河岸的崩退与淤长、边滩的形成与发展过程，但该模型忽略了水面以上河岸土体的崩塌过程，在计算过程中不考虑河岸边坡在冲淤变化时的稳定与否，同时假设在弯道演变过程中河宽保持不变。Kassem 和 Chaudhry（2002）采用二维非恒定模型模拟天然河湾内均匀推移质泥沙引起的床面变形过程，该模型也没有考虑河岸变形及二次流的影响。Darby 等（2002）建立了一个模拟弯道演变的二维恒定模型，该模型采用 Darby 和 Thorne（1996）提出的方法考虑黏性土河岸的变形过程。Jang 和 Shimizu（2005）建立了贴体坐标下的二维模型用于模拟弯道内推移质输移引起的床面变化及非黏性土河岸的变形过程。Duan 和 Julien（2005）采用二维模型模拟了弯曲河道的形成及发展过程，模型中采用平衡输沙假设使得该模型的适用范围有限。

因此在已有这些能模拟弯道演变的二维模型中，缺少能考虑二元结构河岸崩退过程的弯道演变模型，同时也存在如下不足之处：①已有模型一般不能用于模拟天然弯道的演变过程，通常仅能用于模拟室内小尺度弯道的床面及河岸变形；②这些模型需要在计算过程中重新划分计算区域及相应网格，这会花费大量计算时间，而且模型一般仅考虑单一主槽时的河岸边界移动，无法考虑河道多汊、水流漫滩等特殊情况下内部滩岸边界的崩退过程；③这些模型一般仅考虑弯道内均匀推移质泥沙的输移过程,很少考虑非均匀悬移质泥沙的不平衡输移过程,也不能模拟河床冲淤过程中床沙级配的调整过程。由此可见,在实际工程问题中,为模拟较长河段内弯道长时间的河床变形过程,有必要采用二维水沙数学模型。该模型不仅要考虑二次流的影响,还能同时模拟床面及河岸的变形过程。

2. 三维模拟方法

在某些急弯河段内水沙运动的三维性很强,现有二维模型如果没有考虑二次流的影响,则难以较好地模拟这些弯道内的水流结构。Lane 等(1999)指出,三维数学模型除了具有较高精度的预测能力,还能提供较为可靠的床面切应力分布。在三维模型中,二次流及其对水沙输移的影响能够直接考虑。因此随计算机性能的提高及数值计算技术的发展,采用三维模型模拟弯道演变过程逐渐发展。在 20世纪 90 年代,Shimizu 等(1990)通过引入纵向流速沿水深按对数流速分布及静水压力假定,简化了柱坐标下的三维模型,用于模拟 180°弯道内的水流结构。Demuren(1993)采用有限体积法计算弯道内的水流紊动结构,模型中采用曲线坐标系。Ye 和 Mc Corquodale(1998)通过求解曲线坐标系下的三维模型模拟弯道内的水流结构及物质输移,模型中采用σ坐标变换来跟踪自由水面及床面变化。该阶段三维模型主要侧重于模拟天然河段内的床面变形,这些模型中大部分采用了曲线坐标系下控制方程及静水压力假定。自 21 世纪初以来,用于模拟弯道内水沙输移及河床变形的全三维模型得到了较大发展,但是这些模型一般不考虑河岸崩退过程。Wu 等(2000)建立了基于非静水压力假定的三维有限体积法模型,用于模拟水流及全沙输移过程。Olsen(2003)采用有限体积法离散立面非结构网格下的三维紊流模型,用于模拟实验室内模型弯道的演变过程。Rüther 和 Olsen(2005)采用三维模型模拟 90°窄深弯道内的泥沙输移及床面变形,计算中采用经验公式计算推移质输沙率,同时考虑了床面横向坡度对推移质输移的影响。贾冬冬等(2009)将黏性土河岸崩塌模拟力学方法与水沙模型相结合,构建了考虑河岸变形的三维数学模型,该模型中采用局部网格可动技术处理由河岸崩退引起的河道摆动过程。因此在现阶段基于非静水压力假定及标准 k -ε 封闭的三维紊流模型得到了较大发展,但对于弯道内河岸崩塌过程很少模拟,尤其是具有典型二元结构河岸的弯道。

目前对于要同时模拟天然弯道内的床面冲淤及河岸崩塌过程,必须对近岸处的计算网格进行局部加密,这必然会大大减小计算时间步长。因此对于这种模拟情况,现有三维模型的计算时间往往很长,一般不适用于模拟较长河段内弯道长时间的演变过程。

7.2　具有二元结构河岸的弯道演变二维模型的建立

弯曲河道的河床变形在空间方向主要有两种方式：纵向变形和横向变形。纵向变形通常指床面冲深或淤高；横向变形，即河岸变形，一般指河岸崩退或淤长（谢鉴衡等，1989）。河岸崩退不仅会毁坏大量的岸边耕地，增加下游河道的淤积，而且会严重影响两岸的防洪、航运、工农业生产及岸边生态环境。目前长江中下游河道的崩岸现象非常普遍，尤其在荆江段，三峡工程运用后，该河段近 17% 的固定观测断面发生过崩岸现象（余文畴和卢金友，2008；夏军强等，2015）。因此荆江崩岸问题，越来越受到人们的注意，成为河床演变研究中的重点问题之一。在荆江河段，研究河床的横向变形与纵向变形同样重要。对于河岸淤长，现有数学模型不需要特殊处理就能模拟。对于河岸崩退，即水流对河岸的侧向冲刷以及由此引起的河岸崩塌过程，若不引入其他方法，则现有模型无法模拟出这种变形过程。模拟河岸崩退过程，过去常用经验方法与极值假说方法（夏军强等，2005）。这些方法都是用来预测河床由不平衡状态到平衡状态时河宽调整大小，无法预测河床处于不平衡情况下的河宽变化，也不能考虑河岸崩塌时的内在力学机理，而且由这些方法得到的结果往往与实测值不一致。由于河岸变形是一个力学问题，所以应采用力学方法来模拟河岸的崩退过程（ASCE Task Committee，1998b）。

Osman 和 Thorne（1988）与 Darby 和 Thorne（1996）提出了模拟黏性土河岸崩退过程的力学模型。该模型采用经验关系估算河岸横向冲刷宽度，然后用土力学中的边坡稳定性理论判断岸坡是否崩塌，但该模型一般适用于分析特定断面的河岸稳定性。Darby 等（1996，2002）建立了准二维及二维河床纵向与横向变形数学模型，适用于黏性土河岸。不过这些模型仅适合模拟简单河道地形下的河床变形过程。Nagata 等（2000）、Duan 等（2001）分别建立了二维及准三维河床变形模型，适用于非黏性土河岸。Nagata 等（2000）采用沙量守恒法模拟河岸崩退过程，而Duan 等（2001）采用输沙平衡法确定河岸崩退与淤长过程。现有模型在模拟河岸崩退过程中，水流要素的计算方法，不是过于简单，就是太复杂，很难应用于实际工程问题，而且很少考虑到河岸崩退时内在的力学机理。

本研究将仅能模拟河床纵向变形的平面二维水沙数学模型与建立在力学基础上的二元结构河岸崩退模型结合，创建了具有二元结构河岸的弯道演变二维模型。它能模拟复杂地形下的河床变形过程，并适用于荆江段不同类型的土质河岸。具体来说，该模型具有如下特点。

（1）采用正交曲线坐标下沿水深平均的平面二维水沙控制方程，以适合不规则的岸边界，同时通过在二维控制方程中增加附加应力项来考虑二次流对水沙输移过程的影响。

(2) 在前人研究的基础上,提出二元结构河岸崩退的力学模型。对于上荆江河岸,引入并改进 Osman 和 Thorne(1988)提出的方法,用于模拟水流直接冲刷河岸以及重力作用下的河岸崩塌过程;对于下荆江河岸,采用改进后的绕轴崩塌模式,用于模拟河岸下部非黏性土层冲刷,以及河岸上部黏性土层受拉崩塌的过程。

(3) 提出河岸形态修正技术,将平面二维水沙数学模型与河岸崩退的力学模型紧密结合,这种处理方法充分利用水沙动力学模型与土力学模型的计算结果来模拟河岸变形过程(夏军强等,2005)。在计算网格固定不变的情况下,可以模拟单一主槽或多汊河道的滩岸横向变形过程,而且每计算完一个时间步长后无须重新划分网格。这种处理方法可大大节省计算时间。

7.2.1　平面二维水沙数学模型

1. 曲线坐标系下的二维水沙控制方程

1) 水流控制方程
水流连续方程:

$$\frac{\partial Z}{\partial t} + \frac{1}{C_\xi C_\eta}\frac{\partial}{\partial \xi}(UhC_\eta) + \frac{1}{C_\xi C_\eta}\frac{\partial}{\partial \eta}(VhC_\xi) = 0 \tag{7.1}$$

ξ 方向水流动量方程:

$$\frac{\partial U}{\partial t} + \underbrace{\frac{U}{C_\xi}\frac{\partial U}{\partial \xi} + \frac{V}{C_\eta}\frac{\partial U}{\partial \eta} + \frac{UV}{C_\xi C_\eta}\frac{\partial C_\xi}{\partial \eta} - \frac{V^2}{C_\xi C_\eta}\frac{\partial C_\eta}{\partial \xi}}_{\text{对流项(IV)}} + \underbrace{\frac{g}{C_\xi}\frac{\partial Z}{\partial \xi}}_{\text{II}} + \underbrace{gn^2\frac{\sqrt{U^2+V^2}}{h^{4/3}}U}_{\text{III}}$$

$$= \underbrace{\frac{\nu_t}{C_\xi}\frac{\partial A}{\partial \xi} - \frac{\nu_t}{C_\eta}\frac{\partial B}{\partial \eta} + F_{s\xi}}_{\text{I}} \tag{7.2}$$

η 方向水流动量方程:

$$\frac{\partial V}{\partial t} + \underbrace{\frac{U}{C_\xi}\frac{\partial V}{\partial \xi} + \frac{V}{C_\eta}\frac{\partial V}{\partial \eta} + \frac{UV}{C_\xi C_\eta}\frac{\partial C_\eta}{\partial \xi} - \frac{U^2}{C_\xi C_\eta}\frac{\partial C_\xi}{\partial \eta}}_{\text{对流项(IV)}} + \underbrace{\frac{g}{C_\eta}\frac{\partial Z}{\partial \eta}}_{\text{II}} + \underbrace{gn^2\frac{\sqrt{U^2+V^2}}{h^{4/3}}V}_{\text{III}}$$

$$= \underbrace{\frac{\nu_t}{C_\xi}\frac{\partial B}{\partial \xi} + \frac{\nu_t}{C_\eta}\frac{\partial A}{\partial \eta} + F_{s\eta}}_{\text{I}} \tag{7.3}$$

式中,ξ 和 η、U 和 V 分别为正交曲线坐标系下的坐标及相应的流速分量;$Z(=h+Z_b)$ 为水位,h 为水深,Z_b 为河底高程;n 为糙率;C_ξ 和 C_η 为 Lami 系数,$C_\xi = \sqrt{x_\xi^2 + y_\xi^2}$,$C_\eta = \sqrt{x_\eta^2 + y_\eta^2}$;$A$ 和 B 分别为 $A = \frac{1}{C_\xi C_\eta}\left[\frac{\partial}{\partial \xi}(C_\eta U) + \frac{\partial}{\partial \eta}(C_\xi V)\right]$,$B = \frac{1}{C_\xi C_\eta}\left[\frac{\partial}{\partial \xi}(C_\eta V) - \frac{\partial}{\partial \eta}(C_\xi U)\right]$;$\nu_t$ 为紊动黏性系数,取 $\nu_t = 0.067u_* h$,u_* 为摩阻流

速。式(7.2)和式(7.3)中，Ⅱ为水面比降项；Ⅲ为床面阻力项；等号右边最后一项(Ⅰ)具体可表为

$$F_{s\xi} = \frac{1}{h}\Big[\frac{1}{C_\xi}\frac{\partial(hT_{\xi\xi})}{\partial\xi} + \frac{1}{C_\eta}\frac{\partial(hT_{\xi\eta})}{\partial\eta}\Big] + \Big(\frac{2T_{\xi\eta}}{C_\xi C_\eta}\frac{\partial C_\xi}{\partial\eta} + \frac{2T_{\xi\xi}}{C_\xi C_\eta}\frac{\partial C_\eta}{\partial\xi}\Big) \quad (7.4)$$

$$F_{s\eta} = \frac{1}{h}\Big[\frac{1}{C_\xi}\frac{\partial(hT_{\eta\xi})}{\partial\xi} + \frac{1}{C_\eta}\frac{\partial(hT_{\eta\eta})}{\partial\eta}\Big] + \Big(\frac{2T_{\eta\eta}}{C_\xi C_\eta}\frac{\partial C_\xi}{\partial\eta} + \frac{2T_{\eta\xi}}{C_\xi C_\eta}\frac{\partial C_\eta}{\partial\xi}\Big) \quad (7.5)$$

式中，F_ξ 和 F_η 分别为 ξ 和 η 方向二次流引起的附加应力项；$T_{\xi\xi} = -2\beta UV$、$T_{\xi\eta} = F_{\eta\xi} = \beta(U^2 - V^2)$ 和 $T_{\eta\eta} = 2\beta UV$ 为考虑二次流影响的附加剪切应力，β 是与弯道曲率半径相关的系数，与河道水深成正比，与有效曲率半径成反比。已有研究结果表明(邓春艳等，2013)，在微弯河段(如上荆江沙市段)，当来流流量不是很大时，二次流附加应力项(Ⅰ)与其他影响项(Ⅱ+Ⅲ+Ⅳ)之和的比值很小，可以忽略不计，即模型中可以不考虑二次流的影响；但在急弯河段(如下荆江石首段)，当来流为大流量时，二次流影响十分显著，模型中不能忽略。

2) 悬移质泥沙的不平衡输移方程

$$\frac{\partial}{\partial t}(hS_k) + \frac{1}{C_\xi C_\eta}\Big[\frac{\partial}{\partial\xi}(C_\eta UhS_k) + \frac{\partial}{\partial\eta}(C_\xi VhS_k)\Big] = \frac{1}{C_\xi C_\eta}\Big\{\frac{\partial}{\partial\xi}\Big[\varepsilon_\xi\frac{C_\eta}{C_\xi}\frac{\partial}{\partial\xi}(hS_k)\Big]$$

$$+ \frac{\partial}{\partial\eta}\Big[\varepsilon_\eta\frac{C_\xi}{C_\eta}\frac{\partial}{\partial\eta}(hS_k)\Big]\Big\} + \frac{\alpha_{*k}\omega_{*k}}{h}(hS_{*k} - hS_k) + S_{ok}$$

$$(7.6)$$

式中，ε_ξ、ε_η 分别表示 ξ、η 方向的泥沙扩散系数；S_k、S_{*k}、ω_{*k} 分别为第 k 粒径组泥沙的含沙量、分组挟沙力及有效沉速；α_{*k} 为第 k 粒径组泥沙的恢复饱和系数；S_{ok} 为悬移质泥沙输移的侧向输入项。本模型采用张瑞瑾公式计算荆江河段的水流挟沙力，但相关参数由研究河段实测资料率定(张瑞瑾等，1989)；对挟沙力级配的计算，采用李义天提出的方法，该方法同时考虑了水流条件与床沙组成对挟沙力级配的影响(李义天，1987)。

3) 河床纵向变形方程

由悬移质泥沙不平衡输移引起的河床纵向变形方程为

$$\rho'\frac{\partial Z_b}{\partial t} = \sum_{k=1}^{N}\alpha_{*k}\omega_{*k}(S_k - S_{*k}) \quad (7.7)$$

式中，ρ' 为床沙干密度；N 为非均匀沙的分组数。

2. 二维控制方程的数值解法

在计算前必须先给定水流条件及含沙量的初始值，同时也须给出合适的边界条件。模型中采用"冻结法"技术，处理因水位升降而引起的岸边界移动，以及边

滩、江心洲的淹没与露出。为模拟河床冲淤过程中的床沙粗化或细化现象,本模型将床沙分为两大层(床沙活动层及分层记忆层)进行计算(夏军强等,2005)。

对于水流条件计算,采用空间概念上的分步法,将式(7.1)~式(7.3)按 ξ、η 方向进行算子分裂,分别得到相应的两组方程组。在离散水流控制方程时,一般采用时间前差和空间中心差的离散格式,然后采用交错网格下的 ADI 法求解;对于悬沙输移计算,采用分步法计算悬移质含沙量的平面分布。先将式(7.6)分裂成 ξ、η 方向的两个一维方程。然后对 ξ 方向的方程,采用指数显格式离散;对于 η 方向的方程,采用 C-N 型隐格式离散。这种计算格式的优点在于当纵向流速较大时,即对流项占优时,可以消除采用全隐格式计算所带来的振荡解,同时又能采用较大的时间步长;对于河床纵向变形计算,显式求解式(7.7),可直接得出时段末的床面高程。

7.2.2 上、下荆江河岸崩退过程的力学模型

按照崩岸形态特征,荆江河段主要有两种崩岸类型(钱宁等,1987;余文畴和卢金友,2008)。第一类是窝崩,又称圆弧滑动或弧形"挫崩",一般发生在沙土层较低,黏性土覆盖层较厚的河段;但当河岸较高时,这类河岸崩塌以平面滑动破坏为主,在上荆江河岸中也经常发生。第二类是条崩,又称坍落,多发生在沙层较高,黏性土较薄并较松散的河岸。

在二元结构河岸崩退过程的力学模型中,一般首先计算河岸下部土层的侧向冲刷宽度,然后采用不同方法分析不同崩塌类型中岸坡的稳定性。为便于将崩岸模型与平面二维水沙数学模型耦合,本研究中仅考虑荆江河岸的两类失稳方式,即上荆江河岸的平面滑动破坏及下荆江河岸的绕轴崩塌破坏。

1. 上荆江二元结构河岸崩退模型

实测资料表明,上荆江河岸上部黏性土层相对较厚,因此河岸崩退过程模拟可以采用黏性土河岸崩退模式。本研究提出的黏性土河岸崩退模型可以模拟上述两种因素(水流直接冲刷河岸与重力作用下的河岸崩塌)引起的河岸崩退过程,并且是在 Osman 和 Thorne(1988)提出的力学模型基础上改进而成的。由于 Osman 和 Thorne(1988)提出的模型中假定从河岸直接冲刷和崩塌下来的土体是全部铺在床面上的。实际情况是那部分土体中有一部分转化为床沙,另一部分转化为悬沙。因此应对这种处理方法进行改进:先不考虑床面冲淤变形对河岸边坡稳定性的影响,而在时段末根据近岸处水面以下计算节点的冲淤状况修改河岸坡脚处的高程,然后再在下一个计算时段内考虑前一时段坡脚处的床面变形对岸坡稳定性的影响。这样就能在求解悬沙输移方程之前,计算出式(7.6)中的侧向输入项,同

时又能间接考虑近岸床面冲淤状况对岸坡稳定性的影响。另外,在 Osman 和 Thorne 提出的河岸稳定性分析模型中仅考虑了近岸床面冲刷时的岸坡稳定性问题。本模型将同时考虑近岸床面冲刷或淤积时的岸坡稳定问题。下面将给出改进后的河岸崩退模型的具体计算步骤。

1) 横向冲刷宽度计算

在 Δt 时间内,黏性土河岸被水流横向冲刷后退的宽度为

$$\Delta B = C_l \times \Delta t \times (\tau_f - \tau_c) e^{-1.3\tau_c} / \gamma_{tk} \tag{7.8}$$

式中,γ_{tk} 为河岸土体容重;ΔB 为 Δt 时间内河岸因水流侧向冲刷而后退的宽度;τ_f 为作用在河岸上的水流切应力;τ_c 为河岸土体的起动切应力,一般可用唐存本 (1963) 提出的公式进行计算;C_l 为河岸冲刷系数,需由实测资料率定。本研究中这些参数的具体取值,可参考第 3 章的概化水槽试验结果。

2) 河岸稳定性分析

近岸水流直接冲刷河岸坡脚使岸坡变陡,或者近岸床面冲刷使岸高增加,都会导致河岸稳定性降低。根据土力学中的边坡稳定性关系以及河岸崩塌过程的实测资料,河岸边坡稳定性分析过程可以分为以下两步(Osman 和 Thorne,1988)。

(1) 河岸初次崩塌。

图 7.1(a) 为河岸发生初次崩塌时的岸坡形态。由初始河岸高度 H_1,以及由式(7.8)确定横向冲刷宽度 ΔB 及转折点以上的河岸高度 H_2,即可计算相对河岸高度的实测值 $(H_1/H_2)_m$。当河岸发生初次崩塌时,破坏面与水平面的夹角 β 为

$$\beta = 0.5 \times \{\arctan[(H_1/H_2)_m (1.0 - k^2) \cdot \tan(i_0)] + \phi\} \tag{7.9}$$

式中,k 为河岸上部拉伸裂缝深度 H_t 与河岸高度 H_1 之比,可根据黏性土的临界直立高度确定该值;ϕ 为河岸土体的内摩擦角。由式(7.9)求出 β 后,便可采用土力学中的边坡稳定性分析,计算将要发生崩塌时相对河岸高度的分析解 $(H_1/H_2)_c$,即

$$(H_1/H_2)_c = 0.5 \times \{\lambda_2/\lambda_1 + \sqrt{(\lambda_2/\lambda_1)^2 - 4(\lambda_3/\lambda_1)}\} \tag{7.10}$$

式中,$\lambda_1 = (1-k^2)(0.5\sin 2\beta - \cos^2\beta \tan\phi)$;$\lambda_2 = 2(1-k)c/(\gamma_{tk} H_2)$;$\lambda_3 = (\sin\beta\cos\beta\tan\phi - \sin^2\beta)/\tan(i_0)$;$c$ 为河岸土体的凝聚力。

根据 $(H_1/H_2)_m$ 和 $(H_1/H_2)_c$ 的大小,判断河岸是否会发生初次崩塌。

① 若 $(H_1/H_2)_m < (H_1/H_2)_c$,那么河岸边坡稳定,$H_1$ 不是河岸发生崩塌的临界高度,则进入下一个时段的河床变形计算。

② 若 $(H_1/H_2)_m \approx (H_1/H_2)_c$,那么河岸边坡不稳定,$H_1$ 是河岸发生崩塌的

临界高度。利用河岸几何形态关系,可计算出河岸崩塌土体的宽度 BW 及单位河长的崩塌体积 VB,它们可分别表示为

$$BW = \frac{H_1 - H_t}{\tan\beta} - \frac{H_2}{\tan i_0} \tag{7.11a}$$

$$VB = 0.5 \times \left(\frac{H_1^2 - H_t^2}{\tan\beta} - \frac{H_2^2}{\tan i_0}\right) \tag{7.11b}$$

③ 若 $(H_1/H_2)_m > (H_1/H_2)_c$,则河岸边坡已发生崩塌,在这种情况下计算得到的床面冲刷深度 ΔZ,或者河岸横向冲刷宽度 ΔB 值偏大,此时可通过减小计算时间步长来调整。

(2) 河岸二次崩塌。

若河岸已发生初次崩塌,则假定以后的河岸崩塌方式为平行后退,即以后河岸边坡崩塌时的破坏角度恒为 β,见图 7.1(b)。可用上述类似的方法确定 $(H_1/H_2)_m$。在以后的岸坡稳定性分析中,可用式(7.12)计算 $(H_1/H_2)_c$,即

$$(H_1/H_2)_c = 0.5 \times \left[\frac{\omega_2}{\omega_1} + \sqrt{\left(\frac{\omega_2}{\omega_1}\right)^2 + 4}\right] \tag{7.12}$$

式中,$\omega_1 = \sin\beta\cos\beta - \cos^2\beta\tan\phi$;$\omega_2 = 2(1-k)c/(\gamma_{bk}H_2)$。在已知 $(H_1/H_2)_m$、$(H_1/H_2)_c$ 的情况下,河岸的边坡稳定性分析可采用类似河岸发生初始崩塌时的方法进行判断。根据河岸形态的几何关系,二次崩塌时岸顶后退的宽度 BW 及相应单位河长的崩塌体积 VB 可用式(7.13)计算,即

$$BW = \frac{H_1 - H_2}{\tan\beta}, \quad VB = 0.5 \times \frac{H_1^2 - H_2^2}{\tan\beta} \tag{7.13}$$

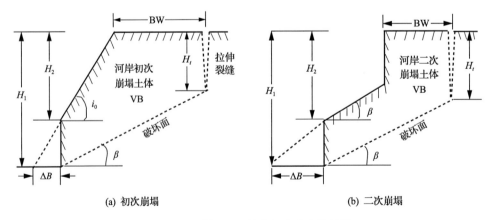

(a) 初次崩塌　　　　　　　　　　(b) 二次崩塌

图 7.1　上荆江二元结构河岸稳定性计算

2. 下荆江二元结构河岸崩退数学模型

以往研究表明,对于这类下部沙土层较厚而上部黏土层较薄的二元结构河岸,河岸崩塌时发生绕轴失稳的可能性最大(Thorne 和 Tovey,1981),故下荆江河岸的条崩过程仅考虑绕轴失稳计算。根据下荆江河段二元结构河岸绕轴崩塌的特点,认为崩岸发生时上部黏性土层中存在张拉裂隙,同时假设在断裂面上的抗拉应力及抗压应力均为三角形分布,绕轴崩塌的中性轴位于裂缝以下土体的受力中心,崩岸模式如图7.2所示。

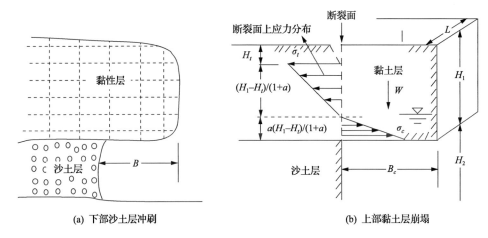

(a) 下部沙土层冲刷   (b) 上部黏土层崩塌

图 7.2 下荆江二元结构河岸稳定性计算

因此在河岸条崩模拟中,采用式(7.14)计算值作为黏土层崩塌时的临界悬空长度,即

$$B_c = \sqrt{2\sigma_t H_1 (1 - H_t/H_1)^2 / [3(1+a)\gamma_1]} \tag{7.14}$$

式中,B_c、H_1、γ_1 分别为黏性土层的临界悬空宽度、高度及容重;H_t 为河岸顶部张拉裂隙的深度;a 为黏性土层的抗拉应力与抗压应力之比。

对于这类下部沙土层较厚而上部黏土层较薄的二元结构河岸,本模型在计算中仅考虑水下沙土层的侧向冲刷过程。在 Δt 时间内,沙土层被水流横向冲刷的宽度 B_w 可由式(7.15)计算,即

$$B_w = \Delta t \cdot \varepsilon = \Delta t \cdot k_d(\tau_f - \tau_c) \tag{7.15}$$

式中,土体起动切应力 τ_c 及侵蚀系数 k_d 可由本次概化试验结果确定;τ_f 为作用在河岸上的水流切应力,可由二维水沙数学模型计算得到。该崩岸模型不仅能模拟近岸水流直接冲刷下部沙质土层的过程,还能模拟上部黏性土层的绕轴崩塌过程。

3. 悬移质输移侧向输入项计算

从河岸冲刷及崩塌下来的土体,一部分会堆积在岸边,作为床沙;另一部分会转化为悬移质,被近岸水流带走,这部分泥沙即为悬移质泥沙输移方程中的侧向输入项。

假设河岸土体密度为 ρ_{bk},含水量为 ω,在 Δt 时段内,第 i 断面中单位长度河岸冲刷与崩塌的土体总体积为 $V_{bk}(i)$。第 $i-1$ 与 i 断面之间的纵向距离为 $\Delta x(i)$,平均水面宽度为 $B(i)$,假设该河段内河岸发生冲刷与崩塌的纵向范围可用概率 P_2 表示。在 Δt 时段内,第 $i-1$ 与 i 断面间河岸冲刷与崩塌的土体总体积为 $V_{i-1,i} = 0.5 \times (V_{bk}(i-1) + V_{bk}(i)) \times \Delta x(i) \times P_2$,则这部分土体中所含的泥沙质量为 $M_{i-1,i} = V_{i-1,i} \times \rho_{bk}/(1+\omega)$。如果这部分土体转化为悬沙的比例为 P_1,则悬移质输移方程(7.4)中的侧向输入项 S_{ok} (kg/m² · s)可用式(7.16)计算,即

$$S_{ok} = \frac{1}{\Delta t} \frac{M_{i-1,i} \times P_1}{\Delta x(i) \times B(i)} \times \Delta P_{bk} \qquad (7.16)$$

式中,ΔP_{bk} 为河岸土体的级配。从河岸直接冲刷和崩塌下来的土体,除了一部分转化为悬沙,本模型假设其余部分全部堆积在近岸床面上。式中,参数 P_1 与 P_2 一般很难确定,需要由实测资料率定。在此以黄河下游游荡段的河床变形为例,分析上述两参数的确定方法。通过悬移质泥沙的横向输移,以及二次流的作用,崩塌后的河岸物质大部分淤积在主槽内。因此转化为悬沙的那一部分比较少,故 P_1 应是一较小的值。Darby 和 Thorne(1996)提出采用河岸土体特性确定 P_2 值。由于通常缺少沿程的河岸土体特性资料,所以该参数须由实测资料率定。

7.3　上荆江沙市微弯河段崩岸过程数值模拟

本节采用上述具有二元结构河岸的弯道演变二维模型,计算了三峡工程运用后上荆江沙市微弯河段的冲淤过程。首先利用沙市河段 2004 年实测水沙及地形数据,率定了模型中的相关参数。典型断面垂线平均流速及含沙量的计算与实测值符合较好,表明该模型在计算河道水沙输移等方面具有较高的精度;沙市河段 2004 年汛期河床变形过程的模拟结果表明,该河段水位、河床冲淤量等计算与实测结果基本一致,故该模型同样能较好地计算河床冲淤过程;典型断面形态变化的计算结果显示,三峡工程运用,沙市河段的江心洲及边滩遭受水流冲刷较为明显,局部河段的滩岸存在崩退现象,这与实际观测结果符合。

7.3.1　沙市微弯河段概况

沙市河段位于三峡水库下游沙质河段,上起陈家湾(荆 29),下至观音寺(荆 52),长约 33km,属于典型的微弯分汊型河道(图 7.3)。该河段出现分汊河道的位置分别位于太平口心滩、三八滩和金城洲处,其中在三八滩附近尤为明显,心滩呈周期性冲淤变化。河段内有荆州长江大桥横跨三八滩汊道。该河段河道平面形态呈藕节状,宽窄相间,河道较窄处宽为 800~1000m,中间最大宽度可达 2500m(荆 39 附近)。河床主要由中细沙组成(0.1~0.5mm),中值粒径约 0.2mm;河岸为由上部较厚的黏性土层和下部较薄的沙土层组成的二元结构。

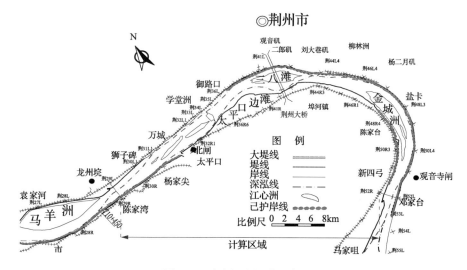

图 7.3　沙市河段河道示意图

沙市河段冲刷较为严重,2002~2013 年该河段年均河槽冲刷强度达 24.57 万 m³/(km·a),且河槽深泓冲深较为明显,同时期内平均冲刷深度达 1.77m,最大冲深位于金城洲段,冲刷深度达 9.6m(荆 49)。由于两岸护岸工程的建设(图 7.3),该河段河势总体上较为稳定,但近期河床冲深使得滩槽高差增大,河岸稳定性降低,局部河段仍时有崩岸发生。在太平口边滩附近,右侧深槽紧邻滩岸(图 7.4(b)),而此处守护工程较少,河岸可动性相对较强。根据近期沙市段实测地形资料可知,太平口边滩附近的断面,深槽逐渐右移,贴近右岸,使得该侧河岸不断崩退。在三八滩附近,水流分为两汊,近年来,主支汊交替发展。其中右汊深槽高程较低,滩槽高差大,2004 年汛前右汊深槽最低点仅 5m 左右(图 7.4(b)),但受地质条件等的影响,该河段两侧河岸基本维持稳定。在金城洲附近,两岸均有护岸工程守护(图 7.3),河势较为稳定,主汊(左汊)保持不变,但右汊有所发展(黄颖等,2009)。

7.3.2　沙市河段计算条件及参数率定

1. 沙市河段计算条件

1) 计算河段网格及地形

研究河段为沙市微弯河段,位于荆 29～荆 52,该河段内设有 28 个固定观测断面。模型采用正交曲线网格,计算区域划分的网格数为 169×25,最大和最小空间步长在纵向分别为 424m 和 79m,在横向分别为 317m 和 36m(图 7.4(a))。

采用该河段 2004 年 7 月的实测地形作为初始地形(图 7.4(b)),计算河段各节点的地形由原始实测地形在网格节点上进行插值获得,如图 7.4(b)所示。从图中可以看出,该河段主槽在上游顺直段靠右岸走,于太平口心滩分为左右两汊;其中右汊为主汊,经过该心滩后,左右汊主流汇合,又在三八滩处分为南北两汊,此后主流沿弯道段凹岸走,直至出口断面。

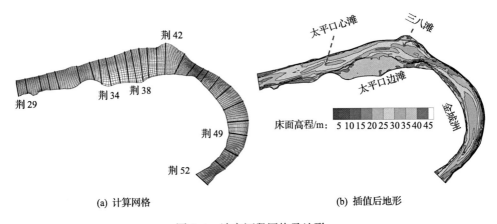

(a) 计算网格　　　　　　　　　　　(b) 插值后地形

图 7.4　沙市河段网格及地形

2) 进出口边界的水沙条件

计算时段为 2004 年 8 月 1 日～9 月 30 日,在进口边界给定流量及悬移质来沙过程,如图 7.5 所示。进口边界水沙条件采用沙市(二郎矶)站 2004 年同时期的日均流量、含沙量过程和相应的悬移级配资料。由于该河段推移质来量较少(2002 年上游宜昌站推移质来沙量不到悬移质沙量的 5%)(长江水利委员会水文局,2014),所以计算中暂不考虑推移质泥沙输移部分。计算时段内沙市站平均、最大和最小流量分别为 21107m³/s、47000m³/s 和 15300m³/s;其中 30000m³/s 以上的洪峰流量历时约一周;相应的含沙量平均、最大和最小值分别为 0.359kg/m³、1.620kg/m³ 及 0.107kg/m³(图 7.5)。

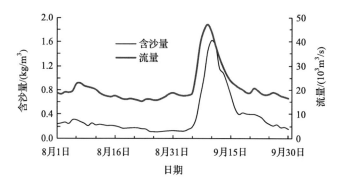

图 7.5　沙市(二郎矶)站 2004 年汛期日均流量及含沙量过程

图 7.6(a)给出了沙市站部分时段内的悬移质泥沙级配,其中粒径小于 0.5mm 的泥沙颗粒含量均达到了 100%,表明该站悬沙均为小于 0.5mm 的中、细沙。图中 5 个时刻的悬沙中值粒径 D_{50} 分别为 0.049mm、0.010mm、0.133mm、0.020mm 及 0.151mm(按时间顺序排列)。在 7~9 月内各月的平均悬沙中值粒径分别为 0.018mm、0.045mm 及 0.027mm。因此可知该站 2004 年汛期悬移质来沙在 7 月和 9 月较细,而在 8 月份较粗。

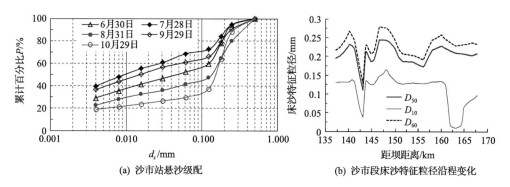

(a) 沙市站悬沙级配　　　　　　　　(b) 沙市段床沙特征粒径沿程变化

图 7.6　河段来沙与床沙级配

模型在出口边界(荆 52 断面)给定水位过程,该断面在某一特定流量下的水位值按如下方法求得。首先根据沙市(二郎矶)水文站的实测水位按河床比降进行插值,求出荆 52 断面水位的第一次计算值,然后根据下游新厂站实测水位再次按河床比降插值,求得该断面水位的第二次计算值,最终取两次计算结果的平均值作为水沙计算模型中采用的水位结果。初始条件由一维非恒定水沙模型的计算结果来确定。

3) 初始床沙级配

由于缺乏 2004 年汛前沙市河段的床沙级配数据,所以本次计算采用该河段

2003 年汛后实测的床沙级配资料。图 7.6(b)为沙市河段床沙特征粒径 D_{10}、D_{50}、D_{60} 的沿程变化。该河段床沙中值粒径 D_{50} 的平均值为 0.207mm，D_{10} 和 D_{60} 的均值分别为 0.107mm 和 0.232mm；其中虎渡河分流口附近（距坝 142~144km）床沙粒径较小，D_{50} 介于 0.112~0.150mm；其余各断面的 D_{60} 及中值粒径 D_{50} 相差不大，但下游荆 48~荆 50 断面（距坝 162~165km）D_{10} 较小，不均匀系数 C_u（D_{60}/D_{10}）较大，表明在这些断面床沙级配的分布范围相对较广。

2. 沙市河段模型相关参数率定

在不同河段，由于地质、地形及植被等条件差异，二维水沙模型中的部分参数可能会存在明显不同，所以需要根据研究河段的实测资料对这些参数进行率定。本研究选取了不同的水沙系列，分别对 10 月 7 日~9 日沙市河段的流速及含沙量分布进行模拟，并将计算结果与实测资料进行对比，从而确定最优参数。模型率定后该河段主槽、低滩及高滩的糙率分别为 0.020、0.030 和 0.035；泥沙恢复饱和系数在发生冲刷时取值范围为 0.10~0.60，平均值为 0.3；发生淤积时取值范围为 0.05~0.20，平均值约 0.13，冲淤平衡时取前两者的均值。图 7.7~图 7.10 给出了该河段部分典型断面流速、含沙量横向分布的计算值与实测值的对比。从图中可以看出：

（1）总体上，垂线平均流速及含沙量分布的计算值与实测值均符合较好。在复式断面（沙 4），流速和含沙量在两侧深槽内各存在一峰值；河道中心处由于水深较小，其流速及含沙量也相对较低。在单一河槽断面，流速及含沙量最大值均偏向凹岸（荆 45、荆 51），但两者所处位置并不重合，含沙量最大值出现在略靠近凸岸的位置。

（2）从单个断面来看，荆 38 断面流速、含沙量的计算值与实测值相比，具有较大偏离。就两者计算值的大小而言，断面平均流速较实测值略小，而断面平均含沙量较大；就其沿横向分布而言，垂线平均流速及含沙量的最大计算值基本位于河道中心附近，而最大实测值偏向左岸。分析造成此较大偏离的原因，可能在于该断面附近河床地形较为复杂（图 7.3）。

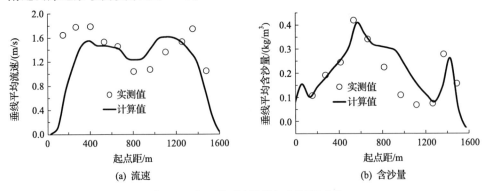

图 7.7　沙 4 断面计算值与实测值对比

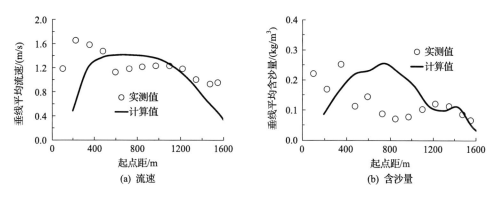

(a) 流速　　　　　　　　　　　　(b) 含沙量

图 7.8　荆 38 断面计算值与实测值对比

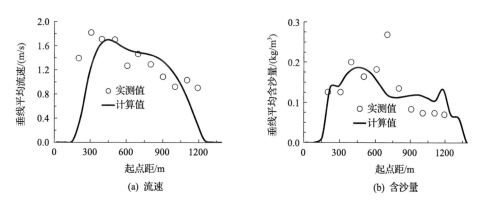

(a) 流速　　　　　　　　　　　　(b) 含沙量

图 7.9　荆 45 断面计算值与实测值对比

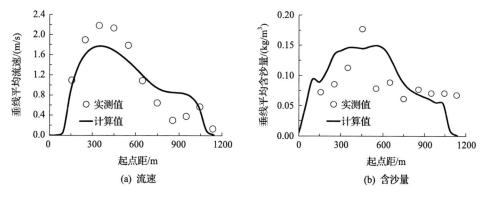

(a) 流速　　　　　　　　　　　　(b) 含沙量

图 7.10　荆 51 断面计算值与实测值对比

7.3.3 沙市段 2004 年汛期水沙输移及河床变形计算结果

1. 沿程水位

图 7.11 给出了荆 29 断面（陈家湾水位站）及荆 42 断面（沙市水文站）的水位计算结果与实测值的比较。从图中可知，模型计算得到的水位过程与实测值符合较好，在这两个断面相对计算误差均不超过 2%。

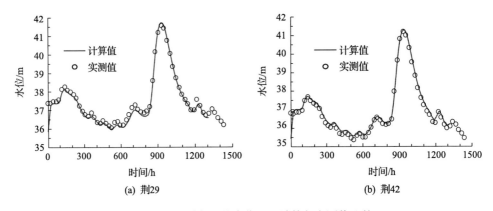

图 7.11　不同断面的水位过程计算与实测值比较

2. 流速分布

图 7.12 给出了不同时刻沙市河段的流速分布。从时段初的流速分布来看，由于来流流量仅为 $18700\text{m}^3/\text{s}$，与沙市河段平滩流量相比较小，水位相对较低，所以太平口边滩有很大一部分面积出露于水面之上；但太平口心滩及金城洲均被水流淹没，三八滩除了尾部地势较高的小部分滩地露出水面，其余大部分滩地被水流淹没（图 7.12(a)）。随着流量的不断增大，太平口边滩部分面积逐渐被水流淹没。

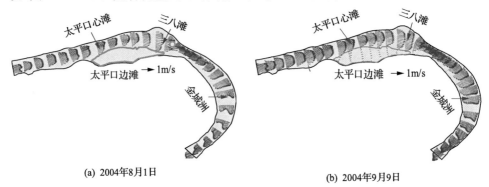

图 7.12　沙市河段不同时刻的流速分布

到 9 月 9 日,流量达到最大值 47000 m³/s,如图 7.12(b)所示。此时由于水位较高且水流趋直,太平口边滩和荆 42 下游凸岸边滩的部分滩地被水流淹没,但滩地上流速较小;三八滩基本上全部淹没于水下。在时段末,流量减小到 17000 m³/s,河道内水位降低,部分滩地又重新露出水面。

3. 河段冲淤过程分析

由于缺乏沙市河段计算时段内冲淤量的实测统计资料,所以此处采用如下方式对计算时段内的河道冲淤量进行估计:首先根据 2004 水文年内沙市站日均输沙率过程,求出计算时段内的输沙量占该水文年总输沙量的比例;然后根据该比例及该年河道总冲淤量确定计算时段内的冲淤量;最后将其与计算结果进行对比,验证后者计算结果的合理性。沙市站 2004 水文年的总输沙量为 1.0 亿 t,而计算时段内的输沙量为 0.53 亿 t,占总量的 53%。另外,根据沙市河段历年河道冲淤量的统计资料,2004 年该河段发生冲刷,平滩河槽总冲刷量达 886 万 m³。由此初步估算计算时段内沙市河段的平滩河槽冲刷量约为 461 万 m³。

图 7.13 给出了二维弯道演变模型计算得到的沙市河段平滩河槽冲淤量过程。从图中可以看出:到计算时段末,该河段河槽累计冲刷量的计算值为 445 万 m³,与上述估计值相差仅 3.5%。从冲刷量在各时段内的分布来看,其变化特点基本与流量过程相对应,即某特定时段内流量较大,则相应的河槽冲刷量也较大。平滩河槽冲刷最为剧烈的时段为 9 月 7 日~15 日,该时段内流量超过或接近 30000m³/s,水流冲刷强度大,从而导致河槽冲刷较为剧烈,冲刷量占整个计算时段的 53% 左右。

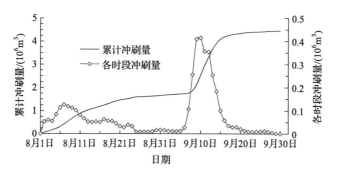

图 7.13　沙市河段冲淤量过程

4. 典型断面形态变化分析

由于近期三峡水库采取蓄水拦沙的运用方式,进入坝下游河段的沙量急剧减少,沙市河段河床变形主要体现为河床的冲刷下切以及部分洲滩的萎缩。该河段内太平口心滩下移,太平口边滩、三八滩等洲滩遭受水流冲刷较为明显。

图 7.14 给出了二维弯道演变模型计算得到的该河段部分典型断面形态的变化过程。图 7.14(a)为荆 33 断面形态变化。该断面位于沙市水文站上游 8.6km 处,其河道中心为太平口心滩,而右侧为太平口边滩(图 7.3)。从图中可以看出,计算时段内该断面在河道中心处床面遭受水流冲刷,但冲刷程度较小;右侧河岸略有崩退,表明太平口心滩及边滩均被水流冲刷。图 7.14(b)为沙市水文站(荆 42)上游 1.03km 处的断面形态,该断面处于三八滩分汊段尾部,呈"W"型。计算时段内其左侧深槽和河道中心滩体右缘均发生冲刷,最大冲刷深度为 3.9m。由此可知,计算时段内沙市河段三八滩、太平口心滩及边滩发生了一定程度的冲刷,局部河段的滩岸崩退较为明显,该计算结果与实际观测数据较为符合。

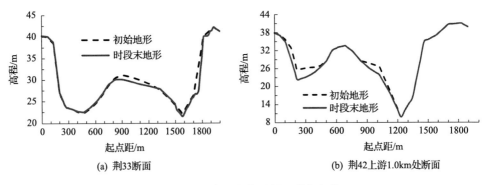

(a) 荆33断面　　　　　　　　　　(b) 荆42上游1.0km处断面

图 7.14　沙市河段典型断面形态变化

7.4　下荆江石首急弯河段崩岸过程数值模拟

上、下荆江河段在河型、河岸土质条件等方面存在明显不同,使得两者在河床演变特性等方面也存在较大差异。因此本节对提出的弯道演变二维模型在下荆江石首急弯河段的适用性进行了验证。该河段 2006 年汛期河床变形的模拟结果表明,典型断面垂线平均流速、含沙量、断面平均水位及河槽冲淤量等计算值与实测值符合较好,表明该模型能较好地模拟急弯河段水沙输移及河床纵向冲淤过程,而且也能模拟出滩岸的冲刷与崩塌过程。

7.4.1　石首急弯河段概况

石首河段位于下荆江,上起新厂(公 2),下至小河口,长约 37.5km,由顺直过渡段与急弯段组成,如图 7.15 所示。该河段在右岸有藕池口分流入洞庭湖,河道形态较为复杂。河床主要由泥沙粒径范围为 0.002~0.500mm 的中细沙组成,中值粒径约 0.176mm;两岸为二元结构河岸,上部黏性土层较薄,下部沙土层顶板高程较高。

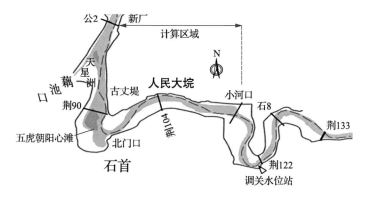

图 7.15　石首段河道示意图

　　石首河段河势变化十分活跃,近百年来先后共发生 4 次自然裁弯,平均周期为 20～30 年。该河段弯道曲率半径小,沿程多洲滩(图 7.15),长期以来河势不稳定,崩岸频繁且剧烈。石首河段河势主要受天星洲和向家洲边滩影响,随着水沙条件的改变,两者相互作用,致使该段急弯处主流摆动频繁。河势变化最大的地方为五虎朝阳心滩附近,自 1994 年 6 月水流撇弯后,该心滩弯顶上、下游的河势调整显著,主流线大幅摆动,贴左、居中、靠右不定。由于心滩的淤长,该段河势逐渐调整为相对稳定的分汊河道,其中 1994～1998 年主流走右汊,1998 年后至今主流走左汊。该河段主流至弯顶附近深泓集中偏左岸,从新河直向北门口附近,并在北门口以下由右岸逐渐向左岸过渡(图 7.16(b))。

　　自 2003 年三峡工程运用以来,石首河段是下荆江冲刷最为剧烈的河段,该河段在 2003～2013 年的年均冲刷强度为 21.48 万 m³/(km·a);深泓平均冲刷深度达 2.3m,最大冲刷深度为 14.9m,发生在向家洲附近(荆 92 断面)。此外,由于石首河段河势的变化调整,未受护岸工程保护的局部河段崩岸时有发生。据统计,2003～2007 年该河段共有 31 处地方发生崩岸现象,年均崩岸长度达 2508m,是整个荆江河段中发生崩岸次数最多的河段。

7.4.2　石首河段计算条件及参数率定

1. 计算网格及地形条件

1) 地形条件

本次计算的石首河段位于下荆江公 2 至小河口断面,共设有 22 个固定观测断面。该河段在裕公垸附近有分流,在新生滩附近河道分为多汊,河道形态较复杂(图 7.16(b))。由于该河段地形较为复杂,弯道曲率半径较小,所以在网格划分时将弯道凹岸的网格加密,岸边网格的空间步长较小,而凸岸网格较疏,空间步长较大。网格数为 298×35,空间步长最大和最小值在纵向分别为 580m 和 30m,在横向分别为 687m 和 10m(图 7.16(a))。

采用该河段 2006 年 6 月的实测地形作为初始地形,计算河段各节点的地形由原始实测地形数据在网格节点上进行插值获得,如图 7.16(b)所示。从图中可以看出,主槽在上游顺直段贴左岸而行,于天星洲分为左右两汊,主槽走左汊;至天星洲下游汇流后主槽到达右岸,又流经古长堤,于焦家铺重回左岸;经新生滩和向家洲分为三汊,主槽走左汊;此后主槽在过渡段靠右岸走,在北碾子湾靠左岸走,并于出口断面重回右岸。

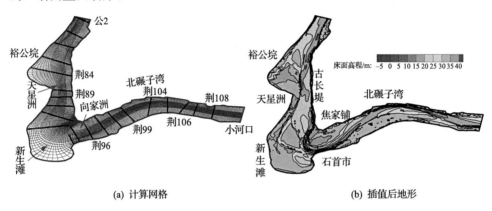

(a) 计算网格　　　　　　　　　　　　　(b) 插值后地形

图 7.16　石首河段网格及地形

2) 进出口边界水沙条件

计算时段从 2006 年 7 月 1 日~9 月 30 日,在进口边界给定流量及悬移质来沙过程,如图 7.17 所示。进口边界的水沙条件采用监利站 2006 年汛期同时期的日均流量、含沙量过程及相应的悬沙级配资料。该时期内监利站平均、最大和最小流量分别为 12106m^3/s、23000m^3/s 和 7530m^3/s,其中 20000m^3/s 及以上的洪峰流量历时约 5 天;含沙量平均、最大和最小值分别为 0.192kg/m^3、0.439kg/m^3 和 0.078kg/m^3(图 7.17)。

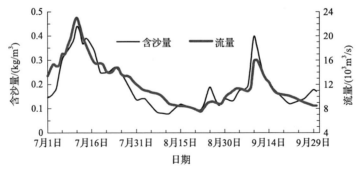

图 7.17　监利站 2006 年汛期日均流量及含沙量过程

石首河段在不同时刻来流的悬移质泥沙级配,如图 7.18(a)所示。图中 4 个时刻的悬沙中值粒径 D_{50} 分别为 0.049mm、0.151mm、0.010mm 及 0.133mm(按时间顺序排列)。在 7~9 月内该站各月的平均悬沙中值粒径分别为 0.088mm、0.136mm 及 0.170mm,因此可知该站 2006 年汛期来沙在 7 月份颗粒较细,而在 8 月和 9 月份较粗。

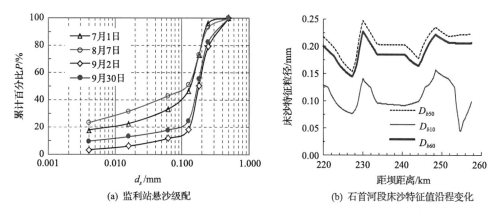

(a) 监利站悬沙级配　　　　　　　(b) 石首河段床沙特征值沿程变化

图 7.18　河段来沙与床沙级配

模型在出口边界给定水位过程。从图 7.16(b)可以看出,石首河段在裕公垸附近有分流,但由于分流较小,且没有水文站测流量、含沙量等资料,所以暂不考虑分流过程。因此模型出口边界采用小河口断面的水位过程。小河口介于石首和调玄口水位站之间,而这两个水位站距离较近,故此处根据该两站的实测水位过程,采用简单的线性插值方法求得小河口断面的水位值。

3) 床沙级配

2006 年石首河段床沙中值粒径 D_{50} 的均值为 0.21mm,其中荆 84~荆 86 断面(距坝 224~227km)的床沙颗粒较细(图 7.18(b)),D_{50} 为 0.15~0.18mm,而荆 90~荆 92 断面的床沙相对较粗,D_{50} 介于 0.18~0.23mm。床沙不均匀系数 C_v 在河段出口处较大,表明该处床沙级配的分布范围较广。

2. 石首河段模型相关参数率定

在石首河段的二维水沙计算中,河道发生冲刷、淤积的恢复饱和系数取值范围分别为 0.1~0.3 和 0.05~0.2;其余参数与沙市河段的取值相同。根据这些参数,本研究计算了石首河段 2006 年 10 月 14~18 日的水沙过程,并将其与实测资料进行对比。图 7.19~7.22 给出了该河段部分典型断面垂线平均流速及含沙量的计算值与实测值的对比结果。从图中可以看出以下几点。

(1)总体上各断面垂线平均流速的计算值与实测值能较好符合,含沙量计算值与实测值的符合程度相对较差,但在下游段(荆 96、荆 99)的符合程度较好。

(2) 就单个断面而言,荆 82＋1 断面垂线平均流速计算值的分布与实测值基本相同,但略小于实测值,而含沙量计算值的大小及分布均与实测值有一定的偏离(图 7.19);荆 89 断面计算的流速大小及分布与实测值能较好地保持一致,但计算的含沙量与实测值存在明显偏离(图 7.20);荆 96、荆 99 断面计算的垂线平均流速及含沙量分布与实测值一致,且计算值仅略大于实测值(图 7.21 和图 7.22)。

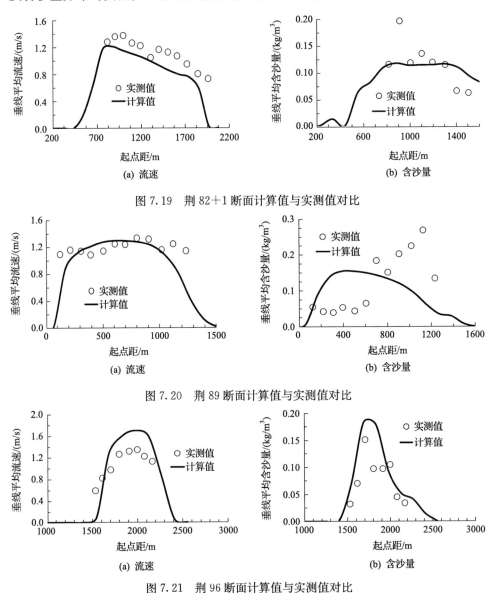

图 7.19　荆 82＋1 断面计算值与实测值对比

图 7.20　荆 89 断面计算值与实测值对比

图 7.21　荆 96 断面计算值与实测值对比

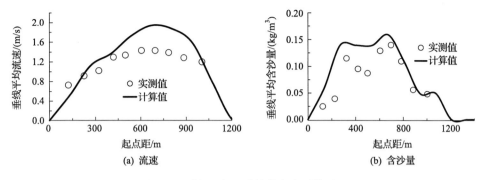

图 7.22 荆 99 断面计算值与实测值对比

因此,石首河段下游段与上游段相比,流速及含沙量等计算结果与实测值符合较好。分析其原因可能在于:由于缺乏石首河段进口断面的实测水沙资料,本次计算中采用了下游监利站的水沙数据,与该河段进口断面(公 2)的水沙条件存在一定的差异,从而导致距离监利站较近的下游段计算精度较高,而上游段相对较差。

7.4.3 石首段 2006 年汛期水沙输移及河床变形计算结果

1. 沿程水位

计算河段内设有新厂水位站(公 2 断面)和石首水位站(荆 98 断面),故此处将这两断面水位过程的计算值与实测值进行对比(图 7.23)。图 7.23(a)为新厂站水位实测值与计算值的对比,可以看出,总体上两者符合较好。尽管在高水位时计算值略小于实测值,而低水位时略偏大,但两者的相对误差不超过 4%。从图 7.23(b)中可以看出,石首站水位的计算值与实测值基本一致,也存在高水位略小而低水位略大的现象,但最大相对误差不超过 3%。

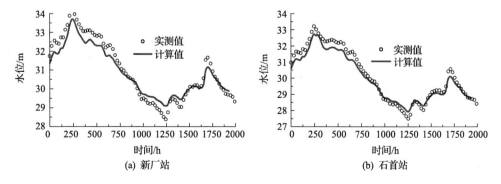

图 7.23 水位计算值与实测值对比

2. 流速分布

图 7.24 给出了石首河段内不同时刻的流速分布。从初始时段来看,如图 7.24(a)所示,此时由于流量仅为 13400m³/s,相对较小,所以五虎朝阳心滩右汊流速较小,藕池口分流现象也不明显。随着流量的不断增加,该河段水流流速增大,水位变高。到 7 月 11 日,该河段流量达到最大值 23000 m³/s,藕池口及五虎朝阳心滩右汊的流量增加,流速变大(图 7.24(b)),且向家洲被水流淹没的面积增加。在 7 月 12 日~8 月 22 日,流量逐渐减小,河道内水位降低,被水流淹没的洲滩又逐渐露出水面。随后流量逐渐减小,五虎朝阳心滩及向家洲露出水面的面积增加。

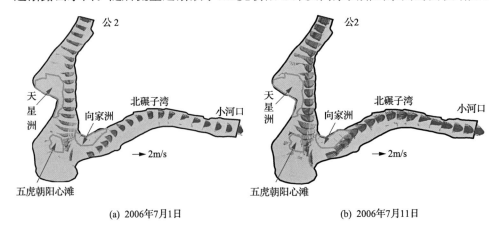

(a) 2006年7月1日　　　　　　　　　　(b) 2006年7月11日

图 7.24　石首河段不同时刻的流速分布

3. 河段冲淤过程

由于缺乏计算河段(公 2 至小河口)的河道冲淤量统计资料,所以此处暂不对冲淤量计算结果与实测数据进行比较,但根据荆 82～荆 136 断面之间的河段冲淤量统计结果可知,2006 年汛期该河段冲淤幅度较小。

图 7.25 给出了 2006 年 7 月~8 月该河段平滩河槽冲淤量的计算结果。从图中可以看出,该河段平滩河槽先发生淤积,而后转为冲刷,累计河槽冲刷量约 250 万 m³。此外,对比流量过程可知:在 7 月份流量较大时(平均流量约 16000m³/s),计算河段未冲反淤,而在 8 月份流量较小时(平均流量约 10000m³/s),河床发生冲刷。

4. 典型断面形态变化分析

根据石首河段各典型断面历年汛后的实测地形可知,三峡水库蓄水后,石首河段河床冲深,北门口到北碾子湾的局部河段不断出现崩岸现象,尤其是荆 98 断面

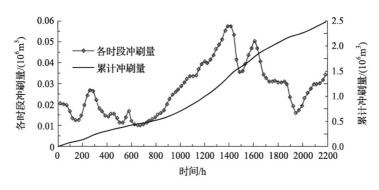

图 7.25　平滩河槽冲淤量变化

(石首水位站)附近崩岸最为严重,2002~2013 年累计崩退宽度超过 300m。

本研究给出典型断面形态的变化过程,如图 7.26 所示。图 7.26(a)为荆 96 断面的河床形态,该断面位于石首水位站上游 3.4km 处。从图中可知,计算时段内该断面河床遭受水流冲刷,平滩河槽面积增长约 1300m²。石首水位站下游 1.46km 处荆 99 断面的河床形态变化,如图 7.26(b)所示。该断面不仅深槽明显冲深,约 1.4m,且存在较小幅度的崩岸现象。由于荆江河段 2006 水文年为特枯年份,监利站汛期平均流量仅为 11236m³/s,所以计算时段内石首河段的河床冲淤幅度较小,但局部河段的河床仍冲刷下切,抗冲性较差的河岸也略有崩退。

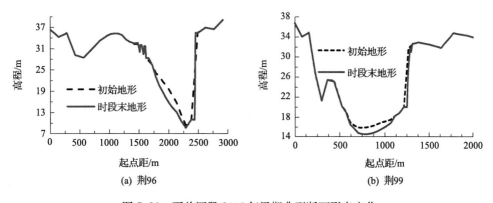

图 7.26　石首河段 2006 年汛期典型断面形态变化

7.5　本 章 小 结

本研究将仅能模拟河床纵向变形的平面二维水沙数学模型与建立在力学基础上的河岸崩退模型相结合,建立了具有二元结构河岸的弯道演变数学模型。针对当前三峡水库蓄水后坝下游荆江河段的实际冲刷情况,通过数学模型初步计算了该河段两个典型弯道的演变过程,具体结论如下。

(1) 根据荆江二元结构河岸土体特性及崩岸类型,在已有平面二维水沙数学模型的基础上,嵌入模拟二元结构河岸崩退过程的力学模型,建立了具有二元结构河岸的弯道演变二维模型。该模型不仅能模拟复杂地形下的床面冲淤过程,而且适用于模拟上、下荆江段不同河岸的崩退过程;采用正交曲线坐标下的水沙控制方程,以适合不规则的岸边界,同时还考虑了二次流对水沙输移过程的影响;采用了河岸形态的修正技术,可以在计算网格固定不变的情况下,模拟单一主槽或多汊河道的滩岸崩退过程,而且每计算完一个时间步长后无须重新划分网格。

(2) 采用提出的具有二元结构河岸的弯道演变二维模型,模拟了三峡工程运用后上荆江沙市微弯河段及下荆江石首急弯河段的演变过程。研究河段内各典型断面垂线平均流速及含沙量的计算值与实测值总体上较为接近,尤其是计算的各站水位过程与实测值符合较好。另外,计算的河槽冲淤量、典型断面形态变化等结果总体上与实测结果一致。由于近期三峡水库的蓄水拦沙运用,荆江河段河床冲刷较为显著,河段内江心洲及边滩遭受水流冲刷较为显著,局部河段的滩岸崩退过程较为明显,所以该模型能较好地模拟荆江河段典型弯道内的水沙输移及河床冲淤过程。

参考文献

长江水利委员会水文局.2012.2011年度荆江河段重点险工段近岸河床变化分析.长江水利委员会荆江水文局科研报告.

长江水利委员会水文局.2014.2013年度三峡水库进出库水沙特性、水库淤积及坝下游河道冲刷分析.长委水文局科研报告.

陈希哲.2004.土力学地基基础.北京:清华大学出版社.

党进谦,郝月清,李靖.2001.非饱和黄土抗拉强度的特性.河海大学学报,29(6):106-108.

邓春艳,夏军强,宗全利,等.2013.二次流对微弯河段水沙输移影响的数值模拟.泥沙研究,5:27-34.

窦国仁.1999.再论泥沙起动流速.泥沙研究,(6):1-9.

窦国仁,窦希萍,李褆来.2001.波浪作用下泥沙的起动规律.中国科学(E辑),31(6):566-573.

高志斌,段光磊.2006.边界条件对三峡坝下游河床演变影响.人民长江,37(12):92-94.

顾家龙,龚崇准.1990.波浪作用下黏性细颗粒泥沙的起动流速试验研究//连云港回淤研究论文集.南京:河海大学版社:116-123.

顾慰慈.2000.渗流计算原理及应用.北京:中国建材工业出版社.

国务院三峡工程建设委员会办公室泥沙专家组,中国长江三峡集团公司三峡工程泥沙专家组.2013.长江三峡工程泥沙问题研究2006-2010第一卷.北京:中国科学技术出版社.

韩其为,何明民.1999.泥沙运动起动规律及起动流速.北京:科学出版社.

韩其为,吴岩,徐俊锋.2013.弯道凹岸边壁上的泥沙起动.泥沙研究,(2):1-8.

洪大林,缪国斌,邓东升,等.2006.黏性原状土起动切应力与物理力学指标的关系.水科学进展,17(6):774-779.

黄本胜,白玉川,万艳春.2002.河岸崩塌机理的理论模式及其计算.水利学报,33(9):49-60.

黄晓乐,许文年.2010.植被混凝土基材两种草本植物根—土复合体直剪试验研究.水土保持研究,17(4):158-165.

黄颖,黄成涛,郑力,等.2009.长江中游瓦口子水道河床演变分析.泥沙研究,(5):41-46.

假冬冬,邵学军,王虹,等.2009.考虑河岸变形的三维水沙数值模拟研究.水科学进展,20(3):311-317.

假冬冬,张幸农,应强.2011.流滑型崩岸河岸侧蚀模式初探.水科学进展,22(5):68-72.

金腊华,王南海,傅琼华.1998.长江马湖堤崩岸形态及影响因素的初步分析.泥沙研究,(2):67-71.

荆江水文水资源勘测局.2008.三峡蓄水前后荆江河道演变与崩岸关系分析.荆江水文局科研报告.

荆江水文水资源勘测局.2009.荆江河道崩岸调查及重点险工段近岸河床演变分析.荆江水文局科研报告.

李海彬,张小峰,胡春宏,等.2011.三峡入库沙量变化趋势及上游建库影响.水力发电学报,

30(1):95-100.

李义天. 1987. 冲淤平衡状态下的床沙质级配初探. 泥沙研究,(1):82-87.

刘东风. 2001. 长江安徽段崩岸原因分析及工程防护方案思考. 长江护岸工程及堤防防渗工程技术经验交流会(第六届)论文汇编,武汉:长江重要堤防隐蔽工程建设管理局,长江科学院:70-75.

卢金友. 1991. 长江泥沙起动流速公式探讨. 长江科学院院报,8(4):57-64.

卢金友,姚仕明,邵学军,等. 2012. 三峡工程运用后初期坝下游江湖相应过程. 北京:科学出版社.

钱宁,张仁,周志德. 1987. 河床演变学. 北京:科学出版社.

冉冉,刘艳峰. 2011. 利用 BSTEM 分析库岸边坡形态对其稳定性的影响. 地下水,33(2):162-165.

饶庆元. 1987. 黏性土抗冲特性研究. 长江科学院院报,(4):73-84.

沙玉清. 1965. 泥沙运动学引论. 北京:中国工业出版社.

谈广鸣,舒彩文,陈一明. 2014. 黏性泥沙淤积固结特性. 北京:中国水利水电出版社.

唐存本. 1963. 泥沙起动规律. 水利学报,(2):1-12.

唐金武,邓金运,由星莹,等. 2012. 长江中下游河道崩岸预测方法. 四川大学学报(工程科学版),44(1):75-81.

王延贵. 2003. 冲积河流河岸崩塌机理的理论分析及试验研究. 北京:中国水利水电科学研究院博士学位论文.

王延贵,匡尚富. 2007. 河岸临界崩塌高度的研究. 水利学报,38(10):1158-1165.

夏军强,王光谦,吴保生. 2005. 游荡型河流演变及其数值模拟. 北京:中国水利水电出版社.

夏军强,宗全利,许全喜,等. 2013. 下荆江二元结构河岸土体特性及崩岸机理分析. 水科学进展,24(6):810-820.

夏军强,宗全利,邓珊珊,等. 2015. 近期荆江河段平滩河槽形态调整特点. 浙江大学学报(工学版),49(2):238-245.

谢鉴衡,丁君松,王运辉. 1989. 河床演变及整治. 北京:水利电力出版社.

徐永年,梁志勇,王向东,等. 2001. 长江九江河段河床演变与崩岸问题研究. 泥沙研究,(4):41-46.

许全喜. 2012. 三峡水库蓄水以来水库淤积和坝下冲刷研究. 人民长江,43(7):1-6.

杨怀仁,唐日长. 1999. 长江中游荆江变迁研究. 北京:中国水利水电出版社.

余明辉,申康,吴松柏,等. 2013. 水力冲刷过程中塌岸淤床交互影响试验. 水科学进展,24(5):675-682.

余文畴. 2008. 长江中下游河道崩岸机理中的河床边界条件. 长江科学院院报,25(1):8-11.

余文畴,卢金友. 2008. 长江河道崩岸与护岸. 北京:中国水利水电出版社.

岳红艳,姚仕明,朱勇辉,等. 2014. 二元结构河岸崩塌机理试验研究. 长江科学院院报,31(4):26-30.

岳红艳,余文畴. 2002. 长江河道崩岸机理. 人民长江,33(8):20-22.

张红武. 2012. 泥沙起动流速的统一公式. 水利学报,43(12):1387-1396.

张红武,吕昕. 1993. 弯道水力学. 北京:水利电力出版社.

张瑞瑾,谢鉴衡,王明甫,等. 1989. 河流泥沙动力学. 北京:水利电力出版社.

张幸农,蒋传丰,陈长英,等. 2008. 江河崩岸的类型与特征. 水利水电科技进展,28(5):66-70.

张幸农,应强,陈长英,等. 2009a. 江河崩岸的概化模拟试验研究. 水利学报,40(3):263-267.

张幸农,蒋传丰,陈长英,等. 2009b. 江河崩岸的影响因素分析. 河海大学学报(自然科学版),
37(1):36-40.

张云,王慧敏,鄢丽芬. 2013. 击实黏土单轴拉伸特性试验研究. 岩土力学,34(8):2151-2157.

中国科学院地理研究所. 1985. 长江中下游河道特性及其演变. 北京:科学出版社.

朱崇辉,刘俊民,严宝文,等. 2008. 非饱和黏性土的抗拉强度与抗剪强度关系试验研究. 岩石力
学与工程学报,27(增 2):3453-3458.

宗全利,夏军强,邓春艳,等. 2013. 基于 BSTEM 模型的二元结构河岸崩塌过程模拟. 四川大学
学报(工程科学版),45(3):69-78.

宗全利,夏军强,许全喜,等. 2014a. 上荆江河段河岸土体组成分析及岸坡稳定性计算. 水力发电
学报,33(2):168-178.

宗全利,夏军强,张翼,等. 2014b. 荆江段河岸黏性土体抗冲特性试验. 水科学进展,25(4):
567-574.

Ajaz A, 1973. Stress-strain behaviour of compacted clays in tension and compression. UK:
Department of Civil Engineering,Cambridge University.

Akahori R. 2008. Erosion properties of cohesive sediments in the Colorado river in grand canyon.
River Research and Application,24:1160-1174.

ASCE Task Committee. 1998a. Hydraulics,bank mechanics,and modeling of river width adjust-
ment,river width adjustment I:processes and mechanisms. ASCE Journal of Hydraulic Engi-
neering,124(9):881- 902.

ASCE Task Committee. 1998b. Hydraulic,bank mechanics,and modeling of riverbank width
adjustment,river width adjustment II:modeling. ASCE Journal of Hydraulic Engineering,124
(9):903-918.

Briaud J L,Ting F C K,Chen H C,et al. 2001. Erosion function apparatus for scour rate predic-
tions. Journal of Geotechnical and Geoenvironmental Engineering,127(2):105-113.

Celebucki A W,Eviston J D,Niezgoda S L,et al. 2011. Monitoring streambank properties and
erosion potential for the restoration of Lost Creek. Proceedings of World Environmental and
Water Resources Congress 2011:Bearing Knowledge for Sustainability:2001-2010.

Chen D,Duan J G. 2006. Modeling width adjustment in meandering channels. Journal of Hydrolo-
gy,321(59):59-76.

Dapporto S,Rinaldi M,Casagli N,et al. 2003. Mechanisms of riverbank failure along the Arno
River central Italy. Earth Surface Processes and Landforms,28:1303-1323.

Darby S E,Alabyan A M,Van De Weil M J. 2002. Numerical simulation of bank erosion and
channel migration in meandering rivers. Water Resources Research,38(9):1163.

Darby S E,Rinaldi M,Dapporto S. 2007. Coupled simulations for fluvial erosion and mass wasting for cohesive river banks. Journal of Geophysical Research,112:1-15.

Darby S E,Throne C R. 1996. Development and testing of riverbank-stability analysis. ASCE Journal of Hydraulic Engineering,122(8):443-454.

De Vriend H J,Koch F G. 1977. Flow of water in a curved open channel with a fixed plan bed. Report on Experimental and Theoretical Investigations. R675-V M1415,Part I,Delft University of Technology,Delft,the Netherlands.

Demuren A O. 1993. A numerical model for flow in meandering channels with natural bed topography. Water Resources Research,29(4):1269-1277.

Duan J G,Julien P Y. 2005. Numerical simulation of the inception of channel meandering. Earth Surface Processes and Landforms,30:1093-1100.

Duan J G,Wang S S Y,Jia Y F. 2001. The application of the enhanced CCHE2D model to study the alluvial channel migration processes. Journal of Hydraulic Research,39(5):469-480.

Dunn J S. 1959. Tractive resistance of cohesive channels. Journal of the Soil Mechanics and Foundations Division,Proceedings of the American Society of Civil Engineers,85(3):1-24.

Fukuoka S. 1994. Erosion processes of natural riverbank. Proceedings of 1st International Symposium on Hydraulic Measurement,Beijing:CHES&. IAHR:222-229.

Grissinger E H. 1982. Bank erosion of cohesive materials. Gravel-bed Rivers,John Wiley and Sons,Chichester,UK:273-287.

Hagerty D J,Spoor M F,Kennedy J F. 1986. Interactive mechanisms of alluvial-stream bank erosion. Proceedings of 3rd International Symposium on River Sedimentation:1160-1168.

Hanson G J. 1990a. Surface erodibility of earthen channels at high stresses:part Ⅰ,open channel testing. Transactions of the ASAE,33(1):127-131.

Hanson G J. 1990b. Surface erodibility of earthen channels at high stresses:part Ⅱ,developing an in situ testing device. Transactions of the ASAE,33(1):132-137.

Hanson G J,Cook K R. 2004. Apparatus,test procedures,and analytical methods to measure soil erodibility in situ. Applied Engineering in Agriculture,20(4):455-462.

Hanson G J,Simon A. 2001. Eodibility of cohesive streambeds in the loess area of the Midwestern USA. Hydrological Processes,15(1):23-38.

Harman C,Stewardson M,Derose R. 2008. Variability and uncertainty in reach bankfull hydraulic geometry. Journal of Hydrology,351(1-2):13-25.

Harsanto P. 2012. Erosion Characteristics of Cohesive Sediment Bed and Bank and Their Effects on River Morphology. Kyoto: Paper of Kyoto University.

Hasegawa H,Ikeuti M. 1964. On the tensile strength test of disturbed soil:rheology and soil Mechanics. IUTAM Symposium,Grenoble.

He L,Wilkerson G V. 2011. Improved bankfull channel geometry prediction using two-year return-period discharge. Journal of the American Water Resources Association, 47 (6): 1298-1316.

Heinley K N. 2010. Stability of Streambanks Subjected to Highly Variable Streamflows:the Osage

River Downstream of Bagnell Dam. Science in Civil Engineering, Columbia: Missouri University.

Hemphill R W, Bramley M E. 1989. Protection of river and canal banks: a guide to selection and design. Construction Industry Research and Information Association, Butterworths, London: 200.

Ikeda S, Parker G, Kimura Y. 1988. Stable width and depth of straight gravel rivers with heterogeneous bed materials. Water Resource Research, 24(9): 713-722.

Imanshoar F, Tabatabai M R M, Hassanzadeh Y, et al. 2012. Experimental study of subsurface erosion in river banks. World Academy of Science, Engineering and Technology, 61: 791-795.

Jang C L, Shimizu Y. 2005. Numerical simulation of relatively wide, shallow channels with erodible banks. ASCE Journal of Hydraulic Engineering, 131(7): 565-575.

Jin Y C, Steffler P M. 1993. Predicting flow in curved open channels by depth-averaged method. ASCE Journal of Hydraulic Engineering, 119(1): 109-124.

Johannesson H, Parker G. 1989. Velocity redistribution in meandering rivers. ASCE Journal of Hydraulic Engineering, 115(8): 1019-1039.

Julian J P, Torres R. 2006. Hydraulic erosion of cohesive riverbanks. Geomorphology, 76: 193-206.

Kamphuis J W, Hall K R. 1983. Cohesive material erosion by unidirectional current. ASCE Journal of Hydraulic Engineering, 109(1): 49-61.

Karmaker T, Dutta S. 2011. Erodibility of fine soil from the composite river bank of Brahmaputra in India. Hydrological Processes, 25, 104-111.

Karmaker T, Dutta S. 2013. Modeling seepage erosion and bank retreat in a composite river bank. Journal of Hydrology, 476: 178-187.

Karmaker T, Subashisa D. 2010. Modeling composite river bank erosion in an alluvial river bend. Proceedings of River Flow 2010: 1315-1322.

Kassem A A, Chaudhry M H. 2002. Numerical modeling of bed evolution in channel bends. ASCE Journal of Hydraulic Engineering, 128(5): 507-514.

Lane S N, Bradbrook K F, Richards K S, et al. 1999. The application of computational fluid dynamics to natural river channels: three-dimensional versus two-dimensional approaches. Geomorphology, 29(1): 1-20.

Langendoen E J. 2000. CONCEPTS-conservational channel evolution and pollutant transport system. USDA-ARS National Sedimentation Laboratory, Research Report No 16, Oxford, MS 38655: 7-17

Lars J M, Per S, Bev D K. 2002. Tensile strength of soil cores in relation to aggregate strength, soil fragmentation and pore characteristics. Soil and Tillage Research, 64: 125-135.

Larsen E W, Alexander K F, Steven E G. 2006. Cumulative effective stream power and bank erosion on the Sacramento river, California, USA. Journal of the American Water Resources Association, 42(4): 1077-1097.

Lee J S, Julien P Y. 2006. Downstream hydraulic geometry of alluvial channels. ASCE Journal of

Hydraulic Engineering,132(12):1347-1352.

Leopold L B,Maddock T. 1953. The hydraulic geometry of stream channels and some physio-graphic implications. Professional Paper No 252,U S Geological Survey,Washington,DC:57.

Lindow N,Fox G A,Evans R. 2009. Seepage erosion in layered stream bank material. Earth Sur-face Processes and Landforms,34:1693-1701.

Midgley T L,Fox G A,Heeren D M. 2012. Evaluation of the bank stability and toe erosion model (BSTEM) for predicting lateral retreat on composite streambanks. Geomorphology:145-146.

Millar R G,Quick M C. 1993. Effect of bank stability on geometry of gravel rivers. ASCE Jounal of Hydrological Engineering,119(12):1143-1163.

Mosselman E. 1998. Morphological modeling of rivers with erodible banks. Hydrological Proces-ses,12:1357-1370.

Nagata N,Hosoda T,Muramoto Y. 2000. Numerical analysis of river channel processes with bank erosion. ASCE Journal of Hydraulic Engineering,126(4):243-252.

Nardi L,Rinaldi M,Solari L. 2012. An experimental investigation on mass failures occurring in a riverbank composed of sandy gravel. Geomorphology:163-164.

Odgaard A J. 1986. Meander flow model I:development. ASCE Journal of Hydraulic Engineering, 112(12):1117-1136.

Odgaard A J. 1987. Streambank erosion along two rivers in Iowa. Water Resources Research,23 (7):1225-1236.

Olsen N R B. 2003. Three dimensional CFD modeling of selfforming meandering channel. ASCE Journal of Hydraulic Engineering,129(10):366-372.

Osman A M,Thorne C R. 1988. Riverbank stability analysis I:theory. ASCE Journal of Hydraulic Engineering,114(2):134-150.

Otsubo K,Muradka K. 1988. Critical shear stress of cohesive bottom sediment. ASCE Journal of Hydraulic Engineering,114(10):1241-1256.

Park C C. 1977. World-wide variations in hydraulic geometry exponents of stream channels:an analysis and some observations. Journal of Hydrology,33(1-2):133-146.

Pinter N,Heine R A. 2005. Hydrodynamic and morphodynamic response to river engineering doc-umented by fixed-discharge analysis,Lower Missouri river,USA. Journal of Hydrology,302(1-4):70-91.

Pizzuto J E. 1990. Numerical simulation of gravel river widening. Water Resources Research,26 (9):1971-1980.

Pollen N,Simon A,Langendoen E. 2007. Enhancements of a bank-stability and toe-erosion model and the addition of improved mechanical root-reinforcement algorithms. Proceedings of World Environmental and Water Resources Congress:1-11.

Qi M L. 2013. Cohesive soil erosion at bridge contractions. Proceedings of the 35th IAHR World Congress,Beijing:Qinghua University Press:203.

Rinaldi M,Casagli N. 1999. Stability of streambanks formed in partially saturated soils and effect of negative pore water pressure water pressure: the Sieve river(Italy). Geomorphology, 26(4): 253-277.

Rinaldi M, Mengoni B, Luppi L, et al. 2008. Numerical simulation of hydrodynamics and bank erosion in a river bend. Water Resources Research, 44: 1-17.

Rüther N, Olsen N R B. 2005. Three-dimensional modeling of sediment transport in a narrow 90° channel bend. ASCE Journal of Hydraulic Engineering, 131(10): 917-920.

Samadi A, Amiri-Tokaldany E, Davoudi M H, et al. 2013. Experimental and numerical investigation of the stability of overhanging riverbanks. Geomorphology, 184: 1-19.

Samadi A, Davoudi M H, Amiri-Tokaldany E. 2011. Experimental study of cantilever failure in the upper part of cohesive riverbanks. Research Journal of Environmental Sciences, 5: 444-460.

Shimizu Y. 2002. A method for simultaneous computation of bed and bank deformation of a river. River Flow 2002, International Conference on Fluvial Hydraulics, Louvain-la-Neuve, Belgium: 793-801.

Shimizu Y, Itakura T. 1989. Calculation of bed variation in alluvial channels. ASCE Journal of Hydraulic Engineering, 115(3): 367-384.

Shimizu Y, Yamaguchi H, Itakura T. 1990. Three-dimensional computations of flow and bed deformation. ASCE Journal of Hydraulic Engineering, 116(9): 1090-1108.

Shin Y H, Julien P Y. 2010. Changes in hydraulic geometry of the Hwang river below the Hapcheon Re-regulation Dam, South Korea. International Journal of River Basin Management, 8(2): 139-150.

Simon A, Collison A J C. 2001. Pore-water pressure effects on the detachment of cohesive streambeds: seepage forces and matric suction. Earth Surface Processes and Landforms, 26: 1421-1442.

Simon A, Collison A J C. 2002. Quantifying the mechanical and hydrologic effects of riparian vegetation on stream-bank stability. Earth Surface Processes and Landforms, 27(5): 527-546.

Simon A, Curini A, Darby S E, et al. 2000. Bank and near-bank processes in an incised channel. Geomorphology, 35: 193-217.

Simon A, Thorne C R. 1996. Channel adjustment of an unstable coarse-grained stream: opposing trends of boundary and critical shear stress, and the applicability of extremal hypotheses. Earth Surface Processes and Landforms, 21: 155-180.

Smerdon E T, Beasley R T. 1961. Critical tractive forces in cohesive soils. Agricultural Engineering, 42(1): 26-29.

Sun P, Peng J B, Chen L W, et al. 2009. Weak tensile characteristics of loess in China-an important reason for ground fissures. Engineering Geology, 108: 153-159.

Sun T, Meakin P, Jossang T. 2001. A computer model for meandering rivers with multiple bed load sediment sizes I: theory. Water Resources Research, 37(8): 2227-2241.

Thoman R W, Niezgoda S L. 2008. Determining erodibility, critical shear stress, and allowable discharge estimates for cohesive channels: case study in the owder river Basin of Wyoming.

ASCE Journal of Hydraulic Engineering,134(12):1677-1687.

Thorne C R,Hey R D,Newson M D. 1997. Applied fluvial geomorphology for river engineering and management. John Wiley and Sons:376.

Thorne C R,Tovey N K. 1981. Stability of composite riverbanks. Earth Surface Processes and Landforms,6:469-484.

USDA. 2014. Bank Stability and Toe Erosion Model. http://www. ars. usda. gov/Research/docs. htm? docid=5044&page=1[2014-12-09].

Wu B S,Xia J Q,Fu X D,et al. 2008. Effect of altered flow regime on bankfull area of the lower yellow river,China. Earth Surface Processes and Landforms,33(10):1585-1601.

Wu W M,Rodi M,Wenka T. 2000. 3D numerical modeling of flow sediment and transport in open channels. ASCE Journal of Hydraulic Engineering,126(1):4-15.

Wu W M, Wang S Y. 2004. Depth-average 2-D calculation of flow and sediment transport in curved channels. International Journal of Sediment Research,19(4):241-257.

Wynn T M. 2004. The Effects of Vegetation on Streambank Erosion. Blacksburg, Virginia: Virginia Polytechnic Institute and State University.

Xia J Q,Zong Q L,Deng S S,et al. 2014c . Seasonal variations in composite riverbank stability in the lower Jingjiang reach,China. Journal of Hydrology,519:3664-3673.

Xia J Q,Zong Q L, Zhang Y, et al. 2014a. Prediction of recent bank retreat processes at typical sections in the Jingjiang reach. Science China(Technological Sciences),57:1490-1499.

Xia J Q,Li X J,Li T,et al. 2014b. Response of reach-scale bankfull channel geometry in the lower yellow river to the altered flow and sediment regime. Geomorphology,213:255-265.

Xia J Q,Wu B S,Wang Y P,et al. 2008. An analysis of soil composition and mechanical properties of riverbanks in a braided reach of the lower yellow river. Chinese Science Bulletin,53(15): 2400-2409.

Ye J,Mc Corquodale J A. 1998. Simulation of curved open channel flow by 3D hydrodynamic model. ASCE Journal of Hydraulic Engineering,124(7):687-698.

Youdeowo P O. 1997. Bank collapse and erosion at the upper reaches of the Ekole Creek in the Niger delta area of Nigeria. Bulletin of the International Association of Engineering Geology, 55(1):167-172.